人工智能出版工程
国家出版基金项目

人工智能

深度学习核心算法

冯超◎编著

電子工業出版社
Publishing House of Electronics Industry
北京·BEIJING

内容简介

本书是一本介绍深度学习核心算法的书籍。书中以轻松、直白的语言，生动、详细地介绍了与深度学习模型相关的基础知识，深入剖析了深度学习核心算法的原理与本质。同时，书中配有大量案例与源码，帮助读者切实体会深度学习的核心思想和精妙之处。此外，书中还介绍了深度学习在计算机视觉、自然语言处理和推荐系统领域的应用，从原理层面揭示其思想，帮助读者在这些领域中夯实技术基础。

本书的主要读者为计算机与人工智能相关领域的学生、入门研究者。本书适合作为深度学习知识培训的辅助阅读材料。

图书在版编目（CIP）数据

人工智能. 深度学习核心算法 / 冯超编著.—北京：电子工业出版社，2020.8
人工智能出版工程
ISBN 978-7-121-38142-3

I. ①人… II. ①冯… III. ①人工智能—算法 IV. ①TP18

中国版本图书馆 CIP 数据核字（2019）第 267177 号

责任编辑：郑柳洁
印　　刷：北京盛通印刷股份有限公司
装　　订：北京盛通印刷股份有限公司
出版发行：电子工业出版社
　　　　　北京市海淀区万寿路 173 信箱　　邮编：100036
开　　本：720×1000　1/16　印张：21.5　字数：380 千字
版　　次：2020 年 8 月第 1 版
印　　次：2021 年 10月第 2 次印刷
定　　价：98.00 元

凡所购买电子工业出版社图书有缺损问题，请向购买书店调换。若书店售缺，请与本社发行部联系，联系及邮购电话：（010）88254888，88258888。

质量投诉请发邮件至 zlts@phei.com.cn，盗版侵权举报请发邮件至 dbqq@phei.com.cn。

本书咨询联系方式：（010）51260888-819，faq@phei.com.cn。

人工智能出版工程

丛书编委会

前　言

不知不觉中，深度学习已经从一个新颖的概念变成了广为人知的实战利器。近十年来，深度学习的理论和技术都有了一定的发展，也创造了很多里程碑式的事件。无论是为人工智能业内熟知的事件（如 ImageNet 竞赛超越人类识别水平），还是广为人知的事件（如 AlphaGo 击败人类职业围棋选手），都使深度学习相关技术宛如一道绚丽的光芒，划破了人工智能的夜空，让人们看到了智能时代的无限可能。

近年来，很多智能设备走进了每一个人的生活。例如人脸识别技术、语音识别技术，这些技术让使用者感受到便捷，也有了从未有过的体验。此外，深度学习技术还在很多方向迈出了应用的脚步，在带来更好服务的同时，也让我们能够近距离接触这些有一定温度的技术。当然，与人工智能热潮同期到来的是学习人工智能的热潮。越来越多的人投入这个领域中，开始学习数学、计算机等相关知识，希望能够跟上这个时代的步伐，甚至成为这个时代的领跑者，引领人工智能的新技术不断发展前进。

写作本书的目的就是帮助更多的人了解深度学习的相关概念和技术，理解深度学习的基本原理，同时对深度学习的一些基本技术进行实践应用。很多对深度学习领域感兴趣的读者都会遇到入门难的问题，即使是一个十分简单的深度学习模型，其中也包含了很多基础概念，这让入门学习变得十分困难。为了解决这些问题，本书前几章会介绍一个简单的深度学习模型的演化方式，当读者有了一定基础后，再为读者介绍更多全新的算法。

本书的主要内容介绍如下。

本书的第 1 ~ 9 章主要讲解基于图像分类问题的模型，同时介绍深度学习的基本概念。其中，第 1 章介绍机器学习、深度学习的基本概念；第 2 章介绍如何使用基本的神经网络解决一个小问题，引出神经网络结构、优化等基本概念；第 3 章介绍分类问题及其求解方法，引出分类损失函数等基本概念；第 4 章介绍卷积神经网络，引出卷积等相关操作的基本概念；第 5 章介绍深层神经网络的初始化方法，包括参数、输入初始化的基本思想和方法；第6章介绍深层神经网络常见的优化方法，对优化算法的作用和特点进行分析；第7章介绍神经网络中一些有特点的网络结构，它们在网络训练中起到了很关键的作用；第8章介绍高级神经网络结构，同时介绍网络设计中的一些概念和思想；第9章介绍网络可视化及网络内部运行机制的知识和概念。至此，读者应该对深层神经网络都有了一定的了解。

本书的第10~14章主要介绍深度学习在一些经典应用领域的核心算法。其中，第10章介绍物体检测问题的核心算法；第11章介绍词嵌入问题的核心算法；第12章介绍语言模型的核心算法，以及循环神经网络的基本原理；第13章介绍机器翻译等自然语言处理问题的核心算法，以及Transformer网络的基本原理；第14章介绍推荐系统、广告点击预测等问题的核心算法，以及分解机模型的基本原理。至此，读者应该对深度学习在各领域的应用有了一定的了解。

以上就是本书的主要内容。希望读者能够通过阅读本书掌握这一系统知识，此后可以依靠更多的外部资源完成更加深入的学习，真正掌握深度学习的相关知识。

在编写本书的过程中，我体会到了求知的艰辛。获取知识的道路总是充满荆棘，除了自身不断地努力，更少不了身边人对我的支持与鼓励。感谢本书的编辑郑柳洁，她从本书立项开始就在出谋划策，对书中的每一个细节、每一句话的措辞都认真审核、校对，为本书付出了巨大的心血；感谢所有关心、支持我完成这项不易的工作的亲人、朋友。由于本人才疏学浅，行文间难免有所纰漏，望各位读者多多包涵，不吝赐教。

冯　超

作者介绍

冯超毕业于中国科学院大学，现任阿里巴巴高级算法专家，曾在滴滴出行、猿辅导等公司担任核心算法业务负责人。自2016年起，在知乎开设技术专栏，并著有技术书《深度学习轻松学：核心算法与视觉实践》《强化学习精要：核心算法与TensorFlow实现》。

目　录

第 1 章

从生活走进深度学习

1.1 钞票面值问题

一本书的开篇往往是比较难写的，因为作者要完成从 0 到 1 的工作，把一些全新的概念抛给那些完全不了解背景的读者。因此，笔者准备给读者一个更容易接受的开场白。上小学的时候，我们就在数学课上接触了利用方程进行解题的方法。而实际上，人工智能、机器学习和深度学习这些概念，和解方程有着很大的关系。下面举一个和钱有点关系的简单例子。小明手上有一张红色钞票和一张绿色钞票，他不知道两张钞票的面值，但是有人告诉小明它们加起来一共有 150 元。这时有人又给了他一张绿色钞票，同时又有人告诉他，现在他手上钞票的价值为 200 元。这时充满好奇心的小明想知道，每次都能算出钞票价值的人是怎么计算出来的。于是，他开始了对问题的探索。

相信每一个熟悉钞票的读者一定会迅速地给出答案，但现在让我们抛开那些“背景知识”，来分析这个问题的本质。根据生活经验，我们知道钞票的价值不会随着时间、空间的变化而变化（货币废除这类的极端情况除外），那么就可以用一个确定的数字来表示钞票的面值。接下来，我们发现钞票面值这个问题可以通过解方程来解决，方法很简单，令红色钞票的面值为 x，绿色钞票的面值为 y，根据前面的介绍就可以得到一个方程组：

$$\begin{cases} x + y = 150 \\ x + 2y = 200 \end{cases}$$

利用初等数学知识，可以求出这个方程组的解：

$$x = 100, y = 50$$

这样问题就得到了解决。这个计算过程并不复杂，这里就不再赘述了。从这个简单的问题，我们可以看到一个机器学习问题的雏形。在机器学习的问题中，我们通常可以获得一些事物的观测信息，比如在这个问题中，我们拥有两个观测角度，第一个角度是钞票的数量：

- 观测值 1：红色钞票 ×1，绿色钞票 ×1
- 观测值 2：红色钞票 ×1，绿色钞票 ×2

第二个角度是钞票的总价值：

- 观测值 1：价值 150 元
- 观测值 2：价值 200 元

我们的任务就是试图用一种方法解释这两个观测角度之间的联系，究竟是怎样的魔法让同一组事物从其中的一个观测角度转移到了另一个观测角度？实际上，这是机器学习中十分有挑战性的问题，但是对于现在这个任务来说，这个问题十分简单：根据我们多年的生活经验，每一张钞票的面值都可以用一个变量表示，钞票的总价值相当于各张钞票面值之和，于是就有了上面的方程组。

当然，用更严谨的方式表达，比如上面的任务，可以把两个观测值组合起来，以矩阵的形式表示，这样方程组就变成了下面的样子：

$$\begin{bmatrix}1 & 1\\1 & 2\end{bmatrix}\begin{bmatrix}x\\y\end{bmatrix}=\begin{bmatrix}150\\200\end{bmatrix}$$

对于这样“简单”的问题，我们并没有使用机器学习的方法，而是采用了直接求解的方法。我们发现这个问题和常见的 $\boldsymbol{Ax}=\boldsymbol{b}$ 的方程形式一致，并且方程组的解是唯一的。根据我们学到的线性代数知识，当 $\boldsymbol{b}$ 不为 0 时，要想让 $\boldsymbol{x}$ 的解是唯一的，需要矩阵 $\boldsymbol{A}$ 的**秩**为 2，即 $\text{rank}(\boldsymbol{A})=2$。我们可以用各种方法证明这一点，比如对于这个 2×2 的矩阵，它的行列式为正，可以证明它是一个满秩的矩阵。这些概念在后面的章节中会进行详细介绍。

第一个问题已经解决，下面将基于它做一些改变，得到第二个问题。现在有了第三组观测信息，小明手里有 3 张红色钞票、1 张绿色钞票，有人告诉他总价值为 350 元，那么方程组就变成了下面的样子：

$$\begin{bmatrix}1 & 1\\1 & 2\\3 & 1\end{bmatrix}\begin{bmatrix}x\\y\end{bmatrix}=\begin{bmatrix}150\\200\\350\end{bmatrix}$$

我们发现矩阵 $\boldsymbol{A}$ 变成了 3×2 的矩阵，但是它的秩依然为 2。好在这个方程组的解依然是唯一的，而且求出的钞票面值与第一个问题相同，但是第二个问题和第一个问题相比已经有了很大的变化：观测样本数量已经超过了假设模型的参数。新给出的信息已经不能为我们解决问题带来帮助，当然它也没有给求解问题带来麻烦。

如果说前面的案例十分简单，那么第三个问题就变得稍微有一些难度了。一般来说，这个世界总是存在着一定的未知信息，这些信息会为观测值带来一些随机噪声，使我们无法百分之百地了解真相。现在对问题再做一定的改变，在第三个观测样本中，其中一张红色钞票缺了一个小角，经“专家”判定，这张钞票的真实价值比它的面值小，此时这些钞票的总价值为 349 元，但是“专家”并没有告诉小明其中的原因。小明拿着手上的钞票开始犯愁，这一次该如何计算钞票的面值呢？此时方程组变成了下面的样子：

$$\begin{bmatrix}1 & 1\\1 & 2\\3 & 1\end{bmatrix}\begin{bmatrix}x\\y\end{bmatrix}=\begin{bmatrix}150\\200\\349\end{bmatrix}$$

如果直接对这个方程组进行求解，就会发现实际上这个问题无解，我们无法找到一组 x、y 满足三个等式。于是，摆在我们面前的有两种解决方案：

（1）坚持原本的判断，不改变对钞票面值的估计，并承认计算方法存在误差。

（2）想办法找到一些新的线索，将这个逻辑漏洞补上。

在现实生活中遇到的问题也往往如此——我们不可能知晓一切，总有些无法知悉的情况，而且对一些现实生活中的问题来说，即使知道了这些细节，我们也不愿意为了这些细节将模型变得臃肿不堪。现在回到这个问题上来，该如何解决呢？在机器学习中，我们通常容忍观测数据中的一些小瑕疵，转而采用另外一种方法来评判求解的正确程度，评判所用的工具被称为**目标函数**（Objective Function）或**损失函数**（Loss Function）。

首先来看第一种解决方案的目标函数形式。在理想情况下，我们知道 $\boldsymbol{Ax}=\boldsymbol{b}$，即 $\boldsymbol{Ax}-\boldsymbol{b}=0$。如果这个方程组无法满足，那么希望 $\boldsymbol{Ax}-\boldsymbol{b}$ 的绝对值越小越好。为了计算的方便，通常使用求二次方的方法替换“绝对值”这种衡量方法，于是该问题就变成了

$$\text{minimize}\frac{1}{2}(\boldsymbol{Ax}-\boldsymbol{b})^2$$

公式中的 $\frac{1}{2}$ 是为了后续的计算方便而设立的。经过这个改变，理想的求解计算过程变成了权衡之后的最优求解计算过程，这就是目标函数的形式。经过对公式的计算，可以得到如下结果：

$$x = 99.4, y = 50.6$$

这个结果当然是不对的，如果想让结果变得更加合理，则可以给问题增加一些约束，比如整数约束条件。

第二种解决方案则更加有趣，我们希望能够在现有信息的基础上，寻找更多的线索，将这个故事讲得圆满，于是就有了一个想法：可不可以增加模型的复杂度？既然有了三个观测样本，为什么不能用三个参数来表示两个观测角度的转变呢？于是，第三个参数 z 闪耀登场。

凡事都需要一个解释，这个 z 不能凭空出现，必须要有一定的意义或信息量，与观察信息相配合。我们搜索自己学过的数学知识，经过长时间的思考，发现了一个利器：二次方项。

将红色钞票数量的二次方作为一个新的观察维度加入，并让 z 表示这个维度的价值，于是新的方程组就变成了

$$\begin{bmatrix} 1 & 1 & 1 \\ 1 & 2 & 1 \\ 3 & 1 & 9 \end{bmatrix} \begin{bmatrix} x \\ y \\ z \end{bmatrix} = \begin{bmatrix} 150 \\ 200 \\ 349 \end{bmatrix}$$

经过这样的表示后，这个方程组又拥有了唯一解：

$$x \approx 100.16666667, y = 50, z \approx -0.16666667$$

这个解也揭示了一些“诡异”的现象，红色钞票的面值实际上是 100 元零 1 角 7 分（四舍五入），但是在真实计算面值时，红色钞票数量的二次方乘 1 角 7 分（四舍五入）的面值要从总面值中减掉。原来钞票价值的背后还有这么“复杂”的计算方法啊！

当然，相信读者都知道上面这种计算方法实际上是自欺欺人的，现实中根本没有这样的计算方法。这种方法之所以能够出现，是在部分信息未知的情况下强行假设得到的。如果再举出更多的观察例子，就会发现上面的说法并不能站住脚，还会有很多无法解释的情况。这其实就是一种比较直观的**过拟合**（Overfitting）现象。现实中，没有人会用过拟合的方法解决这个问题，

但是每一天都有很多机器学习的从业者在其他更为复杂的问题上栽跟头，其源头就是过拟合，本质上与上面的问题是一回事。

现在，让我们回顾这个例子。在前面的介绍中，我们经历了如下思维过程：

（1）提出了钞票面值这个问题，并给出了钞票的两种表示形式：数量与面值。

（2）通过建立方程组将两种表示方式联系起来，并完成了求解。

（3）当问题难以解决时，我们选择了两种解决方案：基于目标函数求解和改变模型，并分别给出了两种方案的结果。这两种方案暂时都没有给出令人满意的结果。

到这里，读者应该对机器学习有了一个较为直观的认识，从狭义的角度讲，机器学习就是利用数学工具统计、总结人类学习过程中的一些经验知识。为了达到这个目标，要定义一个适合问题的模型，并使用相应的方法求解问题。后面还有很多机器学习和深度学习的案例，读者会更深入地领略其中的奇妙。

1.2　机器学习的特征表示

在1.1节中，我们介绍了钞票面值的问题，以及钞票的两种表示形式：数量与面值。实际上，几乎世界上的所有事物，都可以从很多角度、用很多方法进行描述。在计算机的世界里，我们希望所有的事物都能用数字表达，同时这些数字能够被计算机有效地利用。

以图1.1所示的一朵花为例，我们可以说出这朵花的形状、颜色，花瓣有几个，什么时节开花；也可以概括地描述一个事物，把一个抽象的名字冠在这类花上，以后见到这类花就统一叫它们这个名字。当然，花的名字通常能够表示花的主要特征。

同样，我们可以描述一间房屋的地理位置、周围环境、房屋使用面积和配套设施等，如图1.2所示；也可以用一个价格标记房屋的租赁价格。除了这些描述，我们还可以从时间和空间等不同的角度对同一个事物做出不同的描述。

图 1.1　花

图 1.2　房屋的外观图

很显然，这些描述都是针对同一个事物的，那么描述之间必然存在某种关联关系。人类经过长时间的学习实践，已经可以在自己熟悉的领域轻松地完成这些描述的转换，而对于计算机，想让它在短时间内完成这些转换几乎是不可能的，它要通过人类的操作和指引才能具备这样的能力。在现实中，我们通常会遇到这样的问题：对于一个事物最直观的描述可以以一种比较容易的方式获得，我们希望利用描述间的相关性，将这种描述转换成另一种相对抽象且不容易直接获得的描述。更进一步，我们希望分析运算的工作能够由计算机自动完成，因为计算机运算速度快，每秒可以进行大量的数值计算；同时表现稳定，不知疲倦，没有情绪波动，给电就能工作，成本比较低。所以，一旦将计算机的计算潜力激发出来，它就可以更好、更快地完成人类可以解决或者人类不易解决的问题。

因为现代的计算机主要是基于数值计算实现的，所以待解决的问题需要以数字的形式表达出来。数值计算是计算机的强项，但是想把所有信息都用数字的形式表达出来还是有点难度的。为此，专家们想尽了各种办法。比如，想表示一朵花的大小，可以把这朵花想象成一个圆形，花蕊是这个圆形的圆心，然后测量这个圆形的半径，那么这个半径就是一个可以被计算机使用的描述信息，这个信息在机器学习中一般被称作**特征**（Feature）。

说到特征，我们通常会提到另外一个词——**向量**（Vector），这是属于数学世界的词语，但它却无处不在。“向量”这个词可以通过几种方法来解释，其中一种方法是将向量看作空间中的一条有方向的线段。对计算机来说，向量一般可以用一维数组表示。

站在数学的角度，我们所关注的不仅是前面两种表示方法。从数学的角度来讲，向量来自**向量空间**，当我们讨论向量的时候，所要做的第一件事是构建一个合格的向量空间。一个合格的向量空间通常需要具备下面两个性质：

（1）向量空间中存在“加法”操作，对于欧几里得空间来说，加法就是把向量的每一维对应相加。比如 $[1,2]+[3,4]=[4,6]$。

（2）向量空间中还存在“数乘”操作，对于欧几里得空间来说，数乘就是把每一个维度扩大 N 倍，当 N 小于 1 时，其实相当于缩小。

同时，“加法”和“数乘”这两种操作在空间中是封闭的。也就是说，空间内任意 N 个向量经过这两种操作计算后，得到的结果仍然存在于该空间中。在线性代数中，我们已经非常熟悉这样的空间了，比如只包含原点 [0,0] 的二维空间，无论如何使用这两种操作进行计算，得到的结果都仍然是原点。

通过前面简短的介绍，我们明白了向量存在于向量空间中，当使用向量表示特征时，无形中也为这些向量定义了一个向量空间。当然，通常默认定义的空间远比向量空间更强大，那些空间通常都拥有更多的性质。比如同时具备范数空间、内积空间的性质，还具有完备性等性质。关于这些性质的内容这里不再赘述，只要知道在应用机器学习的世界中，通常会定义一个性质较为优良的空间来表示特征即可。后面统一将特征向量所在的空间称为**特征空间**，而不去区分其对应的属性。

还是以前面提到的花为例。如果用 < 颜色，大小，花瓣数，开花时节 > 作为花的特征向量，那么这个向量一共有 4 个维度。如果认为颜色是有限的，那么颜色这一维度就是从有限的颜色集合中选择出来的。如果用某种颜色坐标系来表示颜色，比如 RGB（Red, Green, Blue）、HSV（Hue, Saturation, Value），那么颜色特征本身就是一个三维向量，它被限定在一个向量空间的子集中。读者可以以此为例分析其他维度的特征。

前面介绍的事物都是在这个世界中真实存在的，像"大小"这样的属性比较容易转换为特征，而且转换后的特征和我们的直觉吻合。同时，特征所在的空间满足较为优良的性质，这样模型才能获得更好的效果。然而，实际中有些抽象的事物就不那么好表示了。比如，想把所有的中文词语用特征的形式表示出来，就会遇到不小的麻烦。如果像前面看到的一些特征那样，把所有的词语都映射到实数的某个子集，比如正整数集合上，则每一个词确实有了自己的特征表示方法，但是词语组成的特征空间并不拥有优良的性质。

我们来分析这两个空间。对于花朵大小的空间来说，花朵大小的数值是有具体含义的，两个花朵特征的差的绝对值表示二者的绝对差异，这个数值是有意义的，这意味着特征空间可以计算距离；而词语空间并不具备这样的特性。试想一下，假如有一个词叫"如果"，它被映射到 200，接着又有一个词叫"但是"，它被映射到 300，那么它们在欧几里得空间的绝对距离为

$$\sqrt{(300-200)^2} = 100$$

这表示什么意思呢？如果刚好有一个词被映射到了 100，那么这个词是不是就是"如果"和"但是"的距离？还是说，这个结果有其他含义呢？这些问题一下子变得难以回答，至少和花朵大小相比，这个距离难以解释。因此可以认为，在这个空间中，我们无法给出一个良好的"距离"定义。

那么，中文词语还有什么表示方法呢？有一种比较简单的表示方法称为**独热编码**（One-Hot Encoding），它的表示方法如下。

- 假设中文词语的个数是有限的，或者说我们考虑的中文词语集合是全体中文词语的一个子集，这个子集是有限的。这里假设一共有 N 个词，于是定义一个维度为 N 的空间，这个空间中的每一维只能取两个值：0 和 1。
- 空间中的每一维代表一个词是否存在，于是，对于每一个词，都可以找出一个向量。如果这个词在所有词语集合中排在第 m 个位置，那么这个向量的第 m 位为 1，其余位为 0。这样，每一个词都可以对应这个高维空间中的一个点，这个点的坐标就用以上述方式构建的向量来表示。如图 1.3 所示，假设"机器学习"这 4 个字分别对应了集合中的 4 个位置变量：100, 300, 400, 230，那么它们就构成了图中的 4 个向量。

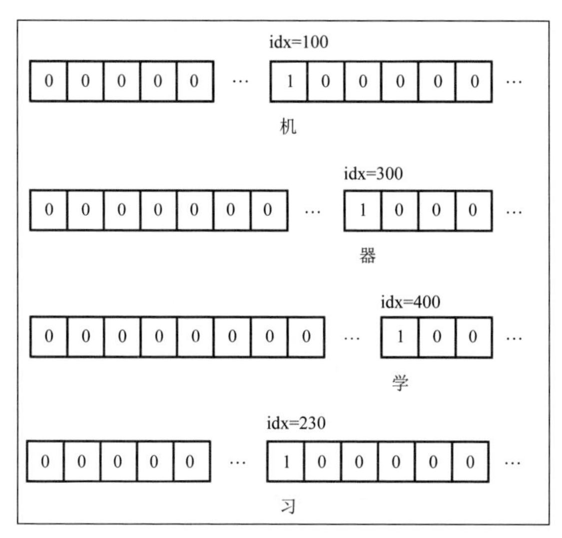

图 1.3 One-Hot 编码形式

特征构建好了，下面再来看看这个特征空间对于距离的定义。采用这个空间后，距离的定义就变得简单了。当借用欧几里得空间中的距离计算方法衡量每一对词之间的距离时，每一对不同词之间的距离是相同的，且大于 0。

从最直观的角度来看，每一对词所使用的文字不同，因此它们存在距离，同时用一个统一的距离来表示词语间的差异也是可以理解的。但是从语意的角度来看，这样的距离定义显然不够合理。基于人类的常识系统，不同的词语对之间的距离有可能不同。有些词语对之间的关系十分密切，有些词语对之间的关系则显得十分疏远，这样的关系并没有被这个空间表达出来。不过，这个空间还是要比之前的正整数集合强大不少，起码它的距离可以解释得很直观。

从上面的例子可以看出，中文词语很可能存在于某个难以描述的空间中，这个空间有一套自己的运转规则和体系，它的规则和体系与我们常见的空间不太相同。为了让计算机能够更好地进行与中文词语相关的工作，我们需要构建一个更好的特征空间来表示这些词语。在构建空间的过程中，有两个基本要求：一是用当今计算机体系能够接受的形式来表示；二是尽可能和词语本身的语义靠近。上面介绍的独热编码方法满足了第一条，但是第二条做得并不好。想要更好地表述词语的特征，实际上还有很长的路要走。

上一节介绍了事物的表示方法，以及事物表示之间的转换，我们使用方程组完成了这个转换，但是这个转换相对简单；本节介绍了特征的表示方法，以及特征背后的特征空间。实际上，这两个概念在机器学习的世界里十分重要。

1.3 机器学习

下面就来介绍机器学习的定义。Wikipedia 上关于机器学习的定义是：

> **Machine learning** (ML) is the scientific study of algorithms and statistical models that computer systems use to effectively perform a specific task without using explicit instructions, relying on models and inference instead. It is seen as a subset of artificial intelligence. Machine learning algorithms build a mathematical model of sample data, known as “training data”, in order to make predictions or decisions without being explicitly programmed to perform the task.
>
> 译文：机器学习是对算法和统计模型的研究，计算机系统在使用所研究的算法和统计模型完成特定任务时，不需要执行明确指定的指令，而是依赖模型的推断。机器学习是人工智能的一个分支。机器学习算法使用通常被称作“训练数据”的样本数据来完成特定任务的预测和决策，不需要给出确定的执行指令程序。

第一句话介绍了机器学习的主要特征——机器学习的主角是计算机系统，它使用的“工具”是算法和统计模型，它要完成的是一些特定的任务，在完成这些特定的任务时，不能使用显式的指令，而是要依赖模型和推断。这句话告诉我们，机器学习要应用到一些统计方面的知识，要依赖模型，或者用狭隘的概念——映射来解决这些特定的任务，这些任务大多要实现同一个事物不同表达的推断。在现实生活中，找到这样的关系并完成两者之间的转换是十分必要的。人类每天都在做这种模式的事情，其中一种描述相对容易获得，而另一种描述可以通过转换获得，人类也希望机器能够帮助他们完成这样的工作。实际上，这和我们在 1.2 节介绍的利用特征表示事物建立特征转换的思路很接近，这种形式和我们曾经学习过的函数十分相像。

最后一句话介绍了机器学习常见的操作方法，机器学习算法通常会利用**训练数据**（Training Data）建立一个数学模型，来完成预测和决策的工作。在这句话中，我们看到了“数据”这个概念，在机器学习中，通常会使用训练数据和**测试数据**（Test Data）来完成一次机器学习算法的训练与评测。当然，在更复杂的环境下，还会有**验证数据**（Validation Data）。有时，这些数据还会混合在一起，使用**交叉验证**（Cross Validation）等方式进行训练与验证。这里用最简单的模型阐述常见的机器学习步骤：

（1）对将要实现的模型进行设定，并提出假设。

（2）使用训练数据对模型进行训练。

（3）使用测试数据对模型进行测试，以验证模型的效果。

机器学习常见的学习方式有三种：**监督学习**（Supervised Learning）、**非监督学习**（Unsupervised Learning）和**强化学习**（Reinforcement Learning）。监督学习和非监督学习的形式相对简单。在监督学习中，部分模型输入和对应的理想输出是已知的，这些输入/输出通常是整个问题中所有输入/输出的代表。由于理想输出已知，我们可以通过比较它和模型的输出结果来判断模型的表现与期望是否一致，如果一致，则证明模型表现得很好；如果不一致，也可以从中发现模型输出和正确答案之间的差距，这样模型就可以在输入/输出的“监督”下不断学习，让自己的结果更靠近“标准答案”。在非监督学习中，通常标准输出是未知的，我们不能判断模型的输出是否“完全正确”，只能通过其他方法辅助判断结果的正确程度，所以它被称为非监督学习。监督学习与非监督学习的流程如图 1.4 所示。

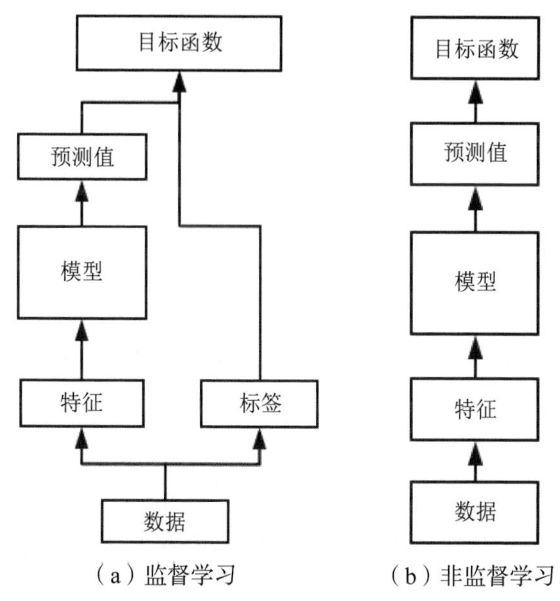

（a）监督学习　　（b）非监督学习

图 1.4　监督学习与非监督学习的流程

而强化学习与前面两种学习方式不同，在这种学习方式中，模型需要对依时间排列的一连串输入**状态**（State）做出响应。当模型对指定的输入返回结果后，一个外部的**环境**（Environment）会对模型返回结果做出响应，并返回两个结果。

- 对模型的结果进行评价，返回一个**奖励**（Reward）作为模型表现的评价。这个评价与监督学习的目标函数结果不同，它并不直接衡量模型结果与标准答案之间的差距，而是以一种奖励的形式返回，如果表现好，奖励就会大，反之则会小。通常，这个奖励不但和当前模型的表现有关，还和模型在过去时间里的表现有关。
- 环境还会返回一个新的输入状态（State），模型也会对这个输入状态开始新一轮的响应。

强化学习的基本模型架构如图 1.5 所示。

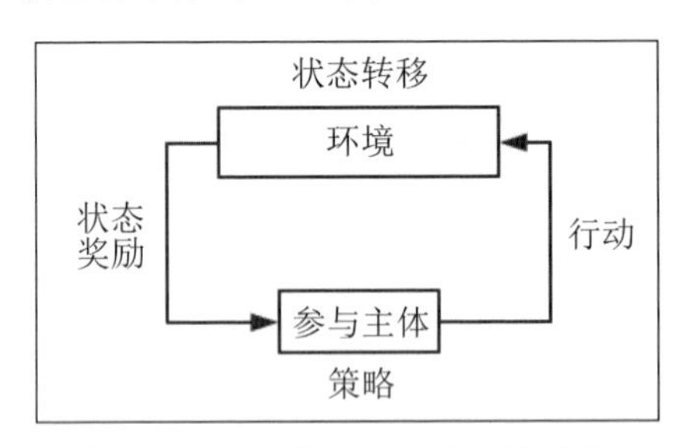

图 1.5　强化学习的基本模型架构

这三种学习方式是凭空产生的吗？当然不是。实际上，这三种学习方式和人的学习方式高度吻合，可以说每个人在自己的一生中都可能经历过这三种学习方式。

监督学习：大家在学校课堂上学到的知识绝大多数是通过监督学习学到的。1 加 1 等于几？等于 2。这样的问题都是有答案的，而答案就是关于问题的另外一种描述。在学校里，学生充当了函数的功能，如果学生给出的结果和标准答案不一样，学生就会被教育如何改正自己的错误，从而给出正确的答案。这个“做题 → 看答案 → 改错 → 再做题”的过程，和机器学习中模型训练的过程一致，只不过在这里训练的对象是学生。

非监督学习：这种学习方式在学校课堂上较少遇到，反而在研究机构中更常见。这类问题通常对应着“某某猜想”，或者通过实验和分析得出某个未知的结论。由于没有训练的过程，而且不知道一个问题的答案，我们只能利用现有的知识和经验解决问题，并用一些间接的方式评价模型给出的结果。看上去，这种学习方式的难度比监督学习要大，不过一旦解决了这些问题，发现了其中的规律，这些问题也就有了标准答案，我们也就可以按照监督学习的方式学习这些知识了。

强化学习：这种学习方式通常不会出现在课堂上，而是出现在课堂以外的地方，比如人的言行和决定。与课堂上的场景不同，每个人的一举一动往往不会有标准答案，而且当很多行为发生之后，周围的环境会根据这些行为产生一定的反馈。例如，某个人产生了一个行为后，同学对这个行为的态度、行为之后发生的事情等。这些反馈并不明确指出行为的对错，但是它依然改变了周围的环境，让行动者看到了结果的好与坏，从而揭示了行为正误的程度。有人曾说过“小孩才分对错，大人只看利弊”，这也从侧面说明监督学习和强化学习之间的差异。

实际上，三种学习方式都和我们密切相关。机器学习的思想来源于人类的行为。和人类更相近的是，每一种人都有自己擅长的能力和擅长的学习方法，机器模型也不例外，针对不同的问题建立不同的模型，才能把问题解决得更好，也让模型发挥得更好。

接下来进一步深入，看看机器学习具体的步骤。前面已经介绍了机器学习的一个关键问题：机器学习和人类的学习方式十分相近。这带来了一个好消息：只要按照人类的学习方式，把所有必要的部件准备好，机器就能够学习，而且机器不知疲倦，给电就可以工作，它可以无休止地学习下去，这样恐怖的学习干劲绝对会让人类感到害怕。

那么，人类学习需要哪些部件呢？下面就以学校里最常见的监督学习为例来解释。

- **人**。学生就是要训练的目标，可以将他们看作一群智能体，具有自主分析、判断问题的能力。对于机器学习来说，需要人为地构建一个像人类大脑一样的“智能体”模型，才能让它像人一样解决问题。除此之外，人能够接收各种各样的信号，也需要让模型接收类似的输入描述才行。
- **试题**。对于学生来说，这就是要完成的题目；对于模型来说，这就是要输入的描述特征。
- **答案**。对于学生来说，这就是题目的正确答案；对于模型来说，这就是理想中应该给出的输出。
- **评分标准**。对于学生来说，评分标准可以衡量一个学生的能力，也能准确定位他们的不足之处；对于模型来说，“目标函数”需要被定义清楚，它衡量了模型给出的答案和标准答案之间的差距，从而帮助机器定位自己的不足。

- **改进方案**。对于学生来说，当发现了他们的不足之处时，需要分析并告诉他们哪里有问题，哪里要提高，从而修正他们已经学到的认知和知识，使其表现得更出色。当然，如果改进方案不够出色，学生的成绩可能会退步，这也是常见的且难以避免的。对于模型来说，需要针对模型的结构使用与之匹配的优化算法，来确保模型根据损失函数的情况更新函数内部信息，从而达到提升模型能力的目标。

总的来说，我们可以把上面的 5 点归纳为在监督学习场景下机器需要的 4 个要素：**模型**、**数据**、**目标函数（损失函数）**和**优化算法**。这 4 个要素的具体内容将在后面的章节中介绍。

对于研究机器学习理论的人来说，主要关注的是其中的模型、目标函数和优化算法。实际上，众多机器学习书籍主要围绕三个方面讲述——讲述每一个模型适用的范围，讲述目标函数和模型的搭配关系，讲述不同优化算法的特点和效果。本书将围绕这三个方面介绍很多有趣的话题，本书主要关注监督学习的问题。

1.4 深度学习的逆袭

1.3 节介绍了机器学习的基本概念，本节介绍**深度学习**（Deep Learning）究竟是什么，同时试着回答一个问题：为什么深度学习能够在这些年大放异彩，支撑它取得巨大成功的究竟是其中的哪些部分呢?

在机器学习刚刚兴起时，人们普遍认为机器学习模型只能解决一些相对简单的问题。由于数据采集比较困难，针对这些问题的数据也比较少，而数据的缺失对研究机器学习十分不利。好在问题本身比较简单，只需要对问题中的数据做简单的处理即可，解决问题所需要的模型也相对简单。

后来，人们发现机器学习在解决简单问题上的表现不错，于是尝试解决一些更复杂的问题。遗憾的是，由于受条件限制，与这些更复杂的问题相关的数据依然有限，这时训练数据成了瓶颈。为了更好地利用有限的数据解决问题，前辈们花了大量的心血设计各种复杂精巧的模型，那个时代涌现出了很多理论完备且效果突出的模型，比如大名鼎鼎的**支持向量机**（Support Vector Machine）。

随着时代的不断发展，大数据时代来临，我们面对的很多问题终于有了充足甚至过量的数据支持。有了足量的数据支持，就可以从数据中更清晰地看出问题，这时模型的压力就变小了，我们可以使用一些相对简单且扩展性足够好的模型，例如大规模特征的 **Logistic 回归**（Logistic Regression）。这时，模型的深度和上一代模型类似，以浅层模型为主，对事物的描述特征呈爆炸式增长。特征工程就成为机器学习工程师必须掌握的技能之一。

那么，什么是特征工程呢？特征工程是指通过一些操作将原始特征转换成更容易处理的特征。对于一些问题，如果原始特征不被处理，最终的效果可能会打折扣。举例来说，图 1.6 所示的是一个汉字的灰度图，对于计算机来说，这个汉字是什么字呢？

站在计算机的角度，输入图像是排列整齐的几千个甚至几万个像素，如果直接使用这些像素信息建立模型做监督学习，那么很有可能不会得到一个很好的结果。利用本书后面介绍的开源框架 PyTorch 对手写数字数据集 MNIST 进行测试，模型采用一个全连接层和一个 Softmax 层，这样浅层的模型可以得到 0.89 的准确率。这样的准确率离工业上的应用还差很多。实验模型如图 1.7 所示。

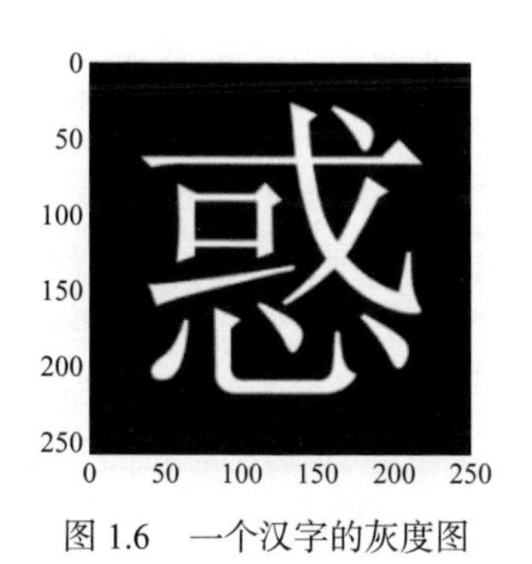

图 1.6　一个汉字的灰度图

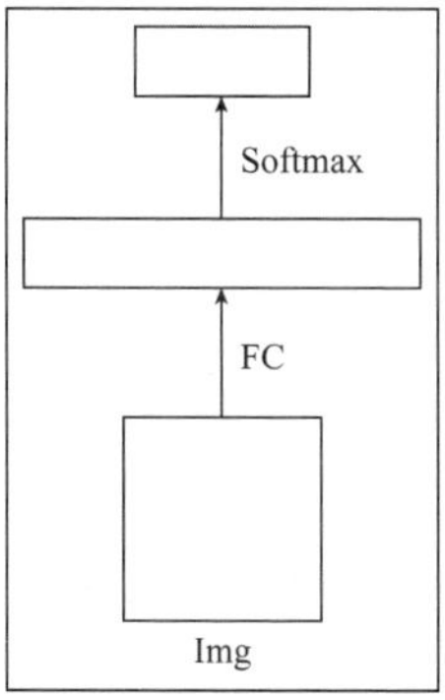

Softmax
FC
Img

图 1.7　实验模型

这个实验告诉我们，让计算机用比较浅层的模型在原始信息上解决问题是有些困难的，这不容易获得非常高的精度。如果把这些像素值排成一排放在那里，就算人类也不太容易识别出来。那么，在认出这些汉字的一瞬间，人类的大脑里都想了些什么呢？

科学研究发现，人类大脑的神经元会组成一个比较深层的网络结构，每一层的神经元都肩负着不同的处理任务。举例来说，从视觉系统传来的信息要经过几个层次的处理才会得到最终的结果。可以想象，大脑的每一层级的神经元能处理不同复杂程度的信息，浅层的神经元可以处理图像中局部的信息，深层的神经元可以处理图像中更大范围的信息，信息随着神经元的不断处理而不断聚集，变得易于分析和处理。

想要达到好的效果，模型也需要经过多个层次的处理才行。在深度学习爆发之前，科研人员主要使用浅层模型来完成工作，于是前面几层神经元的工作由人类思考完成，人类负责利用算法把那些看上去抽象的信息变得更易于处理，最后将人工设计处理得到的中间特征交给模型去学习。比如在图像识别和匹配问题中，像 SIFT、HOG 等复杂的算法，相当于把人类大脑中前面几层神经元的工作完成了，它们既考虑到多尺度的（也就是不同分辨率下的）图像信息，又考虑到梯度这样有辨识度的信息，同时兼顾其他信息的聚合。这时算法得到的特征就可以用浅层模型解决上面提到的问题。所谓的特征工程也正是指这些特征生成的过程和方法，它让浅层模型可以更好地完成最后的工作。

为什么要自己设计这些算法，而不加大模型的深度，让它自己根据训练数据学习出来呢？这里有很多历史问题。深层模型曾经有两个难以攻克的问题，其中一个是计算量的问题。模型的深度越深，模型就越灵活，其中包含的参数也越多，想要训练这样的模型需要更大的计算量，这会比之前的浅层模型困难得多。即使当年计算机已经十分先进，计算速度已经非常快，面对这样大的计算量也有些力不从心。

另一个问题是模型的复杂度成倍增长，导致模型在训练过程中变得不可控。浅层模型拥有的种种优良特性在这里不复存在。从前面的介绍中可知，想让模型拥有智能，需要使用适当的优化算法，让模型在训练时不断调整，提高能力。于是，如何利用优化算法来完成优化就显得十分重要。那么，之前的浅层模型有什么好处呢？浅层模型的损失函数往往可以满足凸函数的性质，凸函数拥有非常好的特性，我们可以快速地优化函数，而不用担心在优化过程中出现一些不可控的情况。比如，学生有可能会遇到越复习成绩越差的情况，而精心设计的凸函数的优化方法拥有很好的收敛性质，一般不会让模型越训练越差。一旦采用了深层模型，目标函数就不再满足凸函数的性质，优化曲面也变得不那么友好了，在优化过程中会冒出很多问题。

摆在面前的这两座大山阻碍了深层模型的发展，以至于虽然深层模型很早就被发明出来，但是由于实现起来困难重重，在理论方面又几乎是空白，于是这一分支一直没有被前人看中。现在时代不同了，机器的计算能力在不断增长，终于有一天，它的计算能力达到了可以优化深层模型的地步，同时模型的训练逐渐变得可控，应有的效果发挥出来，于是深层模型终于重新出现在人们的视野中，人们开始重新审视这个被遗忘的“屠龙神器”。

一旦深层模型变得可计算，研究人员就可以方便地做实验分析问题，这一领域的理论也就有了很大的发展，一些模型结构和优化方面的基本问题也逐渐被解开。到目前为止，虽然深层模型的理论依然不够完善，但也许在不远的未来，它可以变得更完善。

前面说了这么多深层模型需要克服的问题，那么同样也要介绍它的优点——也就是它受人热捧的原因。一个最直观的原因就是深层模型在效果上比上一代浅层模型厉害得多，在有些问题上拥有碾压式的优势。这对科研和工业界来说都是一个非常振奋的消息，于是深层模型就这样火热起来了。

那么，深层模型究竟是如何碾压浅层模型的呢？说起这件事情，不得不提2012 年的那场比赛——ImageNet Large Scale Visual Recognition Challenge，简称ILSVRC。在这一年的比赛中，由多伦多大学的 Alex Krizhevsky、Ilya Sutskever、Geoffrey Hinton 组成的 SuperVision 代表队在 Classification 和 Localization 竞赛中横空出世，强势碾压了其他对手，在最终的 Top 5 Error 评价指标上比第二名的队伍低了超过 10%。表 1.1 所示的是从比赛官网摘录的分类任务的最终成绩。

表 1.1 分类任务的最终成绩

队名	错误率	模型描述
SuperVision	0.15315	额外使用了来自 ImageNet Fall 2011 的数据进行训练
ISI	0.26172	以 SIFT+FV、LBP+FV、GIST+FV 和 CSIFT+FV 为特征的分类器加权融合而成

从表中可以看出，在 2012 年，选择浅层模型的队伍用了各种抽取特征的方法，可以说已经把浅层模型发挥到了极致，而获得第一名的队伍使用的模型只是深层模型中的新手，就已经获得如此巨大的优势。如果读者有兴趣，可以查阅现在的 ILSVRC 数据，一定会感慨深度学习模型对浅层模型的碾压。

其实从原理上分析，也能解释深层模型强大的原因。深层模型的结构和人类大脑的层次结构更接近，从这个角度来看也确实具有更大的潜力，同时深层模型更能体现机器学习，尤其是统计机器学习的精髓——让数据说话。前面提到了浅层模型的套路，它们都需要一套复杂的特征工程使模型变得可用，这些复杂的特征工程是人为设计好的，相当于对原始信息做了一次筛选——哪些信息有用需要加工，哪些信息没用需要丢弃。实际情况往往不是这样的，丢弃的部分信息可能并不是完全没用的，而留下来加工的信息也不一定足够，人为设定的算法逻辑清晰，易于实现，但总会留下一些盲区，这一部分也就成了整个模型的短板。为了让这部分算法不成为短板，专家们不断改进算法，但无论怎么改，算法的能力总是很难有质的飞跃。

深层模型就不同了，它并不需要设计算法，每一层产生的计算方式可能难以理解、难以描述、很不通用，但它确实反映了当前数据的特点。由于它可以很好地适配数据，只要它训练充分，模型就可以有更好的表现。

了解了前面的内容，再来学习 Wikipedia 上关于深度学习的定义：

> Deep learning is a class of machine learning algorithms that:
>
> - Use a cascade of multiple layers of nonlinear processing units for feature extraction and transformation. Each successive layer uses the output from the previous layer as input.
> - Learn in supervised (e.g., classification) and/or unsupervised (e.g., pattern analysis) manners.
> - Learn multiple levels of representations that correspond to different levels of abstraction; the levels form a hierarchy of concepts.
>
> 译文：深度学习是满足下列条件的机器学习的子集。
>
> - 使用一系列多层非线性处理单元完成特征抽取和转换，后一层处理单元的输入来自前一层的输出。
> - 使用监督学习（如分类）或非监督学习（如模式分析）方法。
> - 学习多级别的特征表示，不同层级的特征对应着不同层级的抽象概念。

从中可以看出深度学习的特征：使用多层非线性处理以完成特征的抽取和转换，它可以是监督学习，也可以是非监督学习，它学习到的多层特征表示可以对应不同抽象级别的概念。根据定义，可以简单总结深度学习的优点：舍弃了特征工程的步骤，让模型更好地根据数据的原始状态学习成长，因此更容易学到数据中有价值的信息。只要能够解决好深层模型的学习问题，深层模型构建的重点就将转移到数据上——只要数据能够全面覆盖原始问题的范围，深层模型就能够从中学到原始问题的精髓。目前，数据已经不再是瓶颈，深层模型的实力超越浅层模型也就不奇怪了。

在 1.3 节已经明确了本书的范围：只研究监督学习的内容，这里再次明确本书的内容——主要介绍在监督学习下与神经网络模型相关的内容。接下来，我们就开始深度学习的旅程。

1.5　总结与提问

本章介绍了机器学习和深度学习的概念，请读者回答与本章内容有关的问题：

（1）机器学习有哪些特点？机器学习的主要方法有哪些？

（2）深度学习有哪些特点？深度学习方法相比于经典的机器学习方法有哪些优势？

第 2 章

构建小型神经网络

本章介绍神经网络的基础知识，同时给出一个真实案例，来看看神经网络在拟合训练数据方面的效果。本书 1.1 节介绍了一个十分简单的关于钞票面值的问题，采用建立方程组并求解的方式得到了问题的答案，本章介绍异或问题。异或是一种十分简单的运算方法，它的计算结果如表 2.1 所示。

表 2.1　异或计算表

输 入	输 入	输 出
0	0	0
0	1	1
1	0	1
1	1	0

这个问题的数据量比较有限，因此就不区分训练数据和测试数据了，将 4 个异或计算公式全部算入训练数据中，看看所设定的机器学习模型能不能很好地**拟合**这些公式。所谓的拟合是指让模型能够产生与训练数据相同或相近的转换。对于这个问题，能不能用前面的方法建立方程组进行求解呢？我们进行尝试，令两个输入的“面值”分别为 x、y，得到：

$$\begin{bmatrix} 0 & 0 \\ 0 & 1 \\ 1 & 0 \\ 1 & 1 \end{bmatrix} \begin{bmatrix} x \\ y \end{bmatrix} = \begin{bmatrix} 0 \\ 1 \\ 1 \\ 0 \end{bmatrix}$$

这个问题同样无法直接求解，本书 1.1 节介绍的两种方法实际上也无法被直接应用到其中。这就是要挑战的第一个问题——非线性相关关系，也就是说，不能再用建立方程组的方式描述输入与输出的关系了。为了解决这个问题，必须引入其他的运算方法，比如使用一个分段函数作为解决问题的中间桥梁：

$$f(x) = \begin{cases} 1, & x > 0 \\ 0, & x < 0 \end{cases}$$

有了这个函数，只要把 $(0,0)$ 和 $(1,1)$ 映射到负数上，把 $(1,0)$ 和 $(0,1)$ 映射到正数上就可以了。我们可以做如下计算，令输入为 (x_1, x_2)，那么计算公式为

$$y = f(|x_1 - x_2| - 0.5)$$

这样 4 个输入也就对应了 4 个输出，问题得到了解决。虽然问题得到了解决，但是解决方法并不优雅。回顾第 1 章中关于机器学习的定义，机器学习并不是通过设计一套固定的计算指令来解决问题的，而是使用一套更为通用的框架来得到能够预测或者决策的模型的。因此，上面的计算公式并不值得推荐。本章要做的是构建一个神经网络模型来求解。

本章的组织结构是：2.1 节介绍线性代数的基础知识，对线性代数比较熟悉的读者可以跳过本节；2.2 节介绍全连接层与非线性函数的基本知识，包括运算过程和基本原理；2.3 节展示神经网络的各种函数形式；2.4~2.7 节介绍与反向传播法相关的计算方法；2.8 节完成模型的求解工作。

2.1 线性代数基础

线性代数是一门与机器学习强相关的数学课程，其中的很多定理、性质和方法论在机器学习中都起到了关键性作用。本节旨在简单介绍线性代数的一些基本知识，为后面的介绍做铺垫，其中包括以下内容：

- 矩阵与线性变换。
- 矩阵的特征值。

实际上，这些内容都被涵盖在大学的《线性代数》课程中，只是大学课程没有专门围绕着机器学习内容进行讲述，下面的内容将围绕着线性变换的核心概念展开。如果读者对线性代数已经有一定的了解，那么可以试着回答下面两个问题：

- 如何理解矩阵与向量的相乘？
- 矩阵的特征值、特征向量和线性变换有什么关系？

如果读者可以很好地回答这两个问题，则可以选择跳过本节，否则就请花点时间，把这些基本概念搞明白，这对于后面的内容学习很有帮助。

2.1.1 矩阵与线性变换

在第 1 章中介绍了向量，在线性代数中另一个重要的概念就是“**矩阵**”。矩阵 $\boldsymbol{A}_{m\times n}$ 可以被看作计算机中的一个二维数组 A[m][n]，其中第一维表示行，第二维表示列。矩阵也拥有自己的运算体系，相同维度的矩阵可以相加，矩阵可以和标量相乘，在维度匹配的情况下，矩阵与矩阵之间也可以相乘。矩阵运算满足加法交换律、乘法结合律，不满足乘法交换律。

在矩阵运算中经常会遇到一些特殊操作，例如**转置**（Transpose）。矩阵 $\boldsymbol{A}_{m\times n}$ 经过转置后就变成了矩阵 $\boldsymbol{A}_{n\times m}^{\mathrm{T}}$，这个操作让矩阵中的每一个元素以主对角线为轴进行变换。如果一个矩阵的转置和它本身相同，那么这个矩阵就被称为**对称矩阵**（Symmetric Matrix）。这类矩阵将成为本书中的一大主角。

还有一类矩阵运算是除法运算。并不是每一个矩阵都可以被除的，在线性代数中，如果一个矩阵可以被除，就称这个矩阵是**可逆的**（Invertable）。关于矩阵可逆的判断条件还有很多，这里就不一一介绍了。

在线性代数中，最基本也是最经典的一类运算就是**矩阵和向量的乘法**。如果矩阵 $\boldsymbol{A}_{m\times n}$ 和向量 $\boldsymbol{x}_{n\times 1}$ 两者是可以相乘的，则有：

$$\boldsymbol{A}_{m\times n}\boldsymbol{x}_{n\times 1}=\boldsymbol{b}_{m\times 1}$$

实际上，这个公式和机器学习中的一些线性模型相似。如果把矩阵 $\boldsymbol{A}$ 想象成一个运算符，那么这个运算符就相当于对一个 n 维的向量 $\boldsymbol{x}$ 做运算，得到一个 m 维的向量 $\boldsymbol{b}$。如果考虑 $\boldsymbol{x}$ 存在于一个 n 维的实数向量空间中，$\boldsymbol{b}$ 存在于一个 m 维的实数向量空间中，那么 $\boldsymbol{A}$ 的作用就相当于一个映射的作用，将不同维度的向量关联起来，而且它们之间是线性计算的关系。因此，这种运算也可以被认为是**线性变换**（Linear Transform）。

线性变换可以有两种理解方式，其中一种是从常规的运算方法来看，$\boldsymbol{b}$ 中的每一个元素都是由 $\boldsymbol{A}$ 中的一个行向量和 $\boldsymbol{x}$ 相乘得到的，它们的关系如图 2.1 所示。

在这种运算形式中，$\boldsymbol{A}$ 的每一行可以被想象成 $\boldsymbol{x}$ 的每一个元素的权重，它们的计算结果汇总成一个数，相当于对 $\boldsymbol{x}$ 的元素做加权求和，得到的结果代

表了对 $\boldsymbol{x}$ 数据的总结。如果再深入一点分析，这些汇总有什么含义呢？可以看出，这里计算的是两个向量的内积，内积运算具有自己的语义。假设有两个向量 $\boldsymbol{a}$ 和 $\boldsymbol{b}$，那么它们的内积公式可以写作：

$$\boldsymbol{a} \cdot \boldsymbol{b} = |\boldsymbol{a}||\boldsymbol{b}| \cos \theta$$

式中，θ 表示 $\boldsymbol{a}$ 和 $\boldsymbol{b}$ 在向量空间中的夹角。如果两个向量的**长度**（Norm）为 1，那么这两个向量的内积就表示它们的某种相关度。如果两个向量共线且同向，那么内积的结果为 1；如果两个向量相互正交，那么内积的结果为 0；如果两个向量方向相反，那么内积的结果为 -1。

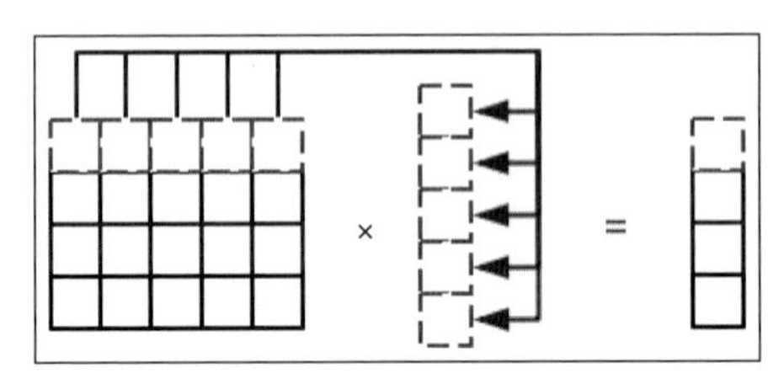

图 2.1　线性变换的一种运算形式

从上面的分析中可以看出，线性变换相当于对 $\boldsymbol{x}$ 完成了 m 次内积，每一次内积的内容都是在考察 $\boldsymbol{x}$ 与 $\boldsymbol{A}$ 的行向量的相关程度。所以，$\boldsymbol{b}$ 就是 $\boldsymbol{A}$ 与 $\boldsymbol{x}$ 的相关程度的汇总。作为一个运算符，$\boldsymbol{A}$ 的内容就显得十分关键了——它内部的数字直接决定了其“心目中”理想的向量：若像 $\boldsymbol{A}$，结果会比较大；若不像 $\boldsymbol{A}$，则结果就会比较小。

另一种理解方式并不是运算时常用的，但是对理解线性代数却很重要。在这种方式中，运算过程被重新组合：

- $\boldsymbol{A}$ 的每一个列向量和 $\boldsymbol{x}$ 的每一个元素依次相乘。
- 相乘后的向量再进行加和，得到结果 $\boldsymbol{b}$。

计算过程如图 2.2 所示。

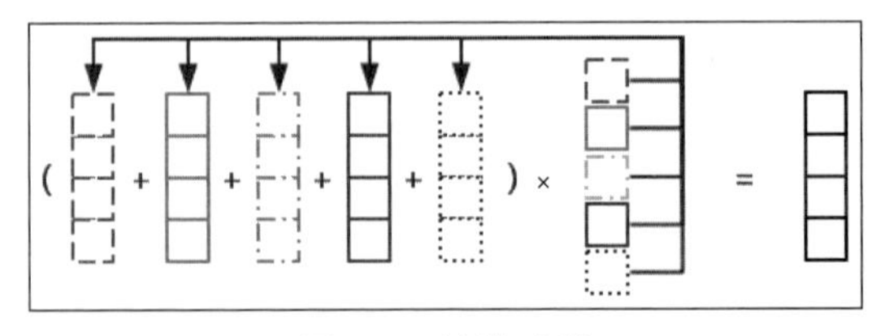

图 2.2　计算过程

一般来说，在向量空间中有如下几种经典的运算方法：

- 向量相加。
- 向量与标量相乘。
- 向量间求内积。

前面的第一种理解方式主要使用了第三种运算方法，而第二种理解方式主要应用了前两种运算方法。

在这种理解下，$\boldsymbol{x}$ 的每一个元素都变成了 $\boldsymbol{A}$ 的列向量的权重。实际上，这个线性变换变成了向量级别的加权平均。这种理解似乎更为直观。$\boldsymbol{A}$ 的每一个列向量表示了结果 $\boldsymbol{b}$ 所在空间的一种向量表达，那么 $\boldsymbol{x}$ 的作用就是平衡这些向量表达并将其糅合成一个新的向量。

2.1.2　特征值与特征向量

前面介绍了矩阵与向量相乘的两种理解方式，其中第二种理解还可以使用更为形象的方式进行演绎，那就是基于坐标变换的线性变换。

假设有一个向量 $[1,2]$，同时又有一个矩阵 $[[2,0],[0,1]]$，将二者相乘，得到了向量 $[2,2]$。从前面的理解来看，计算过程如下：

$$1 \times [2,0]^{\mathrm{T}} + 2 \times [0,1]^{\mathrm{T}} = [2,2]^{\mathrm{T}}$$

这相当于基于原来的坐标系，让矩阵作为一个向量组合，而向量作为加权系数，将两者结合得到结果。在这个过程中，看不到向量作为一个整体的存在，而是成为矩阵的点缀。但是，如果从坐标轴变换或者基变换的角度来理解这个问题，那么计算过程又不一样了。

在新的理解方式中，向量将成为故事的主角，而作为配角的则是矩阵，这一次矩阵的作用是构建一个新的坐标系，向量将会在这个新的坐标系中进行表示，表示的结果最终仍然会使用原来的坐标系进行衡量。这样的叙述恐怕很难让读者一下子搞明白，我们将上面的例子以图形的形式进行展示。如图 2.3 左图所示的是 2.1.1 节的演绎方式，也就是两个向量加权求和的方法；图 2.3 右图所示的是本节的理解方式——我们发现坐标轴的横轴扩张了 1 倍，每一个单位长度是原坐标系的 2 倍，这样，同一个向量在新的坐标轴上得到了不一样的表示。

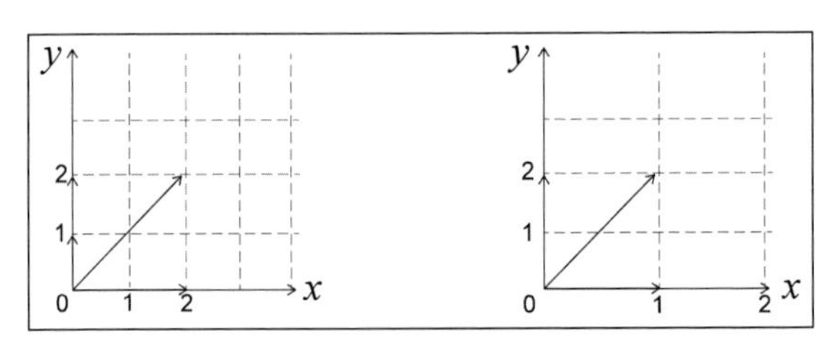

图 2.3　矩阵与向量相乘的计算演绎 1

也许上面的例子太过于简单，不足以将这种坐标变换的思想展现出来，接下来进行另一个计算：

$$\begin{bmatrix}2 & 1\\0 & 3\end{bmatrix}\begin{bmatrix}1\\2\end{bmatrix}$$

两种演绎方式如图 2.4 所示。这一次可以明显地看出，在图 2.4 右图中，随着坐标轴的变换，原本相同的向量与过去变得完全不同。实际上，两种演绎方式各有千秋，并无高低之分，只不过在理解线性变换时，更多的人喜欢使用本节介绍的方法，因为这更能解释线性变换——向量本身没有变，仍然可以用那条直线表示；坐标轴的变换符合线性运算的规律。

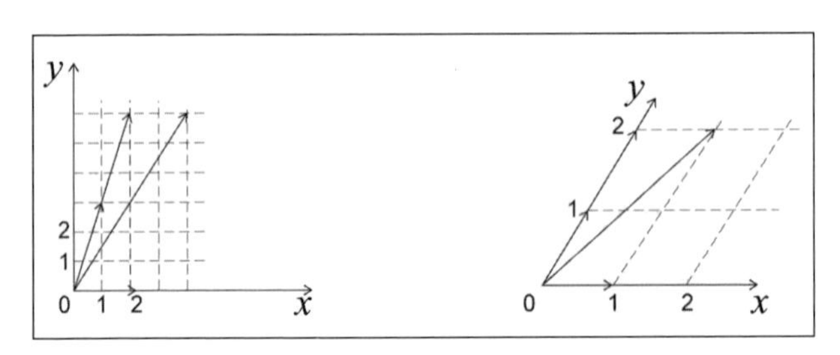

图 2.4　矩阵与向量相乘的计算演绎 2

我们用了这么多篇幅来讲解这种变换方式是有原因的，那就是为了引出概念——特征值与特征向量。还是举上面那个矩阵与向量相乘的例子，我们发现当坐标轴发生变化后，新的向量和原来的向量并不共线。那么是否有可能出现一个向量，在经过坐标轴变换后，新的向量与原来的向量仍然共线呢？

经过一定时间的思考，读者会想出其中的一个解：$[1,0]$，这个向量与矩阵相乘得到 $[2,0]$，正好是原向量的 2 倍；另一个解是 $[1,1]$，一般来说，我们会将向量标准化，也就是 $[\sqrt{2},\sqrt{2}]$，经过矩阵相乘得到 $[3\sqrt{2},3\sqrt{2}]$，是原向量的 3 倍。这里的两个向量就是矩阵对应的特征向量，而对应的扩大（缩小）的倍数就是特征值。对应的转换效果如图 2.5 所示。

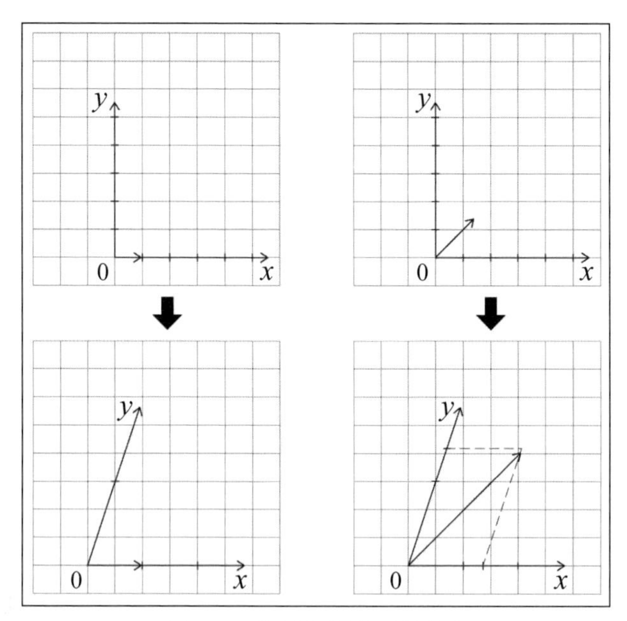

图 2.5　特征向量的计算演绎

接下来研究共线这个性质，它实际上与**特征值**（Eigen Value）和**特征向量**（Eigen Vector）有关。一般来说，用 λ 表示特征值，用 $\boldsymbol{e}$ 表示特征向量。矩阵与它们的关系可以表示为

$$\boldsymbol{A}\boldsymbol{e} = \lambda\boldsymbol{e}$$

如果按照本节介绍的演绎方式，这个公式可以被理解为，对于一个已知的矩阵和其对应的坐标轴变换方法，我们能“找到”一些特殊的向量，这些向量在坐标变换前后不会改变方向（反方向除外），唯一可能改变的只有向量的长度。这个性质使得它与其他处于同一个空间的向量有所不同。

现在关于非超大规模矩阵的特征向量和特征值的计算可以通过软件包轻松得到，那么特征值和特征向量对于矩阵来说有什么意义呢？其实从名字上就能看出，特征向量和特征值正是矩阵的一种表达，就如同在第 1 章中反复强调的事物的特征以及表示特征的数值一样。对于一些性质良好的矩阵（比如前面介绍的那个矩阵），特征向量之间是**相互独立**的，也就是说，任意一个向量都不能通过其他向量经过**线性组合**得到。线性组合指的是向量之间通过扩大/缩小和相加得到的计算表达式。形式化表达就是，如果一组向量 $\{\boldsymbol{e}_1, \cdots, \boldsymbol{e}_n\}$ 相互独立，那么将无法找到一组系数 $\{w_1, \cdots, w_n\}$ 及任意向量 $\boldsymbol{e}_i$，

使得下面的公式成立：

$$\boldsymbol{e}_i = \sum_{j\in\{1,\cdots,n\}-\{i\}} w_j \cdot \boldsymbol{e}_j$$

同时，这些特征向量的线性组合能够表示空间内任意一个向量。也就是说，对于空间内的任意一个向量 $\boldsymbol{x}$，都可以找到一组系数 $\{w_1,\cdots,w_n\}$，使得下面的公式成立：

$$\boldsymbol{x} = \sum_{j=1}^{n} w_j \cdot \boldsymbol{e}_j$$

那么，矩阵和空间内任意一个向量相乘，就可以转变为特征向量的线性组合：

$$\begin{aligned}\boldsymbol{A}\boldsymbol{x} &= \boldsymbol{A}(\sum_{j=1}^{n} w_j \cdot \boldsymbol{e}_j)\\ &= \sum_{j=1}^{n} w_j \cdot (\boldsymbol{A} \cdot \boldsymbol{e}_j)\\ &= \sum_{j=1}^{n} w_j \cdot (\lambda_j \cdot \boldsymbol{e}_j)\end{aligned}$$

这样就可以看出特征向量的重要性了。除此之外，特征向量和特征值还有其他性质，这里不再赘述。

2.2 全连接层与非线性函数

了解了线性代数的基本知识，再来介绍神经网络的基本结构。在深度学习发展起来之前，神经网络一般被称为**人工神经网络**（Artificial Neural Network），它的主要结构由**全连接层**（Fully Connected Layer）和**非线性函数**（Nonlinear Function）组成。

全连接层的计算就是将输入数据看作一个一维的向量，模型构建一个二维的矩阵，作为一个线性变换的算子，将输入向量投影到新的空间中，然后给得到的矩阵加上一个相同维度的向量，就完成了全部计算。对于一个输入向量 $\boldsymbol{x} = [x_0, x_1, \cdots, x_n]^{\mathrm{T}}$，线性部分的输出向量是 $\boldsymbol{z} = [z_0, z_1, \cdots, z_m]^{\mathrm{T}}$，那么线性部分的参数就是一个 $m \times n$ 的矩阵 $\boldsymbol{W}$，有时再加上一个偏置项 $\boldsymbol{b}$，$\boldsymbol{b} = [b_0, b_1, \cdots, b_m]^{\mathrm{T}}$，于是就得到下面这个运算公式：

$$\boldsymbol{W}\boldsymbol{x} + \boldsymbol{b} = \boldsymbol{z}$$

从表面上看，就是矩阵和向量相乘，再加上一个向量，得到结果。2.1 节介绍了线性变换，我们发现全连接层的计算和线性变换十分相近。实际上，它们的功能也是类似的，将输入的特征向量放到另一个坐标系中进行解释，最后将结果进行一次平移。

线性函数汇总之后的结果将被传递到非线性函数。非线性函数和线性函数相比，在形式上更灵活，它有一系列的“套路”函数可供选择，每个“套路”函数都有自己的特点。本节将介绍两个经典的非线性函数，其中一个是 **Sigmoid** 函数，其函数形式如下：

$$f(x) = \frac{1}{1 + \mathrm{e}^{-x}}$$

Sigmoid 函数曲线如图 2.6 所示。

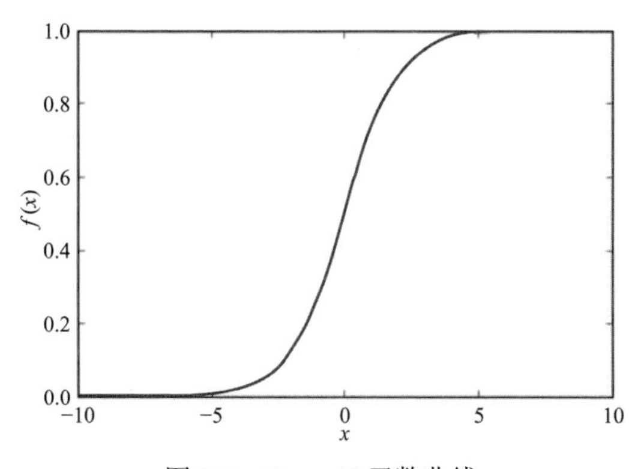

图 2.6　Sigmoid 函数曲线

这个函数的输入正是上一步线性部分的输出 $\boldsymbol{z}$，此时 $\boldsymbol{z}$ 的取值范围为 $(-\infty,+\infty)$，经过这个函数就变成了 $(0, 1)$。

另一个是比较有名的非线性函数——双曲正切函数 **Tanh**，其函数形式如下：

$$f(x) = \frac{\mathrm{e}^{x} - \mathrm{e}^{-x}}{\mathrm{e}^{x} + \mathrm{e}^{-x}}$$

Tanh 函数曲线如图 2.7 所示。

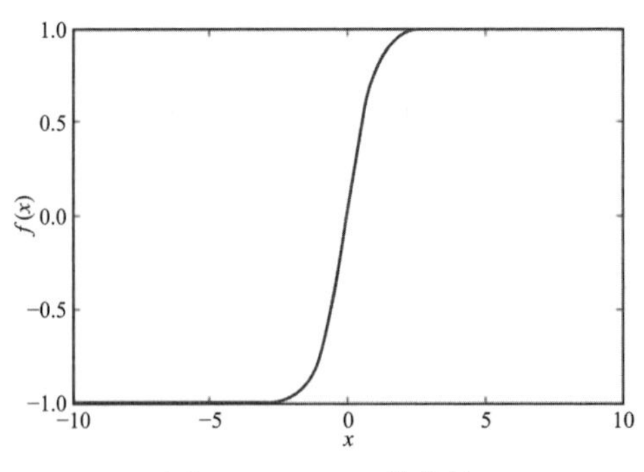

图 2.7　Tanh 函数曲线

Tanh 函数虽然形式很复杂，但其曲线形状看上去和 Sigmoid 函数差不多。可以看出，其函数范围和 Sigmoid 函数不同，是 $(-1,1)$。

介绍完了上面两个非线性函数，读者也许会问：这两个非线性函数并没有要学习的参数，为什么模型需要非线性部分做函数转换呢？它有什么作用呢？

非线性部分在模型中有很多作用，**其中一个作用就是对数据的归一化。**不管前面的线性部分做了怎样的工作，到了非线性部分，所有的数值都将被限制在某个范围内，比如 Sigmoid 函数，它会将数值限制在 $(0,1)$ 的范围内。如果后面的网络层要基于前面的网络层数据继续计算，网络内部的数值范围就相对可控了。不然，就有可能造成两个麻烦。

（1）从**前向**（Forward）计算网络时，如果不对数值的取值范围进行一定的限制，那么在下一层网络中，输入的数值大小可能不尽相同，有些比较大，有些比较小，在计算中那些大数值的重要性就会被强调，而小数值的重要性就会被忽略。这对下面的计算会造成很大的障碍：往严重了说，随着这种数值幅度的不断扩大，有可能遇到数值爆炸溢出的情况，最终导致网络输出的结果超过数值能表示的范围。这一点在深层网络中需要注意。

（2）从**反向**（Backward）计算网络时，如果每一层的数值大小都不一样，有的范围为 $(0,1)$，有的范围为 $(0,10000)$，那么在做模型优化时，设置反向求导的优化步长就会充满挑战——如果设置得过大，那么梯度较大的维度就会因为过量更新而造成无法预期的结果；如果设置得过小，那么梯度较小的维度得不到充分的更新就难以有提升（这一部分将在后面的章节中详细介绍）。

非线性部分的另一个作用是打破之前的线性映射关系。如果全连接层没有非线性部分，只有线性部分，那么在模型中叠加多层神经网络是没有意义的，因为多层神经网络可以直接退化成一层神经网络。

这里假设有一个两层的全连接神经网络，其中没有非线性层，那么对于第一层，有：

$$\boldsymbol{W}^0\boldsymbol{x}^0+\boldsymbol{b}^0=\boldsymbol{z}^1$$

对于第二层，有：

$$\boldsymbol{W}^1\boldsymbol{z}^1+\boldsymbol{b}^1=\boldsymbol{z}^2$$

两式合并，得到：

$$\boldsymbol{W}^1(\boldsymbol{W}^0\boldsymbol{x}^0+\boldsymbol{b}^0)+\boldsymbol{b}^1=\boldsymbol{z}^2$$
$$\boldsymbol{W}^1\boldsymbol{W}^0\boldsymbol{x}^0+(\boldsymbol{W}^1\boldsymbol{b}^0+\boldsymbol{b}^1)=\boldsymbol{z}^2$$

只要令

$$\boldsymbol{W}^{0'}=\boldsymbol{W}^1\boldsymbol{W}^0$$
$$\boldsymbol{b}^{0'}=\boldsymbol{W}^1\boldsymbol{b}^0+\boldsymbol{b}^1$$

就可以用一层神经网络表示之前的两层神经网络。所以，从另一方面来说，非线性层的加入，使得多层神经网络的存在有了意义。

2.3 神经网络可视化

本节介绍全连接层的可视化效果。由于神经网络充满了复杂性与多变性，本节会采用递进的方式展示它的图像。首先设计一个简单的神经网络并将其展示出来，然后不断地增加它的复杂性。下面给出全连接层的代码，其中非线性部分采用 Sigmoid 函数，这段代码将贯穿于下面的实验。

```
class FC:
    def init(self, in_num, out_num, lr = 0.01):
        self._in_num = in_num
        self._out_num = out_num
        self.w = np.random.randn(out_num, in_num) * 10
        self.b = np.zeros(out_num)
    def _sigmoid(self, in_data):
        return 1 / (1 + np.exp(-in_data))
    def forward(self, in_data):
        return self._sigmoid(np.dot(self.w, in_data) + self.b)
```

代码的内容并不多，但值得一提的是，在构造函数中模型会对参数中的w进行随机初始化，这样就会随机构建一个神经网络。为了方便可视化，这里将输入维度设置为2，将输出维度设置为1，这样的函数图形就可以被直接可视化。

首先介绍只有一个全连接层的神经网络。实际上，对于只有一层且只有一个输出的神经网络，它的形式和Logistic回归（Logistic Regression）模型的形式相同。相关的代码如下：

```
x = np.linspace(-10,10,100)
y = np.linspace(-10,10,100)
X, Y = np.meshgrid(x,y)
X_f = X.flatten()
Y_f = Y.flatten()
data = zip(X_f, Y_f)

fc = FC(2, 1)
Z1 = np.array([fc.forward(d) for d in data])
Z1 = Z1.reshape((100,100))
draw3D(X, Y, Z1)
```

生成的图像如图2.8所示。

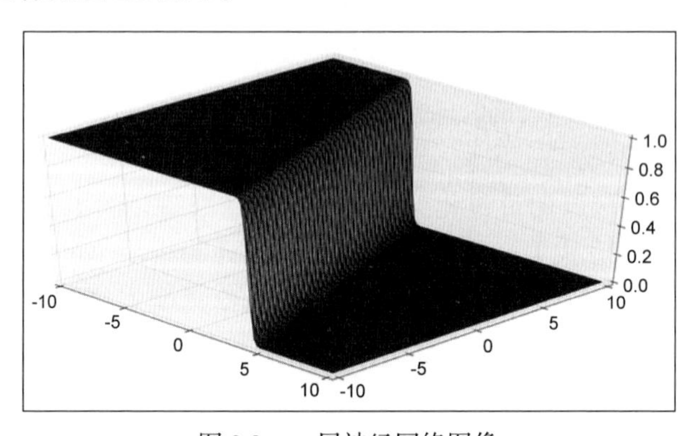

图2.8　一层神经网络图像

这个函数的图像和一个标准的Logistic回归模型函数完全一样，像一个台阶。经过多次随机测试，基本上它都是这个形状，只不过随着权重的数值不断变化，这个“台阶”会旋转到不同的方向，但归根结底还是像一个台阶。

这也说明一层神经网络和我们想要的神经网络差距有点大，这个模型本质上只拥有线性分类器的实力，随着神经网络的层数不断增加，神经网络模型比 Logistic 回归模型要复杂得多。那么，它复杂到什么程度呢？给神经网络再加一层，代码如下：

```
fc = FC(2, 3)
fc.w = np.array([[0.4, 0.6],[0.3,0.7],[0.2,0.8]])
fc.b = np.array([0.5,0.5,0.5])

fc2 = FC(3, 1)
fc2.w = np.array([0.3, 0.2, 0.1])
fc2.b = np.array([0.5])

Z1 = np.array([fc.forward(d) for d in data])
Z2 = np.array([fc2.forward(d) for d in Z1])
Z2 = Z2.reshape((100,100))

draw3D(X, Y, Z2)
```

这次暂时不用随机参数，而是设置了几个固定数值来看看效果。从上面的代码可以看出，两层的参数全都是正数，生成的图像如图 2.9 所示。

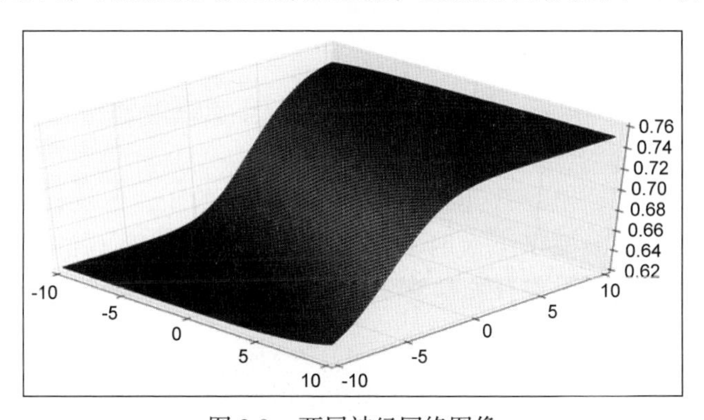

图 2.9 两层神经网络图像

看上去比之前的“台阶”柔软了一些，但归根结底还是很像一个台阶，完全感受不到神经网络的强大。那就给神经网络加点负参数，看看会不会出现不同的结果。代码如下：

```
fc = FC(2, 3)
fc.w = np.array([[-0.4, 1.6],[-0.3,0.7],[0.2,-0.8]])
fc.b = np.array([-0.5,0.5,0.5])

fc2 = FC(3, 1)
fc2.w = np.array([-3, 2, -1])
```

```
fc2.b = np.array([0.5])

Z1 = np.array([fc.forward(d) for d in data])
Z2 = np.array([fc2.forward(d) for d in Z1])
Z2 = Z2.reshape((100,100))

draw3D(X, Y, Z2)
```

从上面的代码可以看出，部分参数已经被设置成负数，生成的图像如图 2.10 所示。

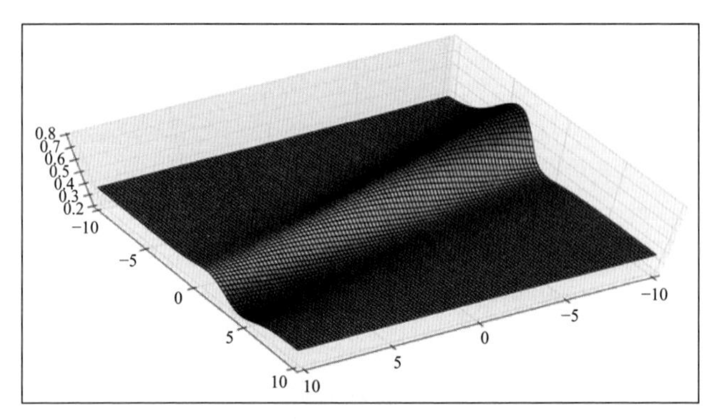

图 2.10　设置了负参数的两层神经网络图像

加了负参数后，模型看上去终于不那么像台阶了，两层神经网络的非线性能力开始显现。看完了上面两张相对简单的图像，下面就把参数交给随机数生成器，看看它能带来什么惊喜。代码如下：

```
fc = FC(2, 100)
fc2 = FC(100, 1)

Z1 = np.array([fc.forward(d) for d in data])
Z2 = np.array([fc2.forward(d) for d in Z1])
Z2 = Z2.reshape((100,100))
draw3D(X, Y, Z2,(75,80))
```

随机得到的图像如图 2.11 所示。

这时候模型的非线性特点已经非常明显了，这个模型和最初的“台阶”模型相比，在非线性表达方面已经强大了很多。

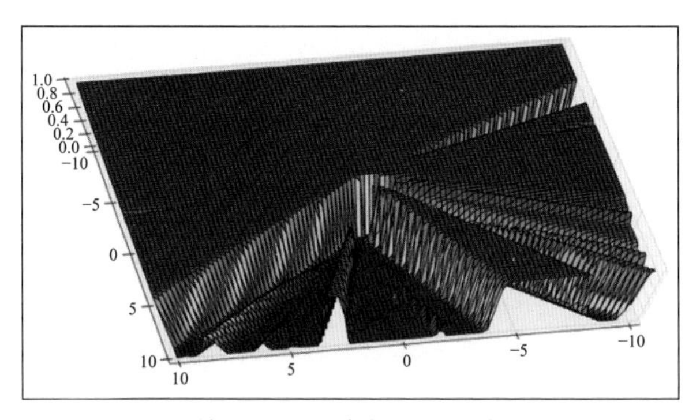

图 2.11 更复杂的随机参数的两层神经网络图像

继续加几层网络，看看神经网络还能变成什么样子。代码如下：

```
fc = FC(2, 10)
fc2 = FC(10, 20)
fc3 = FC(20, 40)
fc4 = FC(40, 80)
fc5 = FC(80, 1)

Z1 = np.array([fc.forward(d) for d in data])
Z2 = np.array([fc2.forward(d) for d in Z1])
Z3 = np.array([fc3.forward(d) for d in Z2])
Z4 = np.array([fc4.forward(d) for d in Z3])
Z5 = np.array([fc5.forward(d) for d in Z4])
Z5 = Z5.reshape((100,100))
draw3D(X, Y, Z5,(75,80))
```

生成的图像如图 2.12 所示。图像又复杂了很多，这个形状已经很难用语言来描述了。

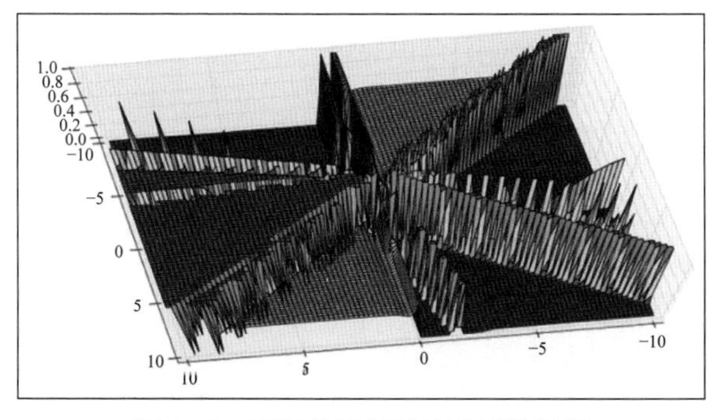

图 2.12 更复杂的多层神经网络图像

从上面的实验可以看出，层数越多，模型所能表现出的非线性“能力”越强，“脑洞”开得也越大。如果我们遇到的问题像上面那样复杂，那么这个模型可以帮助解决问题。当然，在实际问题中，输入和输出的维度都有可能比上面的模型大，因此模型真正的复杂度恐怕难以想象。

2.4 反向传播法

反向传播法（Back Propagation）是神经网络计算模型梯度的方法。利用这个方法，多层神经网络的梯度可以被很好地解耦求出。反向传播法的核心来自梯度计算和链式法则，下面就来介绍这两个概念。

基于梯度的优化方法是机器学习中常见的优化方法，这里以一个简单的问题为例，求出使下面公式最小化时 x 的取值：

$$\min_x \frac{1}{2}(x-2)^2$$

在中学时，我们曾经学习过这样的二次函数，也了解它的性质，这个公式的最小值为 0，此时 $x=2$。虽然这样可以得到这个问题的解，但是我们的脑海中回想起机器学习定义中的一句话：不要寻找特定的解决思路。这一次我们知道二次函数的性质，并利用性质得到了结果，那么下一次遇到其他函数时，该怎么办？所以还是要思考一个更为通用的方法。

我们的方法是使用导数（Derivative）来进行求解。导数描述了一个实变量函数对变化的敏感度，这个敏感度指的是当参数变化时函数值变化的幅度。当单变量函数的导数存在时，它相当于函数图形在这一点处的切线。这个定义并不是特别严格且广义的，但是我们还是理解了导数的意义。

根据函数与导数的关系，我们知道当导数等于 0 时，函数将取得极值。对上面的公式求导，得到：

$$f'(x)=x-2$$

当 $x=2$ 时，函数将取得极值。这个极值是极大值还是极小值？我们可以求出这个公式的二阶导数进行判断，也可以在局部的小窗口取值判断。总之，有很多种方法可以得到我们想要的结果。

可以看出，上面介绍的方法是比较通用的，我们并没有用到二次函数的性质。实际上，对于一些较为简单的问题，采用这种方法进行求解再合适不过了。但在求解时，需要计算一个方程，也就是求出一阶导数等于 0 时的值。而对于有些复杂的问题，这样的解就不是很好求了。比如一个高阶的式子：

$$f(x) = a_1x^{100} + a_2x^{99} + \cdots + a_{101}$$

此时求解的难度就大了很多。

那么，有没有其他方法呢？有。其中一个方法是**梯度下降法**（Gradient Descent Method）。梯度是导数在多变量函数上的一个泛化，而单变量函数也可以被看作多变量函数的一个特例。因此，在后面的介绍中，将统一使用“梯度”这个词。梯度下降法的计算方法如下：

（1）随机生成一个解 x。

（2）计算当前解 x 的梯度 g。

（3）使用步长 α，更新解：$x' = x - \alpha g$。

（4）如果得到一个极值，或者满足终止条件，则结束；否则 $x = x'$，回到第 2 步。

对应的代码如下：

```
'''
params:
    x_start:初始解
    step:步长
    g:计算梯度的函数
'''
def gd(x_start, step, g):   # 名称gd代表Gradient Descent
    x = x_start
    for i in range(20):
        grad = g(x)
        x -= grad * step
        print '[ Epoch {0} ] grad = {1}, x = {2}'.format(i, grad, x)
        if abs(grad) < 1e-6:
            break;
    return x
```

从代码中可以看出，这里的终止条件是一维梯度的绝对值小于某个极小值，即梯度值接近于零。也就是说，梯度下降法采用迭代的方式找到极值。可以看出，对于一些复杂的函数来说，计算梯度并不断靠近极值的方法在效率上高于直接计算极值点，所以在实际问题中通常使用梯度下降法。关于梯度下降法的更多内容，将在第 6 章中继续介绍。

当决定使用梯度下降法作为优化方法后，就要进行下一个步骤，即建立损失函数。对于异或问题来说，我们希望模型得到的结果能够尽可能接近异或运算本身的数值。于是可以选择一个简单的损失函数，**均方误差损失**（Mean Square Error Loss）。假设模型的输出为 y，目标输出为 t，损失函数的形式为

$$\text{Loss}(y,t)=\frac{1}{2}(y-t)^2$$

对于这个任务，我们希望模型的输出和目标输出的差距最小化。所以，只要计算出每一个参数的偏导数，也就是整体模型的梯度，就可以使用梯度下降法进行计算了。下面就来详细介绍它的求解过程。

2.5 反向传播法的计算方法

本节详细介绍神经网络的反向传播法的计算方法。为了训练出能够求解异或问题的神经网络，这里要定义一个十分简单的双层神经网络，它的结构如下：

- 输入的数据是二维的。
- 第一层神经网络的输入也是二维的，输出是四维的，非线性部分采用 Sigmoid 函数。
- 第二层神经网络的输入是四维的，输出是一维的，非线性部分采用 Sigmoid 函数。

用图形表示，神经网络模型结构如图 2.13 所示。

本章 2.4 节提到了函数优化的基本流程，就是先为参数选定某个初始值，然后用迭代优化的方式寻找最优的参数值。迭代优化的关键是求解参数关于目标函数的偏导数，下面的内容主要就是推导神经网络中参数的偏导数。推导公式本身不需要太多的数学知识，只需要有耐心。推导过程主要分为如下三个阶段：

（1）推导出单一数据输入场景下的梯度。

（2）将整个计算过程解耦，并划分出一批可以复用的子模块。

（3）将计算扩展到一批（Batch）数据上。

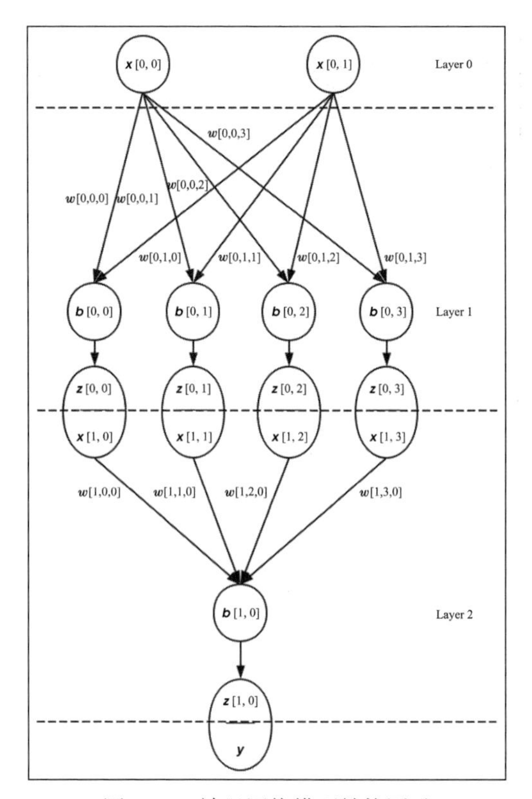

图 2.13 神经网络模型结构图示

本节介绍第一个阶段的推导。首先列出所有待求的偏导数。我们可以按照网络层级将其划分成如下两个部分。

网络第一层：

$$\frac{\partial \text{Loss}}{\partial w_{00}^{0}}, \frac{\partial \text{Loss}}{\partial w_{01}^{0}}, \frac{\partial \text{Loss}}{\partial w_{02}^{0}}, \frac{\partial \text{Loss}}{\partial w_{03}^{0}}, \frac{\partial \text{Loss}}{\partial w_{10}^{0}}, \frac{\partial \text{Loss}}{\partial w_{11}^{0}}, \frac{\partial \text{Loss}}{\partial w_{12}^{0}}, \frac{\partial \text{Loss}}{\partial w_{13}^{0}}$$

网络第二层：

$$\frac{\partial \text{Loss}}{\partial w_{00}^{1}}, \frac{\partial \text{Loss}}{\partial w_{10}^{1}}, \frac{\partial \text{Loss}}{\partial w_{20}^{1}}, \frac{\partial \text{Loss}}{\partial w_{30}^{1}}, \frac{\partial \text{Loss}}{\partial b_{0}^{1}}$$

只要求出上面列出的 13 个偏导数，后面就可以用其相反数乘步长进行迭代优化了。因为计算公式有些复杂，直接求解这些梯度确实有点难。于是，可以使用**链式法则**（Chain Rule），把神经网络的计算过程拆解成一个个小部分，然后分别求导，计算过程就变成了下面这些步骤的组合。

（1）输入数据 x^0。

（2）第一层的线性部分输出 z^0。

（3）第一层的非线性部分输出 x^1。

（4）第二层的线性部分输出 z^1。

（5）第二层的非线性部分输出 y。

（6）二次损失函数 Loss。

求导的过程需要将上面列出的步骤反向进行。首先是第二层网络的计算公式反推，可以得到计算第二层网络梯度所需的公式：

$$\text{Loss} = \frac{1}{2}(y-t)^2 \Rightarrow \frac{\partial \text{Loss}}{\partial y} = y - t$$

$$y = \frac{1}{1+\mathrm{e}^{-z^1}} \Rightarrow \frac{\partial y}{\partial z^1} = y(1-y)$$

$$z_0^1 = \sum_{i=0}^{3} w_{i0}^1 x_i^1 + b_0^1 \Rightarrow \frac{\partial z_0^1}{\partial w_{00}^1} = x_0^1 \quad \text{（同层的其他参数类似）}$$

$$z_0^1 = \sum_{i=0}^{3} w_{i0}^1 x_i^1 + b_0^1 \Rightarrow \frac{\partial z_0^1}{\partial b_0^1} = 1$$

然后求出第一层网络的计算公式反推：

$$z_0^1 = \sum_{i=0}^{3} w_{i0}^1 x_i^1 + b_0^1 \Rightarrow \frac{\partial z_0^1}{\partial x_0^1} = w_{00}^1 \quad \text{（同层的其他参数类似）}$$

$$x_0^1 = \frac{1}{1+\mathrm{e}^{-z_0^0}} \Rightarrow \frac{\partial x_0^1}{\partial z_0^0} = x_0^1(1-x_0^1) \quad \text{（同层的其他参数类似）}$$

$$z_2^0 = \sum_{i=0}^{1} w_{i2}^0 x_i^0 + b_2^0 \Rightarrow \frac{\partial z_2^0}{\partial w_{12}^0} = x_1^0 \quad \text{（同层的其他参数类似）}$$

$$z_0^0 = \sum_{i=0}^{1} w_{i0}^0 x_i^0 + b_0^0 \Rightarrow \frac{\partial z_0^0}{\partial b_0^0} = 1 \quad \text{（同层的其他参数类似）}$$

到这里，基本的运算准备已经完成，后面的事情就是把这些计算出来的小部分组合起来，比如：

$$\frac{\partial \text{Loss}}{\partial w_{12}^0} = \frac{\partial \text{Loss}}{\partial y} \cdot \frac{\partial y}{\partial z^1} \cdot \frac{\partial z^1}{\partial x_2^1} \cdot \frac{\partial x_2^1}{\partial z_2^0} \cdot \frac{\partial z_2^0}{\partial w_{12}^0}$$

看着有点复杂，但实际上大部分内容都已经在前面的步骤中计算好，这里只需要把数据全部代入就可以了。当然，如果严格按照链式法则进行推导计算，求导的公式会比这个更复杂，但是中间部分的一些偏微分项实际上等于 0 可以略去，因此看上去会简单一些。

而且，随着模型从高层网络向低层反向计算，那些已经计算好的中间结果也可以用于计算低层参数的梯度。所以经过整理，全部的计算过程可以表示如下：

（1）$\dfrac{\partial \text{Loss}}{\partial y} = y - t$

（2）$\dfrac{\partial \text{Loss}}{\partial z_0^1} = \dfrac{\partial \text{Loss}}{\partial y} \cdot y \cdot (1-y)$

（3）$\dfrac{\partial \text{Loss}}{\partial w_{00}^1} = \dfrac{\partial \text{Loss}}{\partial z_0^1} \cdot x_0^1$（同层的其他参数类似）

（4）$\dfrac{\partial \text{Loss}}{\partial x_0^1} = \dfrac{\partial \text{Loss}}{\partial z_0^1} \cdot w_0^1$（同层的其他参数类似）

（5）$\dfrac{\partial \text{Loss}}{\partial b_0^1} = \dfrac{\partial \text{Loss}}{\partial z_0^1} \cdot 1$（同层的其他参数类似）

（6）$\dfrac{\partial \text{Loss}}{\partial z_0^0} = \dfrac{\partial \text{Loss}}{\partial x_0^1} \cdot x_0^1 \cdot (1-x_0^1)$（同层的其他参数类似）

（7）$\dfrac{\partial \text{Loss}}{\partial w_{00}^0} = \dfrac{\partial \text{Loss}}{\partial z_0^0} \cdot x_0^0$（同层的其他参数类似）

（8）$\dfrac{\partial \text{Loss}}{\partial b_0^0} = \dfrac{\partial \text{Loss}}{\partial z_0^0} \cdot 1$（同层的其他参数类似）

以上就是计算的全过程。经过这个推演，确实得到了参数的导数。求解过程虽然有些烦琐，但是非常有逻辑。所以，只要记住链式求导这个思路，再复杂的网络结构也可以这样一步步求出来。这样也就完成了求导的第一步——单一数据的梯度求解。

2.6　反向传播法在计算上的抽象

本节介绍第二阶段的推导。虽然采用 2.5 节中的方法可以计算出每一个参数的偏导数，但是每一次都这样计算实在有些烦琐。这意味着对于不同结构的网络，需要开发不同的求导计算逻辑。实际上，神经网络的反向传播是有规律可循的，回过头看 2.5 节结尾的 8 个步骤，就会发现这 8 个步骤可以分成二个部分。

- 第 1 步完成了模型输出值的梯度计算。

- 第 2~5 步完成了第二层神经网络的梯度计算。
- 第 6~8 步完成了第一层神经网络的梯度计算。

如果从更具体的角度来看每一层神经网络反向计算的内容，就会发现它们都完成了下面的梯度计算。

- Loss 对本层线性部分输出值 z 的梯度。
- Loss 对本层线性部分参数值 w 的梯度。
- Loss 对本层线性部分参数值 b 的梯度。
- Loss 对本层线性部分输入值 x 的梯度。由于 x 可以表示为前一层网络的输出，这部分还会被用于前面的网络中。

了解了这种模式，神经网络梯度计算模块化就变得容易了。在前向计算时，每一层网络将使用同样的计算流程产生输出，并传递给后一层作为输入；同样，在反向计算时，每一层也使用同样的计算流程——计算上面的 4 个值，把梯度反向传给前一层网络。这样，每一个全连接层的计算变得相对独立，代码实现了很好的复用性。这里可以简单定义两个函数——forward 和 backward，神经网络中的每一个网络层只要实现了这两个函数，就可以在外部将它们组合起来，求出模型的梯度并进行优化。代码如下：

```
def forward(in_data):
    '''
    Args:
        in_data: 本层的输入数据
    Returns:
        本层的输出数据
    '''
    pass
def backward(loss):
    '''
    Args:
        loss: 损失函数对输出的梯度
    Returns:
        损失函数对输入的梯度
    '''
    pass
```

2.7 反向传播法在批量数据上的推广

本节介绍第三个阶段的推导。在实际模型训练过程中，每次只计算一个训练数据的梯度是不太可能的，因为这种训练方法不但浪费训练资源，而且单一数据计算产生的梯度很可能不准确。因此，需要集中计算一批数据，求出其中的梯度。这就需要用矩阵来解决问题。矩阵运算不是简单的维度扩展，因为矩阵乘法不满足交换律，所以矩阵相乘的顺序需要明确。

下面开始推导矩阵版的公式。这里还是用 2.5 节中的模型——输入有 2 个元素，第一层有 4 个输出，第二层有 1 个输出。假设训练数据有 N 个，由此对所有相关的训练数据和参数做以下约定。

- 所有的训练数据按列存储。也就是说，如果把 N 个数据组成一个矩阵，那么矩阵的行数等于数据特征的数目，矩阵的列数等于 N。
- 线性部分的权值 $\boldsymbol{w}$ 由一个矩阵构成，它的行数为该层的输入个数，列数为该层的输出个数。如果该层的输入为 2，输出为 4，那么这个权值 $\boldsymbol{w}$ 就是一个 2×4 的矩阵。
- 线性部分的权值 $\boldsymbol{b}$ 是一个行数等于输出个数、列数为 1 的矩阵。

基于上面的约定，针对 2.5 节中模型的批量数据就可以表示成如图 2.14

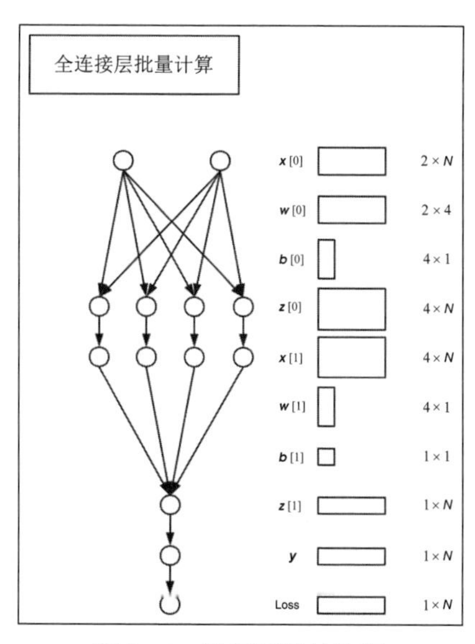

图 2.14 神经网络结构图

所示的结构，可以看出里面的数据 $\boldsymbol{x}$、$\boldsymbol{z}$ 和参数 $\boldsymbol{w}$、$\boldsymbol{b}$ 都符合上面对数据组织的定义。

图 2.15 所示为批量数据的全连接层前向计算过程，一共分为 5 步，其中前 4 步对应了两层网络的计算，最后一步计算 Loss。

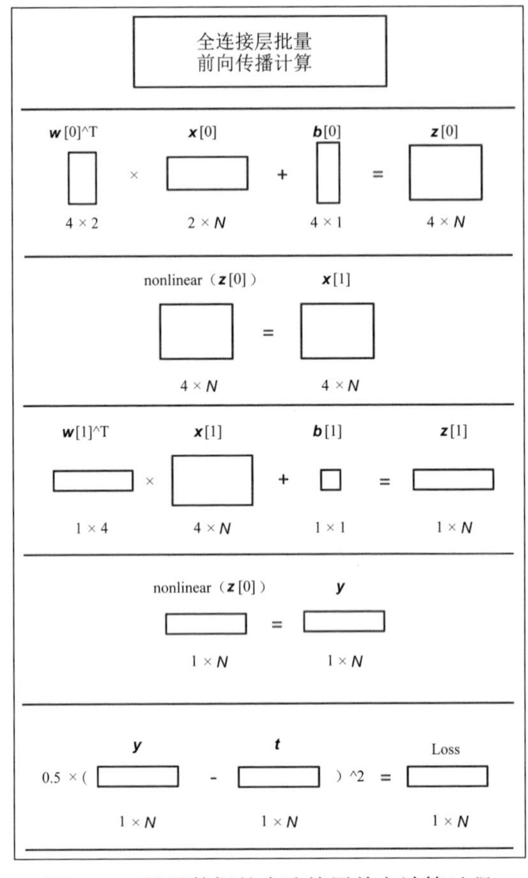

图 2.15　批量数据的全连接层前向计算过程

图 2.16 所示为批量数据的全连接层反向计算全过程。由于具体的运算过程实际上和单一数据的运算过程类似，这里就不再赘述了。为了表达简洁，用 $g()$ 表示 Loss 对指定变量的偏导数。同时，为了更简洁地表达梯度计算的过程，在这个过程中对其中一个矩阵做了转置，这样可以确保最终输出维度的正确性。

希望读者能够认真地看图 2.16，最好能仔细地推导一遍，这样才能更好地掌握这个推导过程，尤其是理解为了维度对应做的矩阵转置操作。

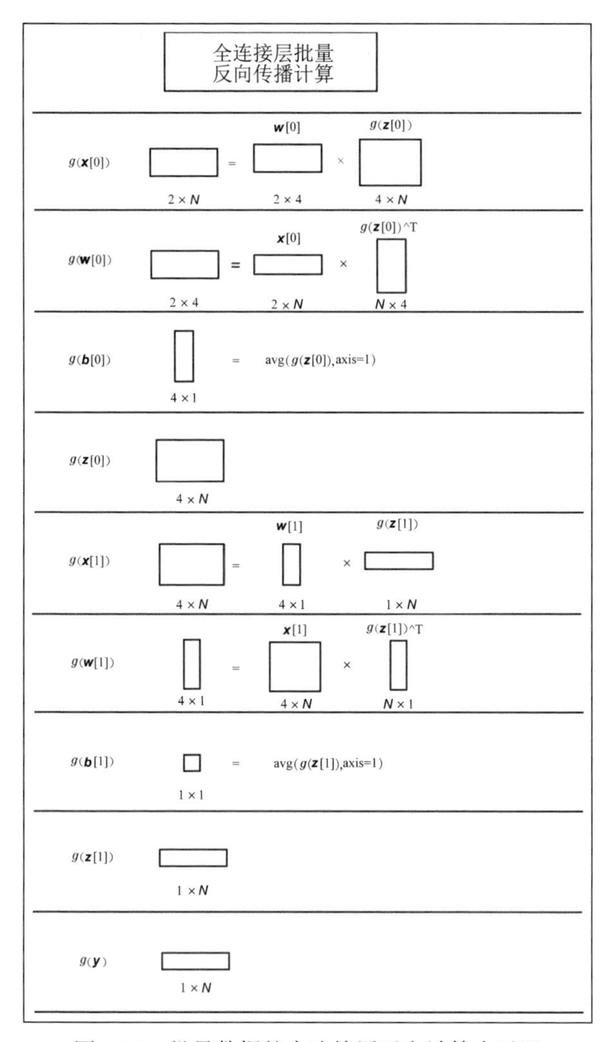

图 2.16 批量数据的全连接层反向计算全过程

看懂了上面这些图，接下来对上面的内容进行总结，写出具有反向传播功能的全连接层代码。首先是目标函数的代码，这里的约定和上面的约定相同，$\boldsymbol{y}$ 和 $\boldsymbol{t}$ 都是按列存储的，每一列都是一个训练样本。

```
class SquareLoss:
    def forward(self, y, t):
        self.loss = y - t
        return np.sum(self.loss * self.loss) / self.loss.shape[1] / 2
    def backward(self):
        return self.loss
```

为了使代码简洁，在前向计算时，一些反向计算的信息都被预先保存起来，这样做的好处是在反向计算时能够简单点；坏处是这个类就不能具备多线程的特性了。这段代码主要用于演示，与真实业务的代码并不完全相同。后面的全连接层也会采用同样的思路——在前向计算时，为反向计算准备数据，从而减少计算量。

接下来是矩阵的全连接层代码，这段代码基本上是基于前面的代码进行的扩展。

```
class FC:
    def __init__(self, in_num, out_num, lr = 0.1):
        self._in_num = in_num
        self._out_num = out_num
        self.w = np.random.randn(in_num, out_num)
        self.b = np.zeros((out_num, 1))
        self.lr = lr
    def _sigmoid(self, in_data):
        return 1 / (1 + np.exp(-in_data))
    def forward(self, in_data):
        self.top_val = self._sigmoid(np.dot(self.w.T, in_data) + self.b)
        self.bottom_val = in_data
        return self.top_val
    def backward(self, loss):
        residual_z = loss * self.top_val * (1 - self.top_val)
        grad_w = np.dot(self.bottom_val, residual_z.T)
        grad_b = np.sum(residual_z)
        self.w -= self.lr * grad_w
        self.b -= self.lr * grad_b
        residual_x = np.dot(self.w, residual_z)
        return residual_x
```

有了目标函数类和全连接类，还需要一个类把上面这两部分串联起来，也就是下面的Net类。为了后面内容的演示，这里在Net类初始化时对网络做了一些设定。

```
class Net:
    def __init__(self, input_num=2, hidden_num=4, out_num=1, lr=0.1):
        self.fc1 = FC(input_num, hidden_num, lr)
        self.fc2 = FC(hidden_num, out_num, lr)
        self.loss = SquareLoss()
    def train(self, X, y): # X are arranged by col
        for i in range(10000):
            # forward step
```

```
            layer1out = self.fc1.forward(X)
            layer2out = self.fc2.forward(layer1out)
            loss = self.loss.forward(layer2out, y)
            # backward step
            layer2loss = self.loss.backward()
            layer1loss = self.fc2.backward(layer2loss)
            saliency = self.fc1.backward(layer1loss)
        layer1out = self.fc1.forward(X)
        layer2out = self.fc2.forward(layer1out)
        print 'X={0}'.format(X)
        print 't={0}'.format(y)
        print 'y={0}'.format(layer2out)
```

至此，全连接层代码的编写就基本完成了。虽然在优化过程中还可以加入更多的内容（例如正则化），但目前先写这么多。

2.8 模型训练与结果可视化

本节介绍使用前面实现的代码进行异或模型的训练。下面是具体的代码。

```
# 训练数据
X = np.array([[0, 0], [0, 1], [1, 0], [1, 1]]).T
y = np.array([[0],[1],[1],[0]]).T
net = Net(2,4,1,0.1)
net.train(X,y)
```

以下是调用上面代码给出的结果。可以看出，最终的结果还不错，经过10 000 轮迭代，最终模型给出的结果和期望的结果十分相近。如果继续进行迭代，还可以进一步提高这个模型的精度，进一步减小 Loss，不过减小得比较有限。

```
X=[[0 0 1 1]
 [0 1 0 1]]
t=[[1 0 0 1]]
y=[[ 0.95660677  0.05275516  0.06124115  0.93506531]]
```

除验证模型确实有效外，还需要完成一个任务，就是观察模型的内部。虽然很多人将神经网络当成一个黑盒，但是对于这样简单的模型，我们还是来认真分析一下吧。由于在学习过程中使用了浮点数，也就是说，除了训练数据提供的 4 个样本，给出其他输入模型也会有输出，我们使用下面的代码生成模型的输出图像。

```
range_x = np.linspace(0,1,101)
range_y = np.linspace(0,1,101)
Xset, Yset = np.meshgrid(range_x,range_y)
X_f = Xset.flatten()
Y_f = Yset.flatten()
data = np.array(zip(X_f, Y_f))
data = np.transpose(data)
layer1out = self.fc1.forward(data)
layer2out = self.fc2.forward(layer1out)
layer2out = np.reshape(layer2out, (101,101))
draw3D(Xset, Yset, layer2out)
```

生成的图像如图 2.17 所示。

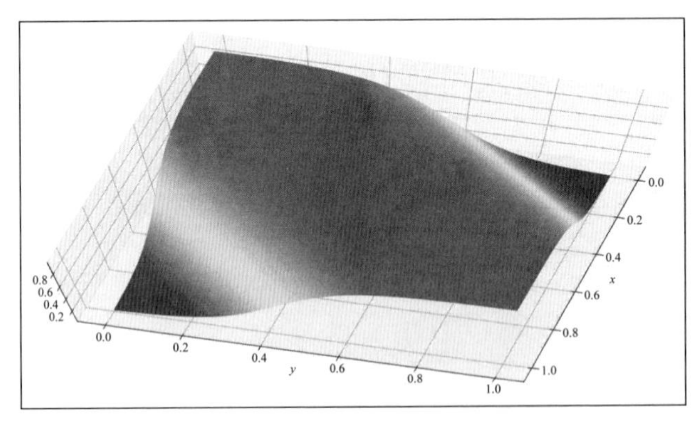

图 2.17　模型可视化结果之一

从图像可以看出，在这个模型中，从（0, 0）到（1, 1）这条对角线上的值都接近于 1。如果再做一次训练，又可以得到如图 2.18 所示的图像。

在这一次的模型中，（0.5, 0.5）处的数值并不高，这是因为在这个输入附近没有训练数据，所以这里的输出值并没有受到约束。由此可见，每一次训练取得的值并不固定。但是图像的 4 个角的输出值相对比较稳定，在不同的实验中数值没有太大的变化，这体现了模型学习的成果。

除了上面这个发现，我们还要做一个类似的实验，就是绘图时看看模型在**外推**（Extrapolation）方面的能力。这里的外推，是指使用模型估计训练数据范围之外的输入。如果将（0, 0）～（1, 1）看作训练数据原本的范围，那么预测这个范围之外的输入就可以被看作外推。我们给出其中一张从（−10, −10）

到（10, 10）范围的模型输出图像作为例子，如图 2.19 所示。实际上，不同的实验得到的结果不太相同，这也从侧面反映了这个模型在外推方面的能力较弱。

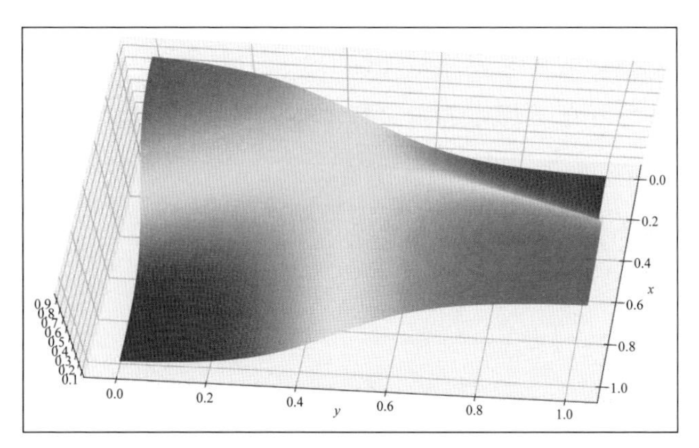

图 2.18 模型可视化结果之二

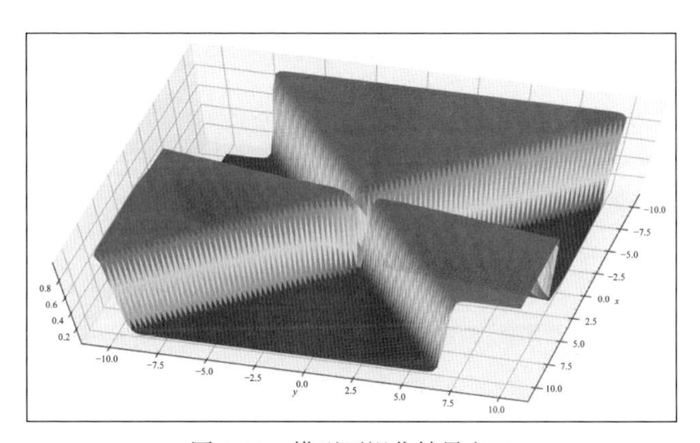

图 2.19 模型可视化结果之三

2.9 总结与提问

本章介绍了神经网络的基础知识，并尝试使用神经网络模型解决异或问题。请读者回答与本章内容有关的问题：

（1）线性代数的两个基础问题——如何理解线性变换？如何理解矩阵和向量的乘法？

（2）特征向量与特征值对矩阵的意义是什么?

（3）全连接层的结构是怎样的?

（4）非线性层在神经网络中存在的意义是什么?

（5）梯度下降法的计算方法是怎样的?

（6）试着推导在单一样本和批量样本下两层神经网络的前向/反向计算的公式。

（7）通过异或实验，分析训练数据对模型表现的影响。

第 3 章

多层网络与分类

在第 2 章中，我们使用两层神经网络解决了异或问题，同时通过这个简单的问题来介绍神经网络的一些基础模块。本章将尝试解决一些更为实际的问题。本章将使用 MNIST 数据集来解决手写数字识别问题，同时介绍机器学习中一种很重要的形式——分类。

本章的组织结构是：3.1 节介绍分类问题；3.2 节介绍分类问题涉及的一些概率论知识；3.3 节和 3.4 节介绍与分类问题相关的模型结构和目标函数；3.5 节和 3.6 节介绍利用第三方成熟的计算图软件包实现神经网络，同时分析模型结果。

3.1 MNIST 数据集

MNIST 数据集是一个用于识别手写数字的图像集合，其包含 70 000 张手写数字图像，其中 60 000 张图像被分配在训练数据中，剩下的 10 000 张图像被分配在测试数据中。每张图像都是一个 28×28 的灰度图，内容是 0~9 这 10 个数字。MNIST 数据图像如图 3.1 所示。

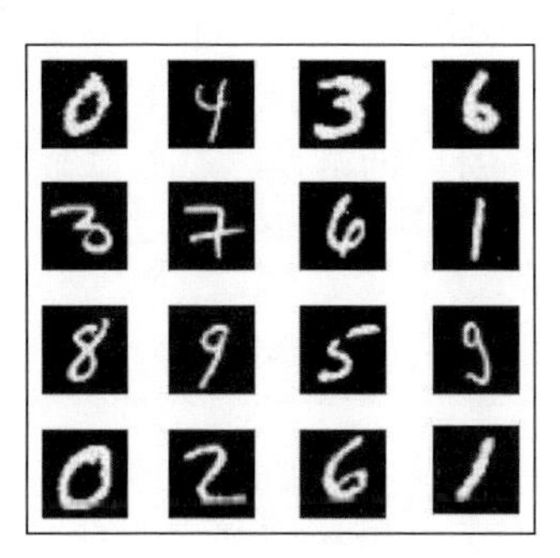

图 3.1　MNIST 数据图像

对于人类来说，已经习惯于识别这样的数字，但是对于计算机来说，当将这些图像以二维数组的形式摆在它的面前时，这些数字并不容易识别。计算机眼中的“图像”如图 3.2 所示。

```
0,0,15,0,0,3,15,0,1,1,0,2,8,0,13,0,9,0,8,1,0,5,0,1,0,0,0,0,8,5,0,10,
0,3,0,5,3,3,12,0,0,18,2,8,0,22,0,0,0,8,0,0,0,0,0,0,9,6,0,10,1,1,0,
4,3,2,0,12,0,0,8,0,8,0,0,0,6,0,1,0,0,0,0,11,0,7,0,0,11,85,186,239,23
7,255,255,250,255,255,134,57,0,4,4,0,0,8,2,0,0,0,0,0,0,6,9,237,248
,244,255,253,241,253,255,239,244,251,180,77,0,10,0,0,8,0,0,0,0,0,11,
0,1,3,0,210,250,248,193,127,69,67,70,177,174,255,253,204,9,3,5,0,0,0
,0,0,0,0,0,0,15,0,0,103,131,55,4,9,0,0,0,2,0,210,255,255,116,2,1,2,0
,1,0,0,0,0,1,7,0,18,0,0,8,0,4,0,1,0,13,0,0,34,247,247,255,15,0,2,3,0
,0,0,0,0,0,0,0,0,0,0,0,0,7,0,8,0,6,0,6,23,255,246,252,20,0,2,8,0,0,0
,0,0,0,0,0,0,0,0,0,0,0,0,4,5,7,0,9,17,232,238,255,45,0,1,0,4,0,0,0,0
,0,0,0,0,0,0,0,0,0,4,0,5,0,0,0,12,233,245,255,59,0,3,0,5,0,0,0,0,0,0
,0,0,0,0,0,0,0,8,0,0,0,7,0,70,252,253,243,37,0,7,0,1,0,0,0,0,0,0,0,0
,0,0,0,0,2,1,6,0,6,1,1,185,254,250,208,7,0,1,6,0,0,0,0,0,0,0,0,0,0,0
,0,0,8,0,6,4,0,0,25,254,255,250,163,4,0,0,5,0,0,0,0,0,0,0,0,0,0,0,0,
0,5,0,2,0,0,14,122,255,253,233,83,5,2,0,0,0,0,0,0,0,0,0,0,0,0,0,0,0,
0,5,3,0,10,94,247,254,240,198,0,0,0,6,2,7,0,0,0,0,0,0,1,4,1,0,0,0,0,
0,8,0,107,252,237,254,228,70,0,0,3,4,0,2,13,0,5,7,0,0,0,3,4,1,0,1,0,
0,9,141,231,243,255,240,51,8,4,1,0,4,6,0,0,0,3,2,3,0,0,0,0,0,0,0,12,
62,187,255,255,246,183,45,7,0,0,16,1,0,8,14,15,16,6,0,2,0,0,0,0,0,2,
9,125,190,255,241,254,193,9,1,39,59,45,40,41,51,43,0,0,0,0,0,0,0,1,2
,0,2,16,32,244,255,254,244,252,217,175,191,215,253,250,252,255,255,2
14,114,51,0,0,13,0,0,1,0,0,0,7,21,124,237,255,247,255,255,254,253,25
3,255,251,253,255,255,255,242,115,23,0,4,5,1,0,0,0,0,0,0,15,68,202,2
54,238,252,254,252,248,252,215,138,112,137,143,141,31,0,0,0,2,0,0,3,
9,8,3,0,2,0,6,1,0,0,0,8,5,0,3,0,7,9,0,4,0,6,9,0,0,0,0,0,0,0,0,0,0,0,
0,0,0,0,0,0,0,0,0,0,0,0,0,0,0,0,0,0,0,0,0,0,0,0,0,0,0,0,0,0,0,0,0,0,
0,0,0,0,0,0,0,0,0,0,0,0,0,0,0,0,0,0,0,0,0,0,0,0,0,0,0,0,0,0,0,0,0,0,
0,0,0,0,0,0,0,0,0,0,0,0,0,0,0,0,0,0,0,0,0,0,0,0,0,0,0,0,0,0,0,0,0,0
```

图 3.2　计算机眼中的“图像”

经过多年的训练，人类早已习惯了把一张数字图像当成一个整体，利用视觉系统在无意识中快速完成识别，但是对于以理智和逻辑严密著称的计算机来说，会非常“抓狂”——这个二维数组与图像中表示的数字并无明显的关系。如果站在计算机的角度来看这些图像，就会发现这些像素点看上去过于抽象，计算机必须从一堆数字中发现其中的规律，并通过数学的形式表示出来。为了理解分类问题和对应的解法，先要了解概率论的基础知识。

3.2 概率论基础

概率论也是机器学习中十分重要的知识，可以说，当今机器学习的理论基础就是概率论。如果要展开这部分知识，恐怕一本书也讲不完，本节介绍最简单的概念。

3.2.1　概率论中的基础概念

阿甘的妈妈曾经说过："Life is like a box of chocolates, you never know what you're going to get."（电影《阿甘正传》台词）。生活中充满了不确定性，这些不确定性给我们带来了快乐，也带来了烦恼。概率论中的很大一部分工作就是描述这些不确定性。最先引出来的概念是**随机事件**，一个随机事件就是一件充满了不确定性的事情，比如明天下雨这件事情。明天可能下雨，也可能不下雨，那么到底下不下雨呢？这就要靠概率来描述了。一般用 $P(X)$ 来表示概率，括号里的内容 X 就是计算概率的实体。为了度量的方便，概率值的范围被限定在 $[0,1]$。概率值为 0，表示事件完全不会发生；概率值为 1，表示事件一定会发生。那么，随机事件的概率值就可以写作：

$$P(\text{明天下雨}) = 0.4$$

$$P(\text{明天不下雨}) = 0.6$$

实际上，上面的写法还是有些不方便。于是，前人又提出了**随机变量**这个概念，把随机事件抽象成随机变量的一种取值。比如用一个随机变量 X 来表示明天是否下雨，X=0 表示不下雨，X=1 表示下雨。于是，概率又被重新定义为

$$P(X = 1) = 0.4$$

$$P(X = 0) = 0.6$$

实际上，通过这样的定义，概率的表示变成了一种**映射**，它将随机变量的取值和概率值一一对应，成为这个空间中的测度。由于这个测度空间具有很多与欧几里得空间相同的良好性质，很多与数学分析相关的知识都可以被应用在这类空间上。如果继续细分，上面例子中的随机变量被称为离散随机变量。还有一种变量被称为连续随机变量，比如明天下雨的降雨量这个随机变量，它的取值范围是 $(0, +\infty)$。这时很多与概率相关的运算就需要用上微积分的知识了。

随机变量毕竟是随机的，无法预知它的结果，但是如果已经知道了它的概率分布，就可以知道这个变量可能的结果，这就引出了一些描述量，例如**期望**（E）和**方差**（Var）。

离散随机变量的期望：$E(x) = \sum_{x} P(x)x$

连续随机变量的期望：$E(x) = \int_{x} P(x)x\mathrm{d}x$

离散随机变量的方差：$\mathrm{Var}(x) = \sum_{x} P(x)(x - E(x))^2$

连续随机变量的方差：$\mathrm{Var}(x) = \int_{x} P(x)[x - E(x)]^2\mathrm{d}x$

在很多场景下，这两个描述量很好地刻画了随机变量的性质，因此，它们也被广泛使用。

介绍了单一随机变量的一些定义后，下面将介绍多随机变量的概率度量刻画问题。对于两个随机变量 X,Y，它们同时取值的概率称为**联合概率** $P(X,Y)$。当然，在实际运算过程中，并不需要两个随机变量在真实世界的同一时刻发生才能知道结果，只需要计算它们同时出现的可能性即可。比如 X 表示天下不下雨，Y 表示要不要带伞，那么 $P(X=1,Y=1)$ 就表示天下雨且带伞的概率。

之所以强调两个随机变量同时取值，是因为有时两个随机变量的联合概率并不等于两件事情单独发生概率的乘积，即：

$$P(X,Y) \neq P(X) \cdot P(Y)$$

原因在于，随机变量之间存在着某种联系。比如天下雨了，那么人就容易产生带伞的行为，所以两件事情同时发生实际上会包含这层意思。但是把两件事情的概率单独考虑就没有这层意思了，所以对概率的度量就会产生偏差。为了解决这个问题，**条件概率**应运而生。$P(Y|X)$ 表示当 X 取值之后 Y 取值的概率，所以联合概率正确的展开方式为

$$P(X,Y) = P(X) \cdot P(Y|X) = P(Y) \cdot P(X|Y)$$

从上面这个公式又可以推导出机器学习中最重要的概率公式（没有之一）——**贝叶斯定理**：

$$P(Y|X) = \frac{P(X|Y) \cdot P(Y)}{P(X)}$$

相信读者对这个重要的公式都有所了解。这个公式中的每一项都有自己的名字，其中，Y 称为隐含变量；X 称为观察变量；$P(Y)$ 称为**先验**（Prior），表示对一个随机变量概率最初的认识；$P(X|Y)$ 称为**似然**（Likelihood），表示在承认先验的条件下另一个与之相关的随机变量的表现；$P(Y|X)$ 称为**后验**

(Posterior)，表示当拥有 X 这个条件后 Y 的概率，由于有了 X 这个条件，后验概率可能与先验概率不同；$P(X)$ 是一个**标准化常量**(Normalized Constant)，公式中一般认为 X 已知，所以它一般被当成一个常量去看待。

除了计算两个随机变量取值的概率，有些场景还需要计算两个随机变量的相关关系，这个关系可以用**协方差**来表示，它的公式如下：

$$\begin{aligned}\mathrm{Cov}(X,Y) &= E[(X-E[X])(Y-E(Y))]\\ &= E[XY]-2E[Y]E[X]+E[X]E[Y]\\ &= E[XY]-E[X]E[Y]\end{aligned}$$

如果 X 或 Y 的期望为 0，那么协方差就等于第一项的内容。

上面介绍了随机变量的基本表达形式和基本运算方式，但是对于如何用函数具体表达一个或多个随机变量的问题还是充满了挑战。为了让大家方便地分析这些随机变量，找出其中的规律，前人提出了很多经典的**概率分布**，这些概率分布可以被当作对同一类问题分析的模板，满足类似性质的随机变量都可以用这些模板帮助分析。比如对于离散随机变量，有经典的**伯努利分布**。伯努利分布的采样代码如下：

```
import numpy as np
def bornulli(p):
    return 1 if np.random.rand() > p else 0
```

对于连续随机变量，有经典的**高斯分布**(又称正态分布)。高斯分布的采样代码如下：

```
def gaussian(mu, std):
    return np.random.normal(mu, std)
```

相信大家对这些分布并不陌生。一般来说，如果一个随机变量的表现和某种概率分布的具体形式非常接近(几乎处处相等)，那么就可以认为该随机变量服从这种概率分布。概率分布只是一个模板，具体的参数并不固定，因此在使用分布表示时还要明确分布的参数。

3.2.2 最大似然估计

对于概率分布虽然规定了它们的形式，但是其中仍然包含一些参数，如果观察到某个随机变量的采样样本服从某种分布，那么就可以根据这些样本对分布的参数进行估计。参数估计的方法在很多机器学习算法中也都会用到，其中一类算法称为**最大似然法**。每一个样本是否出现都对应着一定的概率，而且这些样本的出现都不是偶然的，因此，我们希望概率分布的参数能够以最高的概率产生这些样本。如果观察到的数据为 $D_1, D_2, D_3, \cdots, D_N$，那么最大似然的目标如下：

$$\max P(D_1, D_2, D_3, \cdots, D_N)$$

计算联合概率总归不是一件很容易的事，如果样本数量非常大，那么对联合概率的计算会让人崩溃。所以，这里一般会引入一个假设，也就是大家常说的**独立同分布**（**independent and identically distributed，i.i.d.**）。如果每一个样本既属于现在要求解的分布，它们彼此之间又相互独立，彼此出现的概率互不影响，那么根据条件独立的原则，目标公式就可以变为

$$\max \prod_i^N P(D_i)$$

看上去计算复杂度降低了，对于优化问题，最容易想到的方法就是求导数取极值。如果目标函数是一个凸函数，那么它的导数为 0 的点就是极值点。但现在的公式是连乘式，求导十分麻烦，这时对数函数就派上用场了。将函数取对数，函数的极值点不会改变，于是公式就变成了

$$\max \sum_i^N \log P(D_i)$$

公式变成了这个样子，求导也变得简单了，下面的计算也就方便了。

下面举两个采用最大似然法计算的例子。首先介绍在伯努利分布下随机变量的最大似然法计算。伯努利分布的公式为 $P(X=1)=p, P(X=0)=1-p$，综合起来就有：

$$P(X) = p^X(1-p)^{1-X}$$

如果有一组数据 D，这一组数据是从这个随机变量中采样得来的，那么就有：

$$\begin{aligned}\max_p \log P(D) &= \max_p \log \prod_i^N P(D_i) \\ &= \max_p \sum_i^N \log P(D_i)\end{aligned}$$

$$= \max_p \sum_i^N [D_i \log p + (1 - D_i) \log(1 - p)]$$

对这个式子求导，就有：

$$\nabla_p \log P(D) = \sum_i^N [D_i \frac{1}{p} + (1 - D_i) \frac{1}{p-1}]$$

令导数为 0，就有：

$$\sum_i^N [D_i \frac{1}{p} + (1 - D_i) \frac{1}{p-1}] = 0$$

$$\sum_i^N [D_i (p-1) + (1 - D_i) p] = 0$$

$$\sum_i^N (p - D_i) = 0$$

$$p = \frac{1}{N} \sum_i D_i$$

这就是在伯努利分布下采用最大似然法求出的结果，结果相当于所有采样值的平均值。

接下来介绍基于高斯分布的最大似然法计算，推导过程与前面的类似。高斯分布的概率密度函数为

$$P(x) = \frac{1}{\sqrt{2\pi\sigma^2}} \mathrm{e}^{-\frac{(x-\mu)^2}{2\sigma^2}}$$

用同样的方式计算，有：

$$\begin{aligned}
\max_p \log P(D) &= \max_p \log \prod_i^N P(D_i) \\
&= \max \sum_i^N \log P(D_i) \\
&= \max \sum_i^N [-\frac{1}{2} \log(2\pi\sigma^2) - \frac{(D_i - \mu)^2}{2\sigma^2}] \\
&= \max[-\frac{N}{2} \log(2\pi\sigma^2) - \frac{1}{2\sigma^2} \sum_i^N (D_i - \mu)^2]
\end{aligned}$$

先对 μ 求导，有：

$$\frac{\partial \log P(D)}{\partial \mu} = -\frac{1}{\sigma^2}\sum_i^N(\mu - D_i)$$

令导数为 0，就有：

$$-\frac{1}{\sigma^2}\sum_i^N(\mu - D_i) = 0, \quad \mu = \frac{1}{N}\sum_i^N D_i$$

再对 σ^2 求导，有：

$$\frac{\partial \log P(D)}{\partial \sigma^2} = -\frac{N}{2\sigma^2} + \frac{1}{2\sigma^4}\sum_i^N(D_i - \mu)^2$$

令导数为 0，有：

$$-\frac{N}{2\sigma^2} + \frac{1}{2\sigma^4}\sum_i^N(D_i - \mu)^2 = 0, \quad \sigma^2 = \frac{1}{N}\sum_i^N(D_i - \mu)^2$$

从伯努利分布和高斯分布的最大似然法结果来看，它们最终求得的参数结果和期望、方差的计算方式是相同的。

有关概率论的知识就介绍这些，更多知识将随着后面章节的内容进行介绍。

3.3 Softmax 函数

前面介绍了概率论的一些知识，下面介绍如何运用这些知识来解决手写数字识别问题。这个问题属于典型的分类问题，首先要建立输入和输出的特征表示。对于输入来说，可以用一个长度为 784 的向量来表示一张图像，向量中的每一个数字表示图像中的一个像素；对于输出来说，可以使用第 1 章中介绍的 One-Hot 编码形式表示。由于输出有 10 个数字，就用一个长度为 10 的向量表示。比如输出为 5 的向量可以表示为

$$[0, 0, 0, 0, 0, 1, 0, 0, 0, 0]$$

接下来要完成连接输入和输出的模型的设定。在前面的异或问题中，输入和输出都是浮点数，直接使用神经网络将其相连就可以了；而在手写数字

识别问题中，输出是一个由 0、1 离散值组成的向量，这意味着需要使用一些额外的模块将连续值转换为离散值。这时就需要 **Softmax 函数**的帮助。

Softmax 函数可以将非归一化向量数据归一化，它是 Logistic 函数的一种归一化形式，可以将 K 维实数向量压缩成范围为 0~1 的新的 K 维实数向量。其函数形式为

$$P(y_j) = \frac{\mathrm{e}^{y_j}}{\sum\limits_{k=1}^{K} \mathrm{e}^{y_k}} \quad j = 1, \cdots, K$$

从计算公式中可以看出，任意大小的数值确实可以被压缩到一个较小的范围内，而且压缩后向量数据的总和为 1。实际上，在数学世界中，Softmax 更应该被称为 **Soft-Argmax**。假设有一个由实数组成的向量：

$$[1, 1, 1, 1, 1, 100, 1, 1, 1, 1]$$

如果使用 Argmax 函数，就可以找出第 6 个数值，在计算机常见的以 0 为起始的下标体系中，输出结果应该是 5。其实 Argmax 还可以以另外一种形式输出，即输出一个 One-Hot 编码形式的结果：

$$[0, 0, 0, 0, 0, 1, 0, 0, 0, 0]$$

这样就可以把输入和输出对应起来。让神经网络的最后一层输出一个长度为 10 的向量，每一个数值代表输入为对应下标类别的“可能性”，然后对这 10 个数据求出 One-Hot 编码形式的 Argmax，这样就可以和输出对应上了。

听上去这个方案很不错，但遗憾的是，Argmax 函数并不能求导，因此不能使用 2.4 节介绍的反向传播法来求出每一个参数的偏导数。于是，就要使用 Softmax 函数对上面的向量进行计算，可以得到：

```
a = np.array([1,1,1,1,1,100,1,1,1,1])
b = np.exp(a)
print(b / np.sum(b))
# 以下为输出
array([ 1.01122149e-43,   1.01122149e-43,   1.01122149e-43,
        1.01122149e-43,   1.01122149e-43,   1.00000000e+00,
        1.01122149e-43,   1.01122149e-43,   1.01122149e-43,
        1.01122149e-43])
```

从结果可以看出，除了下标为 5 的位置的值接近于 1，其他位置的值都接近于 0，由此可见，它得到的结果和 Argmax 函数的结果类似。Softmax 函数还

是一个可以求导的函数，这就是选择它的理由。接下来还是使用机器学习中惯用的称呼，即“Softmax”。

上面从数值计算和求导的角度介绍了 Softmax 函数，接下来从概率的角度来解释 Softmax 函数的意义。在概率论的视角下，One-Hot 编码形式可以被看作多项分布（也称范畴分布，Categorical Multinouli Distribution）的随机变量。多项分布和伯努利分布类似，与其不同的是它不是一个二分类的分布，而是 N 分类的分布。我们可以将分类任务看作求解条件概率 $P(Y|X)$ 的问题，其中 X 为表示图像的随机变量，Y 为表示服从多项分布的数字类别。那么，对于任意一张图像，都需要计算出它属于每一个类别的概率：

$$\{P(Y = y_i|X = x)\}_{i=1}^{n}$$

对于二分类问题，通常会认为输出结果服从伯努利分布。对应地，可以用 Logistic 函数将任意数值压缩到 0~1 范围。下面先介绍 Logistic 函数，然后将其推广到 Softmax 函数。

对于二分类问题，要求出两个条件概率值：

$$P|(Y = 0|X = x), P(Y = 1|X = x)$$

由于两者的值相加为 1，只要求出其中的任意一个，就可以知道另外一个的值。为了使模型的输出从无限的范围压缩到（0, 1），可以用神经网络的输出表示两个条件概率值的对数差。令神经网络的输出为 y，则公式可以写作：

$$\begin{aligned} y &= \log\frac{P(Y = 0|X = x)}{P(Y = 1|X = x)} \\ &= \log\frac{P(Y = 0|X = x)}{1 - P(Y = 0|X = x)} \end{aligned}$$

用 p 代表 $P(Y = 0|X = x)$，将公式重新整理，可以得到：

$$\begin{aligned} \mathrm{e}^y &= \frac{p}{1-p} \\ \mathrm{e}^y - p\mathrm{e}^y &= p \\ \mathrm{e}^y &= (1+\mathrm{e}^y)p \\ p &= \frac{\mathrm{e}^y}{1+\mathrm{e}^y} \\ p &= \frac{1}{1+\mathrm{e}^{-y}} \end{aligned}$$

从结果来看，Logistic 函数和第 2 章中介绍的 Sigmoid 函数十分相近，该函数确实可以将数值压缩到 0~1 范围，因此这个数值可以表示条件概率。我们对前面的公式再做一些变换：

$$p = \frac{\mathrm{e}^y}{\mathrm{e}^0 + \mathrm{e}^y} = \frac{\mathrm{e}^y}{\sum\limits_{z \in \{0,y\}} \mathrm{e}^z}$$

此时 Logistic 函数和 Softmax 函数的结构就非常一致了，唯一不同的是公式中包含一个 0。令神经网络的输出为向量 $\{y\}_{i=1}^{n}$，对应地，将所有的数值减少一个固定值，最终的结果是不会变的，这一点请读者自行验证。最后从 Softmax 函数反向推导神经网络输出结果的含义：

$$p(y_j) = \frac{\mathrm{e}^{y_j}}{\sum\limits_{k=1}^{K} \mathrm{e}^{y_k}}$$

$$\sum_{k \in \{1,\cdots,K\}-j} \mathrm{e}^{y_k} p(y_j) + p(y_j)\mathrm{e}^{y_j} = \mathrm{e}^{y_j}$$

$$\sum_{k \in \{1,\cdots,K\}-j} \mathrm{e}^{y_k} p(y_j) = (1 - p(y_j))\mathrm{e}^{y_j}$$

$$\frac{p(y_j)}{1 - p(y_j)} = \frac{\mathrm{e}^{y_j}}{\sum\limits_{k \in \{1,\cdots,K\}-j} \mathrm{e}^{y_k}}$$

$$\log \frac{p(y_j)}{1 - p(y_j)} = \frac{y_j}{\log[\sum\limits_{k \in \{1,\cdots,K\}-j} \mathrm{e}^{y_k}]}$$

此时等式右边的分母项为 **LogSumExp**，这也是一种平滑的最大化方法。现在我们已经从两个角度了解了 Softmax 函数，接下来介绍分类问题的损失函数。

3.4 交叉熵损失

对于分类问题，最常见的损失函数为**交叉熵损失**（Cross Entropy Loss）。这个概念并不容易理解，我们先来回顾信息论中的一些基本概念，然后看损失函数的概念。

3.4.1 信息论基础

信息论也是一门与机器学习紧密相关的学科，这里面的一些基本概念，例如熵，读者应该多少有些了解。下面就来介绍关于熵的那些事儿。

大家知道，这个世界上有很多不确定的事情，比如明天的天气、世界杯足球赛哪支队伍能摘得桂冠等。如果有人能将这些不确定的事情确定下来，或者提前告知人们其未来的状态，那么很显然，这个人的能力是非常强大的。这里可以把这种描述不确定性事物的断言称为一种信息，事实上，描述任何一种不确定性事物都可能产生信息，并且不同的信息有不同的价值。很多谍战片都在讲述地下特工如何冒着生命危险将一个机密情报传递给后方的军队，可见这个情报是非常有价值的。

那么，信息的价值该如何体现呢？从信息论的角度来说，如果一个信息的随机性越大，那么把它确定下来的价值也就越大。例如，有一枚正常的硬币，一面是字，另一面是花，将硬币抛向空中，然后落下，朝上的会是哪一面呢？这里提到的是一枚正常的硬币，因此可以认为每一面朝上的概率是相同的，都是 50%；如果另一枚硬币两面都是字，那么字的一面朝上的概率就是 100%。所以，猜中第二枚硬币朝上的那面比第一枚要容易得多。

虽然定性地猜测“哪枚硬币朝上一面的信息量大”这件事并不难，但是这个世界上有许多类似的事情，如何从信息论的角度来比较任意两个随机变量的信息价值呢？这就需要一种定量的分析方法。于是，有了“**熵**”这个概念。

首先介绍离散随机变量的“熵”。在有些著作中，将“熵”形容为了解真相的“**惊奇度**”。如果一个随机事件发生的概率为 100%，那么它的发生让人毫无惊奇可言——因为它肯定会发生；而如果它发生的概率为百万分之一，那么它的发生一定会让人惊奇不已。可以想象百万分之一概率发生的都是什么事件——比如彩票中奖，这样的事件让人惊奇的可能性当然非常大。

把一个离散随机变量拆解成有限个或者无限个随机事件，分别把这些事件的“惊奇度”计算出来，然后把“惊奇度”结合起来，就是这个随机变量的“惊奇度”了。看上去这里需要对“惊奇度”做更加具体的定义。与其他一些公理、性质的概念一样，“惊奇度”的计算公式不会被直接给出，给出的是“惊奇度”公式应该具备的一些性质。令这个“惊奇度”的计算公式为 $f(p(x))$，其中输入 $p(x)$ 为某个随机事件发生的概率，$p(x) \in [0,1]$。它需要满足下面的性质：

- $f(1) = 0$。一定发生的事件没有惊奇可言。
- 如果 $p(x) < p(y)$，那么 $f(p(x)) > f(p(y))$。换句话说，一个事件发生的概率越小，它的"惊奇度"越大。
- 函数 f 在输入空间是连续的。
- 两个互不相交的事件同时发生的"惊奇度"等于各个事件发生的"惊奇度"的和。
- $f(0.5) = 1$。这个性质主要是做归一化用，就像外测度对测度定义的限制一样。

那么，什么样的函数能同时满足这些条件呢？科研人员最终找到了一个函数：$f(x) = -\log_2 x$，它完美地满足所有的性质。最后把随机事件发生的概率当作这个事件的权重，把所有事件的"惊奇度"做加权平均，就得到了随机变量整体的"惊奇度"：

$$\text{entropy} = -\sum_x p(x)\log p(x)$$

同样地，熵的定义也可以被推广到连续变量上：

$$\text{entropy} = -\int_x p(x)\log p(x)\mathrm{d}x$$

这个公式虽然满足上面的那些性质，但看上去总是不够直观。还是回到上面提到的那个硬币的例子中，假设硬币字面朝上的概率为 p，那么花面朝上的概率就为 $1-p$。知道这些，就可以写出求这个问题熵的公式：

$$\text{entropy}(p) = -p\log p - (1-p)\log(1-p)$$

这个公式的图像可以通过下面的代码生成。

```
import numpy as np
x = np.linspace(0,1,101)
y = -x * np.log2(x) -(1-x) * np.log2(1-x)
y[np.isnan(y)]=0
plt.plot(x,y)
plt.show()
```

生成的图像如图 3.3 所示。

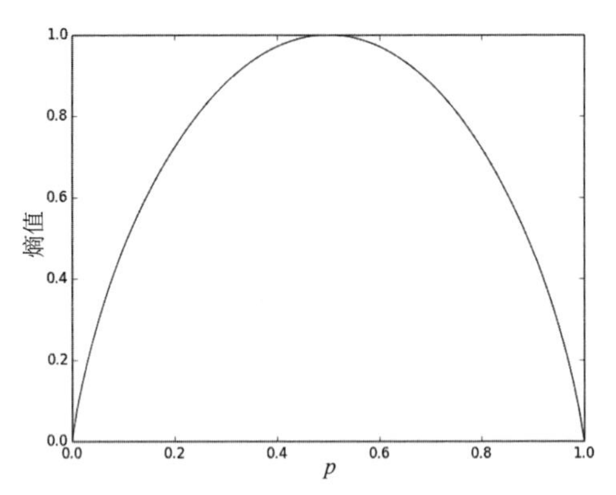

图 3.3　硬币问题的概率与熵的关系图

当两个面朝上的概率相同时，它的熵最大。这也和直觉相符，正是因为两个事件的概率相同，才难以判断最终结果，这时知道结果的“总体惊奇度”才会最大。

3.4.2　交叉熵

上一节提到“熵”这个概念衡量了一个随机变量带来的“惊奇度”，它通过计算每一个取值的“惊奇度”汇总得到。实际上，这个公式的计算涉及两个部分——“惊奇度+汇总”。如果“惊奇度”的计算使用一种概率分布，而“汇总”使用另一种概率分布，那么结果会变成什么样子？这就是交叉熵要表达的内容。

举一个简单的例子。有两个服从伯努利分布的随机变量 P 和 Q，它们的交叉熵 $H(P,Q)$ 为

$$H(P,Q) = -P(0)\log Q(0) - (1-P(0))\log(1-Q(0))$$

这个公式只有两个参数，这里给出它的图像。代码如下：

```
import matplotlib.pyplot as plt
import numpy as np
from mpl_toolkits.mplot3d import Axes3D

fig = plt.figure()
ax = Axes3D(fig)
X = np.linspace(0.01,0.99,101)
Y = np.linspace(0.01,0.99,101)
```

```
X,Y = np.meshgrid(X,Y)
Z = -X * np.log2(Y) - (1-X)* np.log2(1 - Y)
ax.plot_surface(X,Y,Z,rstride=1,cstride=1,cmap='rainbow')
plt.show()
```

生成的图像如图 3.4 所示。

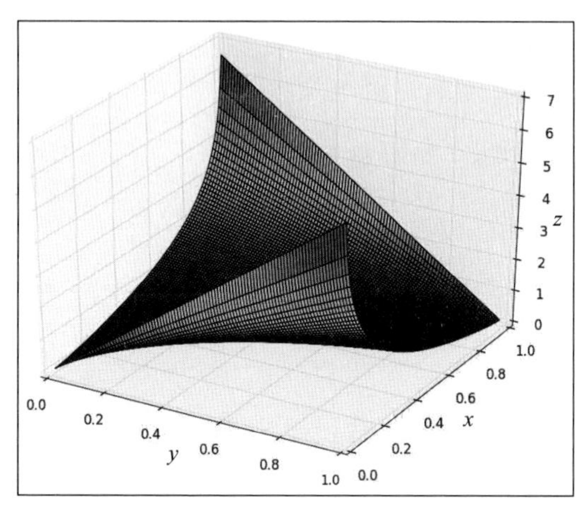

图 3.4 在伯努利分布下两个随机变量的交叉熵图像（x、y 轴分别表示一个伯努利分布的概率值，z 轴表示交叉熵值）

当两种分布的取值完全相同时，交叉熵的取值最小。对于损失函数来说，当然希望模型输出和目标值相同，因此损失函数的目标就是让交叉熵尽可能变小。在这一点上函数和目标是一致的。

令 Softmax 函数输出的向量为 $\boldsymbol{p}$，目标值向量为 $\boldsymbol{t}$，对应的交叉熵损失函数公式为

$$\text{Loss} = -\sum_{i}^{n} t_i \log p_i$$

交叉熵损失函数在求导时也有一些不错的性质，当它和 Softmax 函数组合使用时，梯度的计算结果非常简洁，我们试着进行推导。先求出损失函数对 Softmax 函数输出的偏导数：

$$\frac{\partial \text{Loss}}{\partial p_i} = -\frac{t_i}{p_i}$$

再计算 Softmax 函数中每一个输出对每一个输入的偏导数。为了方便计算，这里将偏导数分为两种类型：向量索引一致和向量索引不一致。首先介绍一致情况的偏导数。

由于 Softmax 函数中包含了神经网络所有的输出，需要计算输出值对每一个 Softmax 值的偏导数。首先求出神经网络输出和 Softmax 函数向量索引一致的偏导数：

$$\begin{aligned}\frac{\partial p_i}{\partial y_i} &= \frac{e^{y_i}}{\sum_{k=1}^{K} e^{y_k}} + e^{y_i}\left(-\frac{1}{[\sum_{k=1}^{K} e^{y_k}]^2}\right)e^{y_i} \\ &= p_i - p_i^2\end{aligned}$$

然后求出向量索引不一致的偏导数：

$$\begin{aligned}\frac{\partial p_i}{\partial y_j} &= e^{y_i}\left(-\frac{1}{[\sum_{k=1}^{K} e^{y_k}]^2}\right)e^{y_j} \\ &= -p_i p_j\end{aligned}$$

最后将所有求出的偏导数用链式法则拼起来，可以得到：

$$\begin{aligned}\frac{\partial \text{Loss}}{\partial y_i} &= \frac{\partial \text{Loss}}{\partial p_i}\cdot\frac{\partial p_i}{\partial y_i} + \sum_{j=\{1,\cdots,K\}-i}\frac{\partial \text{Loss}}{\partial p_j}\cdot\frac{\partial p_j}{\partial y_i} \\ &= -t_i + t_i p_i + \sum_{j=\{1,\cdots,K\}-i} -\frac{t_j}{p_j}(-p_i p_j) \\ &= -t_i + t_i p_i + \sum_{j=\{1,\cdots,K\}-i} t_j p_i \\ &= -t_i + p_i \sum_{j=\{1,\cdots,K\}} t_j \\ &= p_i - t_i\end{aligned}$$

可以看出，虽然公式很复杂，但最终得到的结果还是比较简单的。

3.4.3 交叉熵损失与均方误差损失

前一节介绍了交叉熵损失函数，但我们也产生一个疑问：为什么不使用第 2 章中介绍的均方误差损失函数呢？这两个损失函数有什么区别和联系呢？

首先，如果使用均方误差损失函数，最终的偏导数计算会比 3.4.2 节的计算更复杂，数值也更不稳定；其次，这两个损失函数应用的场景也不一样。一般来说，如果是与第 2 章提到的类似的回归问题，最终输出的结果是一个连续变量，那么使用均方误差损失函数更合适；如果是分类问题，最终输出的结果是一个 Ont-Hot 向量，那么使用交叉熵损失函数更合适。

但是，看上去均方误差损失函数既可以做回归问题的损失函数，又可以做分类问题的损失函数，因为它们都可以用距离来衡量。那么均方误差损失函数在做分类问题的损失函数时有什么问题呢?

这个问题可以从两个方面来回答。一方面，从理论角度分析，两个损失函数的源头是不一样的。在 3.4.2 节中说过，假设交叉熵损失函数解决的分类问题输出服从多项分布，而均方误差损失函数的最终结果服从高斯分布。高斯分布实际上是一个连续变量，并不是一个离散变量。如果结果变量服从均值为 t、方差为 σ^2 的高斯分布，那么利用最大似然法就可以优化它的负对数似然，公式最终变成了如下形式：

$$\text{Obj} = \max \sum_{i}^{N} \left(-\frac{1}{2} \log(2\pi\sigma^2) - \frac{(t_i - y)^2}{2\sigma^2} \right)$$

除去与 y 无关的项目，最终的公式就是均方误差损失函数的形式。

另一方面，直观上看，均方误差损失函数对每一个输出结果都十分看重，而交叉熵损失函数只看重正确分类的结果。假设遇到了一个三分类问题，模型的输出自然是一个三维的实数向量 (a, b, c)，向量的每一个元素都表示对这个类别的预测概率，如果数据的真实结果为（1,0,0），那么两个损失函数的公式为

$$\text{SquareLoss} = (a-1)^2 + (b-0)^2 + (c-0)^2 = (a-1)^2 + b^2 + c^2$$

$$\text{CrossEntropyLoss} = -1 \times \log a - 0 \times \log b - 0 \times \log c = -\log a$$

可以看出，均方误差损失函数考虑的内容实际上比交叉熵损失函数多。也就是说，在模型优化的过程中，交叉熵损失的梯度只和正确分类的预测结果有关，而均方误差损失的梯度还和错误分类有关。除了让正确分类尽可能变大，均方误差损失函数还会让错误分类变得更平均，但在一些实际问题中这个调整是不必要的，均方误差损失函数实际上完成了额外的工作。

当然，在分类问题的实际应用中，还是有一些场景需要考虑错误选项的数值的，这时通常会使用二分类交叉熵（Binary Cross Entropy）损失函数，令神经网络的输出值为 $\{y_i\}_{i=1}^{n}$，目标值为 $\{t_i\}_{i=1}^{n}$，同样使用 One-Hot 编码形式表示。假设目标值是一个向量，其每一维表示图像是否属于对应的某一个类

别，0表示属于，1表示不属于，这相当于把每一个维度都看作一个二分类问题。于是，首先对每一个维度的数值使用Logistic函数进行计算，得到这一维对应的概率值，然后使用二分类交叉熵损失函数求出每一维的损失值，最后计算所有损失值的平均值。计算过程如下：

$$p_i = \frac{1}{1 + \mathrm{e}^{y_i}}$$

$$\text{Loss} = -\frac{1}{N}\sum_{i=1}^{N} I[t_i == 0]\log p_i + I[t_i == 1]\log(1 - p_i)$$

关于这个损失函数的细节，请读者自行分析。

3.5 使用 PyTorch 实现模型构建与训练

经过前面几节的介绍，我们已经了解了分类问题的基本解决方法。模型构建与训练主要分为以下4个步骤：

（1）建立神经网络模型。

（2）使用Softmax函数求出对应类别的概率。

（3）使用交叉熵损失函数求出模型的损失。

（4）使用反向传播法求出模型梯度，并使用梯度下降法更新模型参数。

可以看出，这一次的模型与第2章提到的模型存在一些相似之处。那么能否提取一些公共部分抽象成框架，使每一次的模型训练开发代价降低呢？于是，需要做出一个选择：自己实现一套模型框架或者使用第三方软件框架。本节将介绍使用PyTorch软件包来实现模型构建与训练。

PyTorch是一个构建、执行计算图的软件包，对构建神经网络模型十分友好，它的简单、易用吸引了越来越多的使用者。本节不会对PyTorch进行完整的介绍，只是阐述PyTorch及其他类似的软件包的设计理念：计算图以及自动求导。

计算图是一种**有向无环图**（Directed Acyclic Graph），其中的节点由**运算子**（Operator）构成，而边由依赖关系构成。我们可以将模型的训练和预测用计算图表示，构建的计算图可以是有状态的，也可以是无状态的。我们可以反复使用这个计算图结构完成相同的工作。这里以一个简单的计算为例，计算公式如下：

$$d = 3a + bc$$

将这个公式拆解成三个子公式：

$$z_1 = 3 \times a$$

$$z_2 = b \times c$$

$$d = z_1 + z_2$$

而计算图可以化作如图 3.5 所示的形式，我们可以从图中清晰地看出运算之间的关系。

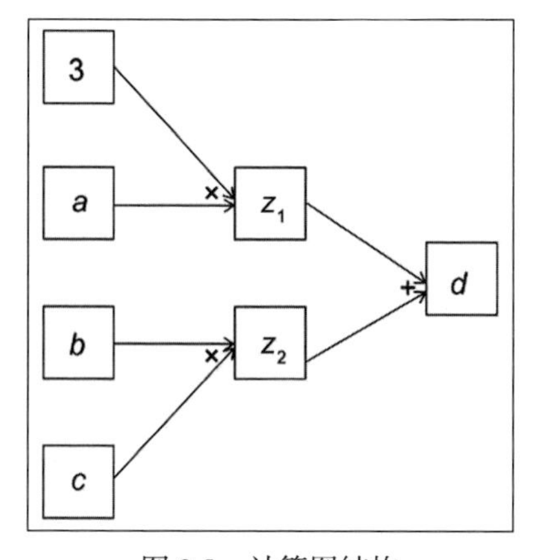

图 3.5　计算图结构

为什么要使用计算图呢？使用计算图的最大优势，就是可以使用图结构自动得到每一个节点的梯度。在确定的计算图下，我们可以利用每一个运算子本身的导数计算公式加上图结构，使用链式法则，求出图上任意一个节点的导数。以上面的公式为例，计算图中包含两个运算子——加法和乘法，对应的梯度计算十分简单。首先列出反向计算的路径，如图 3.6 所示。

在了解了路径之后，就可以使用每一个运算子的梯度计算得出完整结果，对应的计算图如图 3.7 所示。

实际上，只要运算子可导，依赖关系正确，就算再复杂的模型也可以通过堆叠积木的方式构建起来，这样的模型也可以实现自动求导。在实现了自动求导之后，构建模型的困难就被大大降低了。

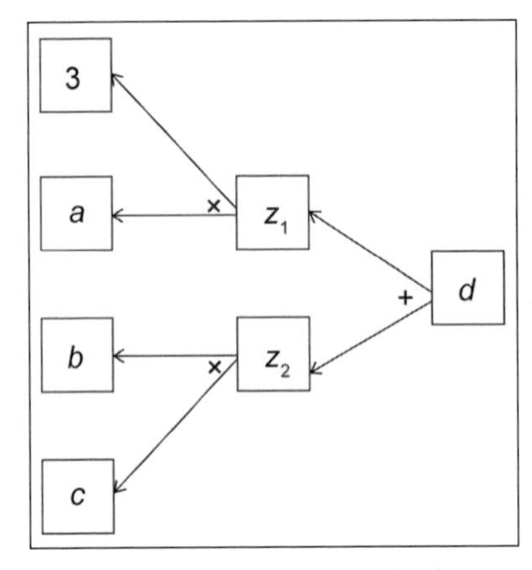

图 3.6　计算图的反向计算路径

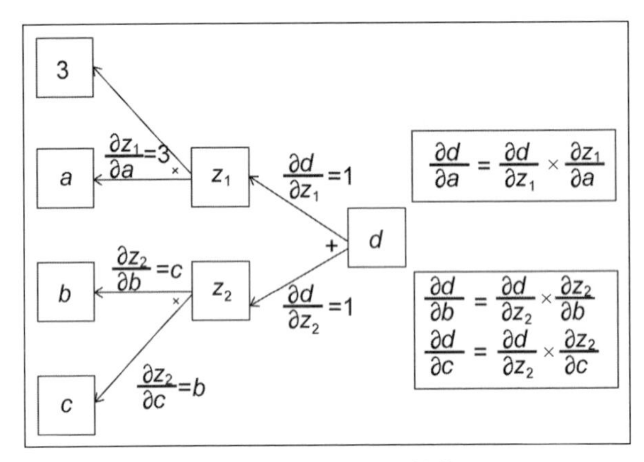

图 3.7　计算图的偏导数传导

下面给出 PyTorch 模型的基本构建与训练流程。

（1）构建训练数据和测试数据的**装载器**（Loader），用于生成每一轮训练和测试时所需的数据。

（2）构建数据**预处理**（Preprocessor）。

（3）构建待训练的模型。

（4）构建损失函数和**优化器**（Optimizer）。

（5）正式开始训练和测试。

可以看出，这个流程和第 2 章中的代码流程有些不同，这里将装载器和优化器两部分独立出来了。接下来就以使用 MNIST 数据集训练模型为例，介绍使用 PyTorch 的方法。首先构建数据装载器和预处理。由于 MNIST 是一个经典的数据集，在 PyTorch 配套的 **Torch Vision** 软件库中已经实现了相关代码，我们可以直接使用它构建数据集。代码如下：

```
kwargs = {'num_workers': 1, 'pin_memory': True} if args.cuda else {}
train_dataset = datasets.MNIST('../data-0', train=True, download=True,
    transform=transforms.Compose([
    transforms.ToTensor(),
    transforms.Normalize((0.1307,), (0.3081,))
    ]))
train_loader = torch.utils.data.DataLoader(
    train_dataset, batch_size=args.batch_size, **kwargs)
test_dataset = datasets.MNIST('../data-0', train=False, transform=
transforms.Compose([
        transforms.ToTensor(),
        transforms.Normalize((0.1307,), (0.3081,))
    ]))
test_loader = torch.utils.data.DataLoader(test_dataset, batch_size=args.
test_batch_size,
    **kwargs)
```

从代码中可以看出，这里分别构建了用于训练和测试的数据集（Dataset），其中的 transform 参数就表示对原始数据进行预处理。所得到的数据集再被装入数据装载器（DataLoader）中，在后续的训练中就可以使用它了。

接下来构建训练模型和损失函数。先构建一个只有一个全连接层的神经网络，对应的模型构建代码如下：

```
class Net(nn.Module):
    def __init__(self):
        super(Net, self).__init__()
        self.fc = nn.Linear(784, 10)

    def forward(self, x):
        bsize = x.shape[0]
        x = x.reshape([bsize, -1])
        x = self.fc(x)
        return F.log_softmax(x)

model = Net()
optimizer = optim.SGD(model.parameters(), lr=args.lr,
    momentum=args.momentum)
```

从代码中可以看出，这里创建了一个 Net 类，并继承了 torch.nn.Module

类，这样就可以使用PyTorch定义的很多功能了。在 __**init**__ 函数中，使用nn.Linear构建了一个全连接层，其输入为784，输出为10。在**forward**函数中，使用这个模型层进行计算，并使用log_softmax函数计算得到各个类别的对数概率。接下来还创建了优化器，使用了随机梯度下降法。这里的“随机”指的是随机选择一小部分数据进行训练，而不是一次性对全体数据进行训练。

最后开始训练和测试，其中包含了计算损失函数的过程，对应的代码如下：

```
def train(epoch):
    model.train()
    for batch_idx, (data, target) in enumerate(train_loader):
        if args.cuda:
            data, target = data.cuda(), target.cuda()
        optimizer.zero_grad()
        output = model(data)
        loss = F.nll_loss(output, target)
        loss.backward()
        optimizer.step()
        if batch_idx % args.log_interval == 0:
            print('Train Epoch: {} [{}/{} ({:.0f}%)]\tLoss: {:.6f}'.
format(
                epoch, batch_idx, len(train_loader),
                100. * batch_idx / len(train_loader), loss.item()))
def test():
    model.eval()
    test_loss = 0.
    test_accuracy = 0.
    count = 0
    for data, target in test_loader:
        if args.cuda:
            data, target = data.cuda(), target.cuda()
        output = model(data)
        test_loss+=F.nll_loss(output, target, size_average=False).item()
        pred = output.data.max(1, keepdim=True)[1]
        test_accuracy += pred.eq(target.data.view_as(pred)).cpu().float()
.sum()
        count += len(data)

    test_loss /= count
    test_accuracy /= count
    print('\nTest set: Average loss: {:.4f}, Accuracy: {:.2f}%\n'.format(
        test_loss, 100. * test_accuracy))
```

从代码中可以看出，这里将训练与测试分离成两部分代码，在执行各自的代码前，模型先声明所处的状态：train 或者 eval，在遍历数据的过程中，使用 log_softmax 和 nll_loss（**Negative Log Likelihood**）函数求出损失。这个计算过程和前面介绍的 Softmax + 交叉熵是一致的，只不过两个函数的计算分配不同。在训练过程中需要使用 loss.backward() 进行反向求导，而在测试过程中求出准确率。训练和测试的代码如下：

```
for epoch in range(1, args.epochs + 1):
    train(epoch)
    test()
```

最终模型在训练和测试过程中的预测值准确率都在 92% 左右。实际上，这个值并不高。接下来看看模型到底学到了什么。

3.6　模型结果分析

在分析模型之前，让我们先从最直观的思维方式出发寻找规律，并一步步深入下去。既然每一张图像的大小是固定的，那么能否根据某一个位置的像素值判断该像素值和最终识别的数字是否有关系呢？例如，图像第 4 行第 7 列的像素值其实就可以用于判断一个手写数字是 6，而不是 7。

听上去好像不太可能。一个像素的像素值当然不足以帮助我们判断数字的内容，其实把图像的所有像素完全独立地拿出来看，人类也很难知道这个数字是几——因为即使是同一个人书写同一个数字所产生的图像，某一个位置的像素值也会有大有小，更何况“千人千面”，有庞大的人群书写，数字书写形式会更加千奇百怪，有的写得很大，有的写得很小；有的写得很正，有的写得很歪；有的笔迹粗，有的笔迹细，单从一个像素的特征实在不容易看出来。

但如果把一堆像素点放在一起，观察它们之间的关系，似乎就可以看出一些特征规律。例如，对于一张书写了数字 0 的黑底白字的图像，一般来说，图像正中间部分的像素是黑色的，而其周围的像素是白色的，这圈白色再往外面又变成了黑色。这段描述听上去好像是一个有用的特征，但这样的描述并不具备很强的操作性，那么如何把上面这段话转变成数学的形式呢？

一个简单的操作方法是：首先在图像中心划定一个大概的范围，定义这部分像素就是“中心区域”，并让“中心区域”的每一个像素值与0相乘，然后让“中心区域”以外一片区域的每一个像素值与正数相乘，接着让再外面区域的每一个像素值与0相乘，最后把这些相乘的结果加在一起，得到一个汇总数字。从直觉上理解，这个最终结果越大，越表示这张图像可能是“0”这个数字，反之则不是。这段描述可以用图3.8来表示。

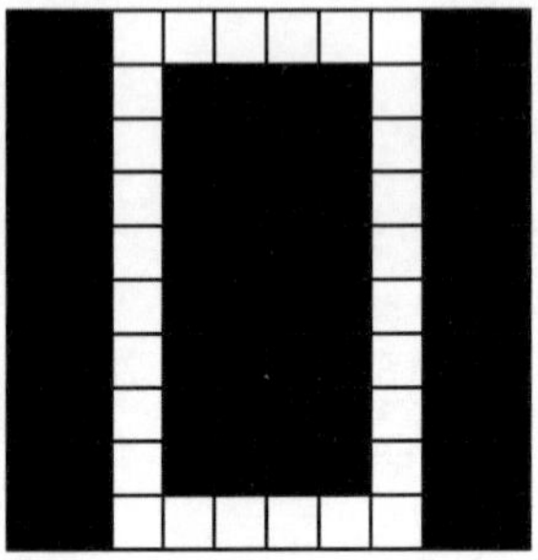

×

0	0	1	1	1	1	1	1	0	0
0	0	1	0	0	0	0	1	0	0
0	0	1	0	0	0	0	1	0	0
0	0	1	0	0	0	0	1	0	0
0	0	1	0	0	0	0	1	0	0
0	0	1	0	0	0	0	1	0	0
0	0	1	0	0	0	0	1	0	0
0	0	1	0	0	0	0	1	0	0
0	0	1	0	0	0	0	1	0	0
0	0	1	1	1	1	1	1	0	0

=

图3.8　图像0的特征描述（左图是一张背景色为黑色、前景色为白色的图像，图像的大小为10×10，图像中的数字为0。右图是与描述对应的一组参数，将图像的像素值和参数一一对应相乘，就可以得到最终的结果。在灰度色彩空间下，白色像素的像素值为255，黑色像素的像素值为0，所以当前图像的像素值与参数相乘会得到一个相对比较大的数值）

上面提到的特征只描述了“一张图像可能是0”这件事情；除此之外，还需要检测图像像不像其他数字。于是，这些特征就形成了很多对整体图像的分析和判断。完成从图像数据到特征转换的过程就是线性部分要做的工作，这就是前面提到的“总结和判断”。而模型参数就是上面那些描述的数学化表示，也正是完成这个转换的关键。

下面看看模型参数究竟学到了什么。模型中唯一的全连接层参数的维度为[10, 784]，每784个参数对应一个被识别的类别，于是可以将其输出，看看参数的形式和前面所描述的是否类似，如图3.9所示。

从图中可以看出，将参数画成图后和数字十分相似，可见该实验与推测是一致的。当然，这样识别出的结果存在一些问题，如果数字的形式和权重存在一定的差别，那么识别效果就会下降。

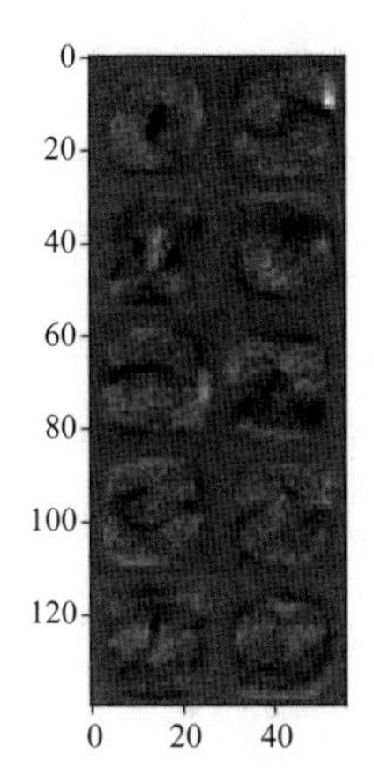

图 3.9 模型参数可视化

接下来增强模型，使用两层神经网络进行模型训练，对应的代码如下：

```
class Net(nn.Module):
    def __init__(self):
        super(Net, self).__init__()
        self.fc = nn.Linear(784, 1024)
        self.fc2 = nn.Linear(1024, 10)

    def forward(self, x):
        bsize = x.shape[0]
        x = x.reshape([bsize, -1])
        x = self.fc(x)
        x = self.fc2(x)
        return F.log_softmax(x)
```

经过 20 轮迭代训练，模型在训练集上有了一点提高，但在测试集上有了一点下降。从机器学习的角度来说，这属于模型**过拟合**（Overfitting），和第 1 章中介绍的钞票面值问题有点相似。总而言之，由全连接层组成的神经网络并不能够很好地解决手写数字识别问题。我们将在后面的章节中进一步寻找更好的模型。

3.7 总结与提问

本章介绍了使用神经网络解决分类问题所需的基础知识，并介绍了使用 PyTorch 实现模型构建与训练的方法。请读者回答与本章内容有关的问题：

（1）贝叶斯定理的定义是怎样的？其中参与的元素都代表什么含义？

（2）最大似然法的计算方法是什么？

（3）Softmax 函数的作用是什么？

（4）交叉熵损失函数与均方误差损失函数的区别是什么？

（5）Softmax 函数和交叉熵损失函数的求导是怎样的？

（6）使用 PyTorch 实现模型构建与训练的步骤是什么？

第4章

卷积神经网络

本章将介绍卷积神经网络的核心模型层——卷积层。卷积是图像处理中很经典的一种操作，以它为中心的理论也十分丰富。

本章的组织结构是：4.1~4.3节介绍卷积操作及相关的概念；4.4节介绍ReLU函数；4.5节介绍Pooling层；4.6节介绍使用卷积神经网络完成分类的实验；4.7节介绍卷积操作中一个十分重要的概念——感受野。

4.1 卷积操作

从结构上看，卷积层的组成和全连接层类似，它也由线性部分和非线性部分组成。第2章介绍了全连接层的线性部分，这一部分主要完成了线性变换的过程，变换的对象是输入数据整体。卷积层的线性部分同样要完成变换计算，不过它变换的是局部数据。

卷积（Convolution）是分析数学中的一种重要运算。它的原理比较抽象，而且和本书主题的相关度不大，这里就不详细介绍了，下面重点关注离散图像下的卷积运算。卷积运算由图像数据和卷积核两部分合作完成，图像数据中的每一个与卷积核大小相等的区域都会和卷积核完成元素级别（Element-wise）的乘法操作，并将乘法操作得到的结果加和汇总成一个数值。由于每个区域都会得到这样的数值，所有的数值根据相对位置拼合起来，就是卷积运算最后的结果。

首先，卷积层只会做某一部分的数据汇总计算，比如在以某一像素为中心的某个区域内进行汇总计算，而具体的计算公式和全连接层完全相同，都是像素值和权重的乘加操作，如图4.1所示。

其次，卷积层在完成局部汇总计算后，会保持计算前的相对位置。例如，左右相邻的两个像素，以左边像素为中心的汇总结果还是会在以右边像素为中心的汇总结果的左边。这使得卷积层拥有一个与全连接层不同的特点，那就是卷积层的输入、输出都保持一定的空间形状。一般来说，图像的特征信息在卷积层中经常以三维的形式保存：$C \times H \times W$（有些深度学习框架，例如TensorFlow，也会采用 $H \times W \times C$ 的形式表示）。其中，C 表示**通道**（Channel），每一个通道相当于图像中每个像素的一种特征；H 和 W 分别表示图像的高度和宽度。在第 2 章和第 3 章中已经介绍过，全连接层的输入和输出一般是以一维向量的形式保存的，而且向量中数值的顺序互换并不影响其语义。从这里就可以看出全连接层和卷积层的一些差别。

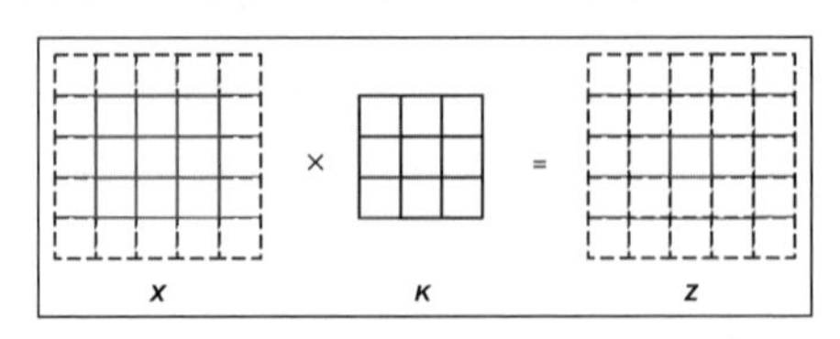

图 4.1　卷积运算操作示意图

卷积层中的局部汇总计算方法一般都是用“相关”操作来实现的，这个概念和本书的内容关联不大，就不展开介绍了。那么，相关操作和卷积层的计算有什么差别呢？卷积层在做汇总计算时，首先会把参数矩阵旋转 180°，而相关操作就不用这样做，所以在进行前向计算时，采用相关操作可以减少一次把卷积核旋转一周的计算，这样在程序上线运行时能够更快些。实际上，也可以假设这里就是要进行卷积操作，只不过把参数全部预先旋转了 180°，这样在进行卷积操作时，就不用再旋转了。

在了解了计算方法后，接下来介绍“卷积层”操作的基本代码。为了保持代码的简洁性，这里只展示对单一数据的卷积前向计算，同时省略了一些常用的参数配置。

```
import numpy as np
import matplotlib.pyplot as plt

def conv2(X, k):
    x_row, x_col = X.shape
    k_row, k_col = k.shape
    ret_row, ret_col = x_row - k_row + 1, x_col - k_col + 1
    ret = np.empty((ret_row, ret_col))
    for y in range(ret_row):
        for x in range(ret_col):
            sub = X[y : y + k_row, x : x + k_col]
            ret[y,x] = np.sum(sub * k)
```

```
    return ret
class ConvLayer(object):
    def __init__(self, in_channel, out_channel, kernel_size):
        self.w = np.random.randn(in_channel, out_channel, kernel_size,
kernel_size)
        self.b = np.zeros((out_channel))
    def _relu(self, x):
        x[x < 0] = 0
        return x
    def forward(self, in_data):
        # assume the first index is channel index
        in_channel, in_row, in_col = in_data.shape
        out_channel, kernel_row, kernel_col = self.w.shape[1], self.w.
shape[2], self.w.shape[3]
        self.top_val = np.zeros((out_channel, in_row - kernel_row + 1,
in_col - kernel_col + 1))
        for j in range(out_channel):
            for i in range(in_channel):
                self.top_val[j] += conv2(in_data[i], self.w[i, j])
            self.top_val[j] += self.b[j]
            self.top_val[j] = self._relu(self.topval[j])
        return self.top_val
```

虽然卷积操作比较复杂，如果读者明白了全连接层的计算，那么对这段代码稍做分析也一样能看明白。

前面的介绍主要涉及最基本的卷积操作，实际上，卷积层的计算比全连接层要复杂一些，它的内部还有一些可以调整的参数。一般来说，卷积层中有两个常用的参数——**stride** 和 **padding**。

stride 类似于一个循环函数的步进量。在上面介绍的算法中，当计算完一个像素后，接下来要计算的通常是这个像素右边的一个像素（本行末尾除外），这相当于 stride=1 的场景。如果 stride=2，就表示每计算完一个像素后要跳过一个像素再进行计算，这样最终参与计算的输入数据就会少很多。实际上，stride 起到了采样的作用。stride 的计算示意图如图 4.2 所示。

padding 是一种维持图像维度的方法，它的作用是“填边”。如果在一张图像上直接进行卷积操作，就会遇到一个尴尬的问题：对于那些处于边角的像素，它们的周围邻域大小小于卷积核，因此无法参与计算；如果它们不能参与计算，那么实际上相当于计算结果的维度比输入数据的小。为了解决这个问题，在图像周围可以填上一圈空的数据，这样每一个输入数据中的像素都可以参与卷积运算，图像的输出维度就不会缩小。

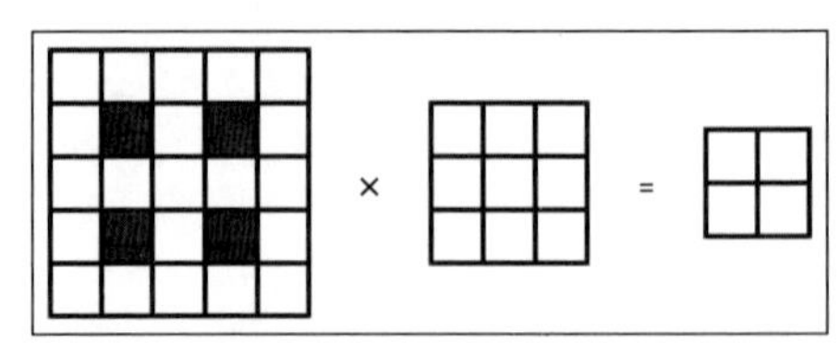

图 4.2　stride 的计算示意图（图中深色的像素块为 stride=2 时参与计算的中心像素）

padding 的计算示意图如图 4.3 所示。stride 和 padding 会对输出维度产生影响。当 stride 和 padding 不产生作用时，它们的默认值分别是 1 和 0，此时输入维度和输出维度的关系公式如下：

$$H_{\text{out}} = H_{\text{in}} - H_{\text{kernel}} + 1$$

$$W_{\text{out}} = W_{\text{in}} - W_{\text{kernel}} + 1$$

当 stride 和 padding 产生作用时，公式如下：

$$H_{\text{out}} = \frac{H_{\text{in}} + 2H_{\text{padding}} - H_{\text{kernel}}}{H_{\text{stride}}} + 1$$

$$W_{\text{out}} = \frac{W_{\text{in}} + 2W_{\text{padding}} - W_{\text{kernel}}}{W_{\text{stride}}} + 1$$

很显然，当 stride=1, padding=0 时，两组公式是等价的。

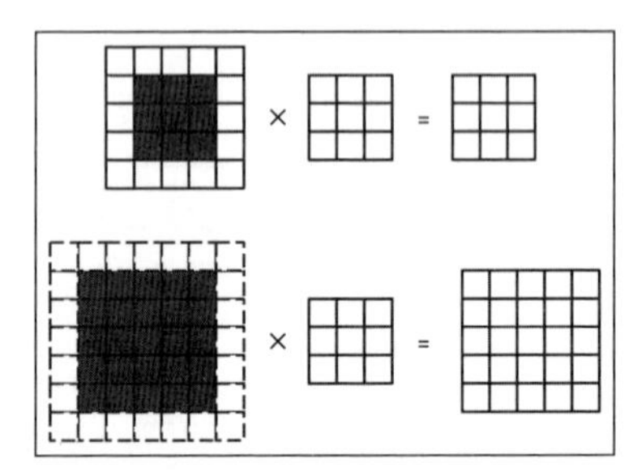

图 4.3　padding 的计算示意图（图中展示了卷积核宽度为 3 时，在 padding=0 和 padding=1 情况下的输出维度）

在介绍了卷积操作的原理后，下面介绍卷积层的可视化效果。在第 2 章和第 3 章中介绍了全连接层的效果，那么卷积层的效果和全连接层的效果有什么不同呢？卷积操作是图像处理中的经典操作之一，这个问题值得深入展开。为了更清楚地介绍这些内容，这里以**光学字符识别**（Optical Character Recognition，OCR）的训练数据图像为例。

```
import cv2
mat = cv2.imread('conv1.png',0)
row,col = mat.shape
in_data = mat.reshape(1,row,col)
in_data = in_data.astype(np.float) / 255
plt.imshow(in_data[0], cmap='Greys_r')
```

这段代码会显示如图 4.4 所示的图像。

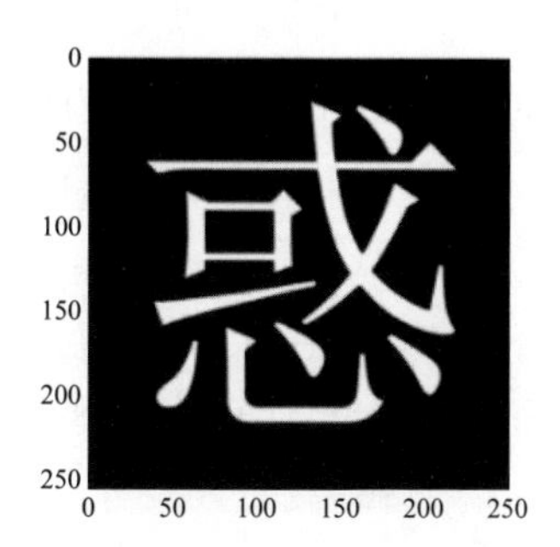

图 4.4　OpenCV 显示的示例图像

接下来的卷积操作就要在这样的单通道（通道数为 1）的图像上进行。在图像处理领域，卷积操作可以被看作对图像进行滤波操作。滤波算法有很多，下面介绍具有代表性的滤波操作的可视化效果。

首先介绍**均值滤波器**（Mean Filter），其特点是求出某个像素附近所有像素值的平均值，并把这个平均值赋值给这个像素。它的代码如下：

```
meanConv = ConvLayer(1,1,5)
w = np.ones((5,5)) / (5 * 5)
meanConv.w[0,0] = w
mean_out = meanConv.forward(in_data)
plt.imshow(mean_out[0], cmap='Greys_r')
print w

[[ 0.04,  0.04,  0.04,  0.04,  0.04],
 [ 0.04,  0.04,  0.04,  0.04,  0.04],
 [ 0.04,  0.04,  0.04,  0.04,  0.04],
 [ 0.04,  0.04,  0.04,  0.04,  0.04],
 [ 0.04,  0.04,  0.04,  0.04,  0.04]]
```

均值滤波器的图像效果如图 4.5 所示。

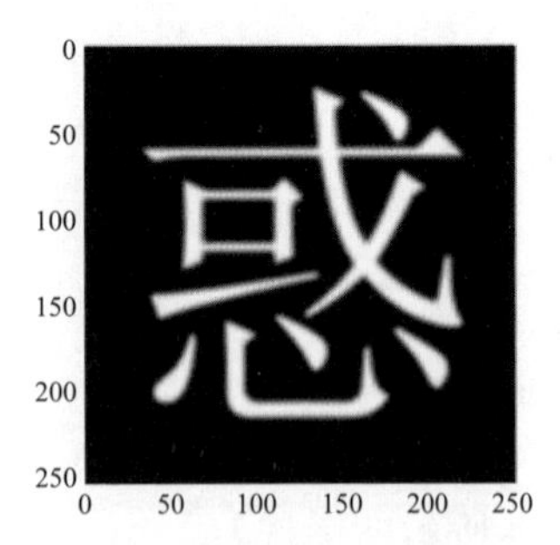

图 4.5　均值滤波器的图像效果

均值滤波器在图像处理中可以起到模糊图像的作用。当然，由于卷积核比较小，效果不是很明显。读者可以尝试把卷积核的维度设置得大些，再看看效果。

接下来介绍梯度计算滤波的代表——**Sobel 滤波器**（Sobel Filter）。这里定义一个计算纵向梯度的卷积核，它会计算当前像素点和纵向像素点的差值，计算代码如下：

```
sobelConv = ConvLayer(1,1,3)
sobelConv.w[0,0] = np.array([[-1,-2,-1],[0,0,0],[1,2,1]])
sobel_out = sobelConv.forward(in_data)
plt.imshow(sobel_out[0], cmap='Greys_r')
```

Sobel 滤波器的图像效果如图 4.6 所示。

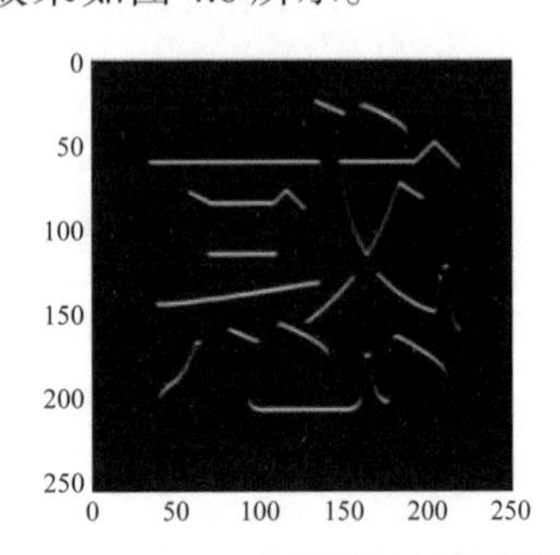

图 4.6　Sobel 滤波器的图像效果

从效果上看，文字横向笔画的上端被保留下来。为什么？因为在纵向梯度大的地方往往是下面一个像素值大，上面一个像素值小，这样每个笔画的上端就被保存下来了。

最后介绍 **Gabor 滤波器**（Gabor Filter），这也是一个经典的滤波算子。现在的一些深度学习的论文都以自己模型的第一层能够学出类似于 Gabor 滤波器的参数为荣，可见这个滤波器的影响力。以下 Gabor 滤波器的代码来自 Wikipedia。

```
def gabor_fn(sigma, theta, Lambda, psi, gamma):
    sigma_x = sigma
    sigma_y = float(sigma) / gamma
    (y, x) = np.meshgrid(np.arange(-1,2), np.arange(-1,2))
    # Rotation
    x_theta = x * np.cos(theta) + y * np.sin(theta)
    y_theta = -x * np.sin(theta) + y * np.cos(theta)
    gb = np.exp(-.5 * (x_theta ** 2 / sigma_x ** 2 + y_theta ** 2 /
sigma_y ** 2)) * np.cos(2 * np.pi / Lambda * x_theta + psi)
    return gb
    print gabor_fn(2, 0, 0.3, 0, 2)
    gaborConv = ConvLayer(1,1,3)
    gaborConv.w[0,0] = gabor_fn(2, 0, 0.3, 1, 2)
    gabor_out = gaborConv.forward(in_data)
    plt.imshow(gabor_out[0], cmap='Greys_r')
[[-0.26763071 -0.44124845 -0.26763071]
 [ 0.60653066  1.          0.60653066]
 [-0.26763071 -0.44124845 -0.26763071]]
```

Gabor 滤波器的图像效果如图 4.7 所示。

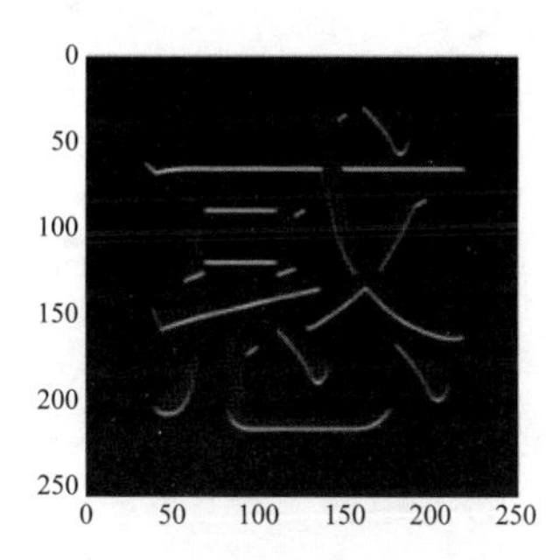

图 4.7　Gabor 滤波器的图像效果

从效果可以看出，与 Sobel 滤波器类似，Gabor 滤波器同样可以起到边缘提取的作用。这次提取的似乎是汉字的笔画下端，这和它本身的功能描述是相符的。

从三种卷积操作的处理过程可以看出，不同卷积核的卷积操作确实对图像效果产生了不同的影响。在应用中，用于图像滤波的卷积核还有很多，这里就不再一一展示了。

4.2 卷积层汇总了什么

解决了“是什么”的问题，下面介绍“为什么”这个问题。为什么要使用卷积层？与全连接层相比，卷积层有什么优势？

卷积层的第一个优势是它的参数数量相对少一些。很显然，使用全连接层代替卷积层是完全没有问题的，但是这样做的代价实在太大了。相对而言，原始图像的维度比较大，如果采用全连接层，参数数量将会有爆炸式的增长，这个计算量对于当代计算机来说同样是一个很大的挑战。试想，对于 MNIST 数据集，如果模型的第一层是全连接层，它的输入维度是（1, 28, 28），输出维度是（1, 1024），那么它的参数将达到 80 万个，而曾经的经典模型 LeNet 呢？它的网络结构如图 4.8 所示。

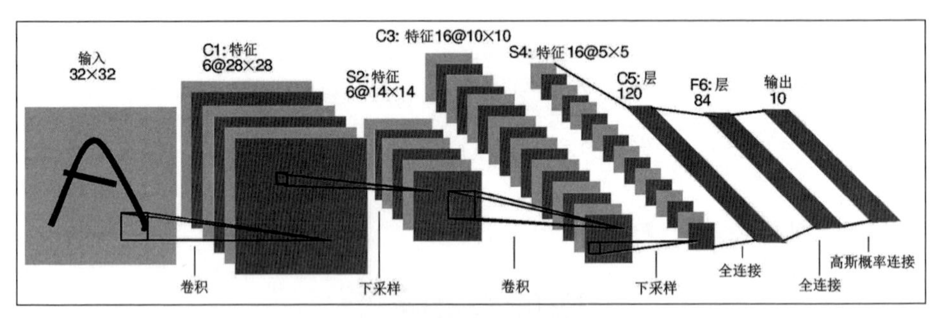

图 4.8　卷积神经网络 LeNet 结构图 [1]

LeNet 的第一层参数数量可以通过图 4.8 计算出来：输出的维度为（6, 28, 28），比上面提到的全连接层维度还大，但参数数量仅为 $1\times6\times(5\times5+1)=156$ 个。卷积参数与全连接参数相比，两者的参数数量相差几万倍，而实际上两者的效果绝对不会有如此大的差距。

卷积层确实可以节省参数，但是节省参数会不会使效果变差呢？卷积层的第二个优势可以解释它的长处——卷积运算利用了图像的局部相关性。第 2 章介绍了全连接层的线性部分的运算，它通过寻找整张图像的特征来确定数字内容。我们发现，实际上图像的局部相关性十分突出：文字中每一笔画附近的像素往往是相同颜色的，一块背景区域的像素之间的颜色差距也不大。通常一个像素和周围的像素十分相近，除非这个像素处于两个实体的边界，这就是最直接的局部相关性。通常，一个像素和距离很远的像素关系不大，因此卷积运算在关注附近像素的同时，忽略了远处的像素，这也和实际图像表现出来的性质类似。

那么，如何消除局部相关性，使特征变得少而精呢？卷积就是一种很好的方法。它只考虑附近一块区域的内容，分析这块区域的特点，这样针对小区域的算法可以很容易地分析出区域内的相关性。如果加上 **Pooling** 层（可以理解为汇集、聚集的意思），从附近的卷积结果中再采样选择一些高价值的信息，丢弃一些重复的低质量的信息，就可以做到对特征信息的进一步过滤处理，让特征向少而精的方向前进。

除了前面介绍的通过卷积操作解决图像局部相关性的思路，本节将从另一个角度来分析卷积的功效。熟悉图像处理的读者一定都知道卷积定理，这个定理涉及图像处理的一大“黑科技”：**傅里叶变换**。

傅里叶变换可以被看作对图像或者音频等数据的重新组织，它把数据从空间域的展示形式转变到频率域的形式。曾经有人这样比喻傅里叶变换：如果把看到的图像比作一道做好的菜，那么傅里叶变换就是找出这道菜具体的配料及各种配料的用量。这种方法的神奇之处在于不管这道菜是如何做的（按类别码放还是“大乱炖”），它都能将配料清晰地分出来。在图像处理中，配料的种类按频率进行划分，其中有些信息被称为低频信息，有些信息被称为高频信息。

- 低频信息一般被看作整张图像的基础，有点像一道菜中的主料。如果这道菜是番茄炒蛋，那么低频信息就像是番茄和蛋的大体形状与轮廓。
- 高频信息一般是指那些变动比较大的、表达图像特点的信息，有点像一道菜的配料或者调料。对于番茄炒蛋这道菜，高频信息更像是番茄和蛋的纹理特征、菜中调料和点缀的材料。

卷积定理提到，两个矩阵的卷积结果，等于两个矩阵经过傅里叶变换后，进行元素级别的乘法操作，再对结果进行反向傅里叶变换。如果用 FFT 表示傅里叶变换，用 IFFT 表示反向傅里叶变换，那么下面两个过程的结果是相同的（考虑到参与计算的数据为浮点数，可以认为计算机中浮点数的相近就是相同）。

```
A = np.array()
B = np.array() # matrix

# method1
C = conv2(A,B)
```

```
# method2
FFT_A = FFT(A)
FFT_B = FFT(B)
C = IFFT(FFT_A * FFT_B)
```

真实的代码不会像上面这样简单，但是大体结构是相同的。看上去第二种方法比第一种方法啰唆了不少，那么它的优势在哪里？回到前面展示卷积效果的例子中，介绍曾提到的那些滤波算法的卷积核经过傅里叶变换后的样子。

对于均值滤波核，图像效果如图 4.9 所示。

图 4.9　均值滤波核经过傅里叶变换后的图像效果

对于 Sobel 滤波核，图像效果如图 4.10 所示。

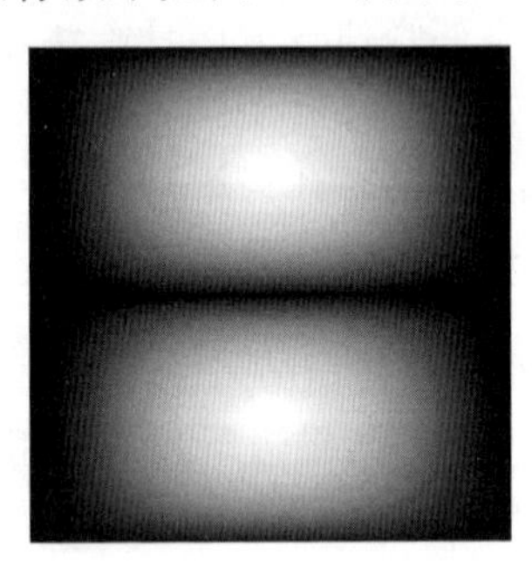

图 4.10　Sobel 滤波核经过傅里叶变换后的图像效果

对于 Gabor 滤波核，图像效果如图 4.11 所示。

前面提到的傅里叶变换可以帮助我们分析出图像的高低频信息。在图 4.11 中，（经过 fft_shift 操作的）图像的正中心表示图像低频信息的强度（Magnitude），越靠近中心位置的频率越低，越靠近边缘位置的频率越高。由于最终要进行元素级别的乘法操作，如果卷积核在某个频率的数值比较低，经过乘法运算后的输入数据在这个频率也会变小。滤波核在某个频率的数值为 0，说明经过卷积算法计算后会舍弃这部分信息。

图 4.11　Gabor 滤波核经过傅里叶变换后的图像效果

如果将上面的图像想象成以中心为原点的直角坐标系图，就可以看出：

- 均值滤波核会保留中心附近和坐标轴附近的信息。
- Sobel 滤波核会保留 y 轴上下的信息，丢弃中间的信息和 x 轴两边的信息。
- Gabor 滤波核和 Sobel 滤波核类似，但是保留的内容会更少，更倾向于保留远离中心的像素。

从这个角度来分析结果，Sobel 滤波核和 Gabor 滤波核更倾向于保留高频信息而弱化低频信息，而均值滤波核则是弱化高频信息而保留低频信息，所以均值滤波和另外两个滤波算法的作用不同。这也和我们观察到的结果一致。前面提到，一些文章中宣称自己模型的第一层的参数像 Gabor 滤波，也说明它们提到的模型卷积核的作用是保留高频信息、牺牲低频信息。

那么，从这个角度分析，卷积层的意义在哪里？如果现在的任务是给出一盘番茄炒蛋，问这盘菜是哪位师傅做的，那么盘子里数量众多的番茄和鸡蛋不一定能帮助我们找到厨师，而其中佐料的分量更有助于我们找出厨师的做菜风格。但如果想知道这是一盘什么菜，低频信息的代表——番茄和鸡蛋就变得十分重要了。所以，在上面的两个问题中，高频信息和低频信息各有各的作用。因此，通过卷积层分离低频信息和高频信息，使它们能够被分别处理就变得十分重要了。

傅里叶变换及频域信息分析显然没有上面说的这么简单，更多的细节还需要更多的知识和更深入地分析，这里只是抛砖引玉，让读者多一个理解卷积的角度。

4.3 卷积层的反向传播

前面介绍了卷积层的基本算法和运算语义，下面介绍卷积层的反向计算优化方法。一般来说，卷积层的反向传播有两种算法。

- “实力派”解法。
- 软件库中常用的套路——“整容”后的“偶像派”解法。

与第 3 章中介绍全连接层一样，这里也给出一个小例子。假定输入是一张维度为（1, 5, 5）的图像，卷积层的维度是（3, 3），同时 stride=1, padding=0，最终的输出维度是（1, 3, 3），卷积操作示意图如图 4.12 所示。

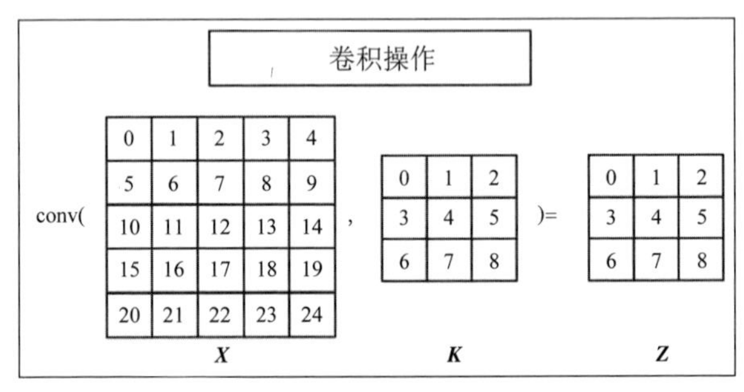

图 4.12　卷积操作示意图

在图 4.12 中还包含了每一个矩阵的位置标记，其中 $\boldsymbol{X}$ 表示输入的矩阵，位置下标为 0~24；$\boldsymbol{K}$ 表示卷积核的矩阵，位置下标为 0~8；$\boldsymbol{Z}$ 表示卷积的结果，位置下标为 0~8。

4.3.1 “实力派”解法

所谓的“实力派”解法就是用卷积定义（这里用相关操作）做前向计算，然后利用前向的算法推导反向计算。这个过程有点复杂，需要对卷积操作有比较深刻的理解，所以被称为“实力派”解法。

卷积运算的参与者共有三位，所以观察卷积操作的视角也有三个。首先介绍卷积操作的第一个视角，它的运算形式和卷积操作的基本算法一致。从这个视角观察的卷积操作如图 4.13 所示。

图 4.13 详细地展示了前向计算的全过程，这个图的观察层次为“卷积结果—运算图像—卷积核”。其中最外面维度为 3×3 的虚线框表示结果 $\boldsymbol{Z}$，每

一个虚线格子表示自身被卷积计算的过程，虚线格子内包含一个 5×5 的矩阵，这个矩阵代表运算图像 $\boldsymbol{X}$，图像中的数字表示卷积核 $\boldsymbol{K}$ 的位置信息，也就是记录了卷积核和图像运算时的对应关系。比如，在卷积结果 $\boldsymbol{Z}$ 的第 2 行（以下的下标一律从 0 开始）第 1 列的位置 $\boldsymbol{Z}[2,1]$ 处，这里面的卷积核和图像中从第 2 行第 1 列开始的 3×3 的子矩阵做元素级乘法并加和，得到 $\boldsymbol{Z}[2,1]$ 的结果。

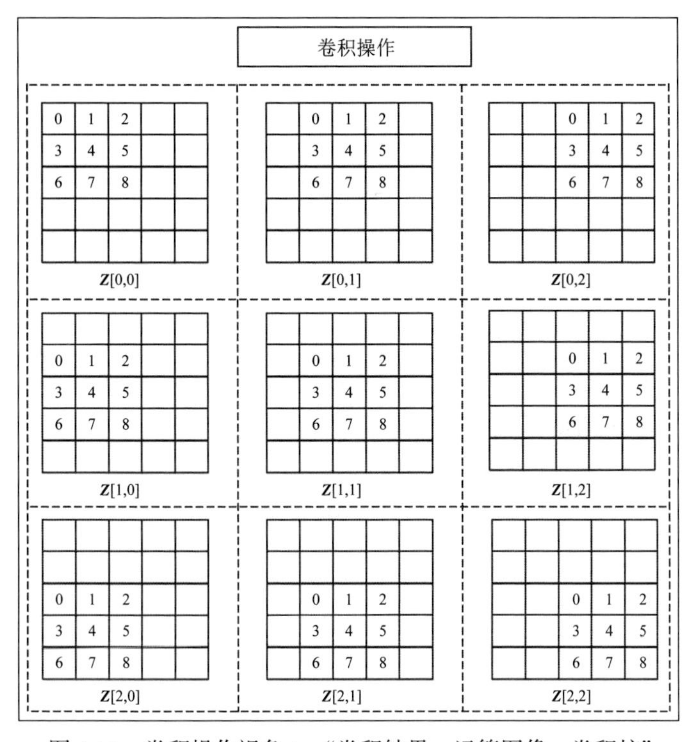

图 4.13　卷积操作视角 1：“卷积结果—运算图像—卷积核”

了解了第一个视角，下面介绍反向传播的计算。在反向传播中，偏置项的偏导数计算相对简单，同全连接层反向传播中的偏置项计算，这里不再介绍。除此之外，每一层还需要计算两类数值。

- 卷积层输入图像 $\boldsymbol{X}$ 对目标函数的偏导数。
- 卷积层线性部分参数 $\boldsymbol{W}$ 对目标函数的偏导数。

由于卷积操作的特殊性，输入图像和参数的运算耦合得比较严重，想要清晰地分离它们之间的运算，还需要从其他视角观察卷积操作。下面首先计算输入图像对目标函数的偏导数。利用第 3 章中介绍的全连接层反向计算的思路，想求出每一个输入的偏导数，就要列出每一个输入元素参与的运算，然后用后一层计算得到的梯度与每一个输入元素运算的参数和卷积层输出的偏导数相乘，最后求和，就可以得到想要的结果。这个运算公式和全连接层的公式是一致的：

$$\frac{\partial \text{Loss}}{\partial \boldsymbol{X}_i} = [\frac{\partial \text{Loss}}{\partial \boldsymbol{Z}_j}, \cdots]^{\text{T}}[\frac{\partial \boldsymbol{Z}_j}{\partial \boldsymbol{K}_l}, \cdots]$$

为了完成这个运算，下面就要展示卷积操作的第二个视角，这个视角的主角就是输入数据，如图 4.14 所示。

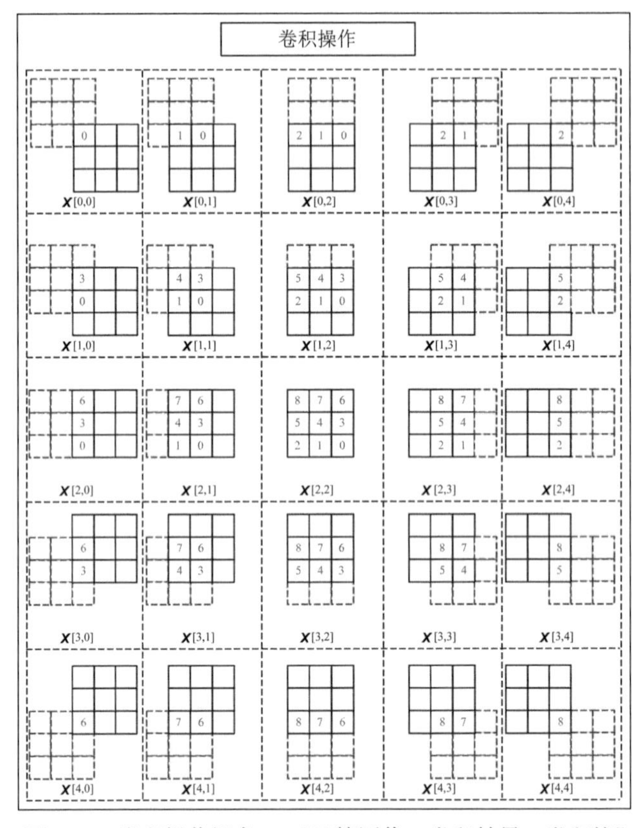

图 4.14　卷积操作视角 2：“运算图像—卷积结果—卷积核”

观察视角是“运算图像—卷积结果—卷积核”。最外层是 5×5 的虚线框，表示每一个图像数据 $\boldsymbol{X}$ 在卷积运算中参与的计算。每一个框里面的实线 3×3 矩阵表示卷积的结果 $\boldsymbol{Z}$，其中有些位置标记了数字，有些则没有。那些标记了数字的位置代表虚线框所在位置的输入数据参与了这个结果位置的计算，而数字的内容表示当时运算时与它配对的卷积核位置。

比如 $\boldsymbol{X}[0,0]$ 的位置，由于位置靠边，它只和卷积核的 0 号位置进行运算，得到的结果保存在卷积结果的 0 号位置；而 $\boldsymbol{X}[0,1]$ 则完成了两次运算，和卷积核的 1 号位置进行运算的结果保存在 0 号位置，和卷积核的 0 号位置进行运算的结果保存在 1 号位置。对于正中间的元素，它对每一个卷积结果都做了“贡献”，因此它参与了 9 次运算，对应的卷积核编号在图中都可以看到。

图 4.14 也展示出卷积运算的特点：边角位置完成的运算次数会比中间的少。如果把每一个输入位置参与的运算次数都展示出来，那么这些信息就可以组成一个矩阵：

```
1  2  3  2  1
2  4  6  4  2
3  6  9  6  3
2  4  6  4  2
1  2  3  2  1
```

这个矩阵中所有元素的和为 81，而从第一个视角出发运算的次数也是 81。这说明虽然观察的视角不同，但实际上运算过程是一致的。

虽然完成了输入数据的运算分离，但每一个位置的运算量并不相同，该如何计算梯度呢？实际上，图 4.14 也给出了一种巧妙的计算方法。由于有些元素运算时卷积核并没有完全参与，图中就用虚线表示了未参与运算的卷积核位置。在完成填充之后，就会惊奇地发现，每一个卷积核实际上被旋转了 180°，而且将这些小图拼接起来，实际上整张大图的运算可以用一个卷积操作表示。这个卷积操作要做的准备工作如下：

- 卷积核需要旋转 180°。
- 输出数据的梯度所在的矩阵需要在周围做填充，padding 的值等于卷积核的维度减 1。在上面的例子中，padding=2。

这一步看似复杂的求解最终可以转化成一行伪代码，这样就完成了第二个视角的观察和对卷积层输入偏导数的求解。其中，residual_z 表示卷积层输出的梯度向量，rot180 表示将矩阵旋转 180° 的操作，residual_x 表示卷积层输入的梯度向量。

```
residual_x=conv2(padding(residual_z,kernel.shape() - 1), rot180(kernel))
```

下面介绍第三个视角和计算卷积层参数的梯度。和前面的方法类似，首先要重新整理运算关系，将参数参与的运算表示出来。从第三个视角观察的卷积操作如图 4.15 所示。

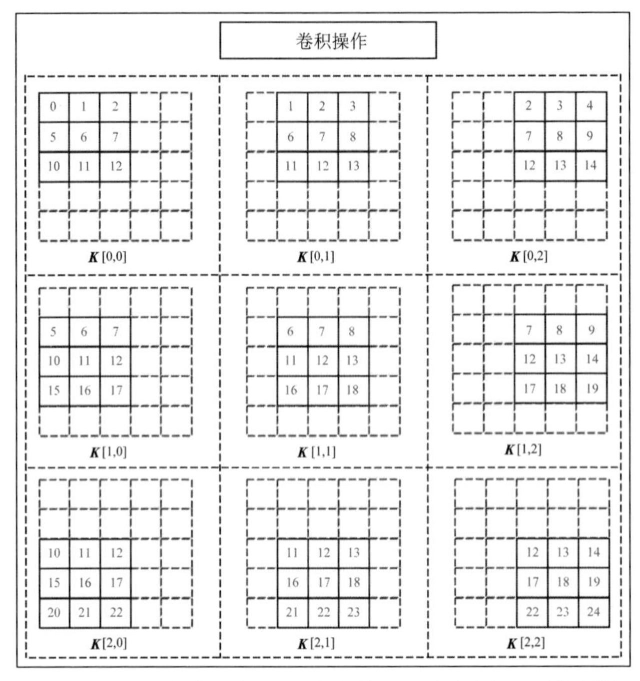

图 4.15 卷积操作视角 3：“卷积核—卷积结果—运算图像”

第三个视角的观察顺序是“卷积核—卷积结果—运算图像”。其中最外层框的维度是 3×3，里面的每一格都表示当前卷积核参数和图像数据参与的运算。格内实线矩阵表示计算结果，里面的数字代表输入图像的位置信息。从图 4.15 中可以看出，每个参数都参与了所有输出位置的运算。例如 $\boldsymbol{K}[0,0]$，它在卷积核的左上角，所以和它进行卷积运算的输入图像就是 9 个位置上的元素。

从上面的分析可以看出，这一次直接把输入数据和输出数据的梯度做卷积，就可以得到参数 w 的导数。其中，residual_w 表示卷积层参数的梯度向量。

```
residual_w=conv2(x,residual_z)
```

至此，卷积层反向计算的“实力派”解法就介绍完了。从上面的分析中可以看出，采用“实力派”解法，需要清晰地推导出下面三个图。

- 前向计算图：标有卷积核 id 的输入小图组成的输出大图。
- 下层 Loss：标有卷积核 id 的输出小图组成的输入大图。
- 本层 w 导数：标有输入 id 的输出小图组成的卷积核大图。

上面介绍的只是 stride=1, padding=0 的解法，相对来说，省略了对细节的考虑。如果把这些参数都加上，这种方法也是可以解的，只不过要复杂一些，这里就不做进一步的推导了，有志成为“实力派”的读者可以尝试进一步推导。但不管问题怎样变化，都离不开上面三个图的推导。熟练推导出三个图，能够让我们更深刻地理解卷积（相关）操作内部的过程，其带来的好处是非常多的。

4.3.2　“偶像派”解法

卷积层前向、反向计算推导涉及的数学知识并不多，但是想熟练掌握还需要多练习。如果读者不想把自己搞得这么痛苦，可以试试“偶像派”解法。

前面讲了卷积层的卷积运算属于线性部分，当然，它也就是线性运算了。既然是线性运算，那么能不能从源头入手，对输入图像做彻底的变换，使它的运算变成矩阵和卷积核向量相乘呢？当然可以，这就涉及“偶像派”解法的第一步——“整容”。没有一副好脸蛋，怎么走“偶像派”的路子？

“整容”的过程只需要改造第一个视角图——前向图。前向图中每一个小图都可以表示输入数据的一部分和卷积核做点积的过程。由于最终求出了 9 个结果值，也就有 9 个输入的部分数据和卷积核做了点积。基于这个思想，输入矩阵就可以变成类似于图 4.16 所示的样子。

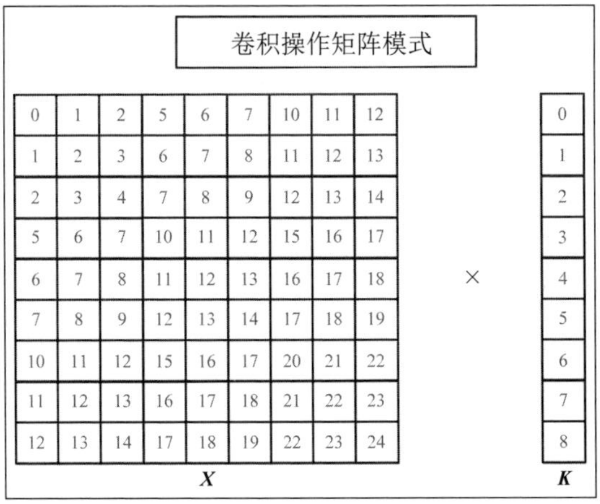

卷积操作矩阵模式

0	1	2	5	6	7	10	11	12			0
1	2	3	6	7	8	11	12	13			1
2	3	4	7	8	9	12	13	14			2
5	6	7	10	11	12	15	16	17			3
6	7	8	11	12	13	16	17	18		×	4
7	8	9	12	13	14	17	18	19			5
10	11	12	15	16	17	20	21	22			6
11	12	13	16	17	18	21	22	23			7
12	13	14	17	18	19	22	23	24			8

$\boldsymbol{X}$　　　　$\boldsymbol{K}$

图 4.16　矩阵形式的卷积操作

在完成变换后，前向、反向计算就都可以使用全连接层的算法了，全连接层的计算思路比卷积层更清晰。同样地，如果考虑了 padding 和 stride，那么实现变换的算法还是需要多一些细节考虑的。下面给出一段简单实现这部分功能的代码，可以生成图 4.16 所示的结果。

```
def img2col(img, k_sz):
    assert(img.shape[0] == img.shape[1])
    calc_sz = img.shape[0] - k_sz + 1
    ret = []
    for i in range(k_sz):
        for j in range(k_sz):
            ret.append(img[i:i+calc_sz,j:j+calc_sz].flatten())
    return np.vstack(ret)

img = np.arange(25).reshape([5,5])
print(img2col(img, 3))
```

至此，“偶像派”解法就介绍完了。和“实力派”解法比起来是不是很简单？了解了两种算法，读者自然会想到一个问题：那些开源的运算框架是如何实现卷积层的运算的呢？

基本上，开源框架都选择了“偶像派”解法，但这并不是因为其思路清晰、简单，而是因为矩阵乘法运算的效率非常有保障。卷积运算在实现过程中会因为缓存（Cache）友好性等问题导致性能较差，所以最终被淘汰。从上面的代码中可以感受到，从图像到运算矩阵变换的代码效率不会太高。虽然解放了大脑，但是这样写代码不见得能将速度提高多少。真正的卷积运算实现比前面介绍的复杂不少，与硬件搭配则更加复杂。感兴趣的读者可以了解 Winograd 算法，以及其他更多相关的内容。

4.4 ReLU

前面介绍了卷积层的线性部分，本节介绍非线性部分。在第 3 章中我们了解了两个非线性函数：

- Sigmoid
- Tanh

随着深度网络的发展，科研人员又发现了另一个非常好用的非线性函数，即 ReLU（Rectify Linear Unit）。其函数形式如下：

```
def relu(x): return x if x > 0 else 0
```

ReLU 函数的图形如图 4.17 所示。

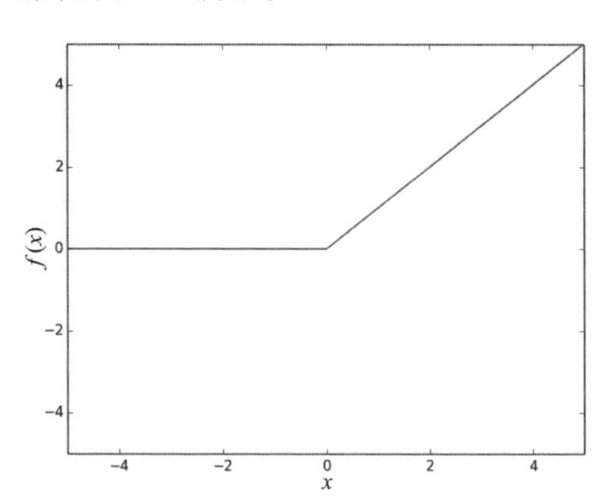

图 4.17　ReLU 函数的图形

与 Sigmoid 和 Tanh 这两个函数相比，ReLU 函数看上去十分简单，但它却是现在使用量最大的非线性函数。以它为基础，科研人员还研究出了一系列变形函数。既然 Sigmoid 和 Tanh 这两个函数已经被使用了很多年，为什么 ReLU 这个新函数还会有更好的表现呢?

4.4.1　梯度消失问题

梯度消失是深层模型中特有的问题，其中做得差的要数 Sigmoid 函数了。早期的神经网络主要是浅层神经网络，在反向传导的过程中，因为中间经过的网络层不多，所以从前面的网络回传的残差基本还算是“新鲜”的。随着深度学习的发展，网络层数不断加深，反向传导逐渐变成了一个“漫长”的过程。从最前端的目标函数损失开始向后传导，一路上会有各种各样的数据改变梯度的数量，等到了后面的网络“手”上，这些被加工后的残差有时会变得“面目全非”。

“面目全非”主要体现在数值的范围上。两个经典的非线性函数的求导公式如下：

Sigmoid：$\dfrac{\partial f(x)}{x}=f(x)(1-f(x))$，函数值的范围是 $(0,1)$。

Tanh：$\dfrac{\partial f(x)}{x}=1-f(x)^2$，函数值的范围是 $(-1,1)$。

这两个函数的导数图形如图 4.18 所示。

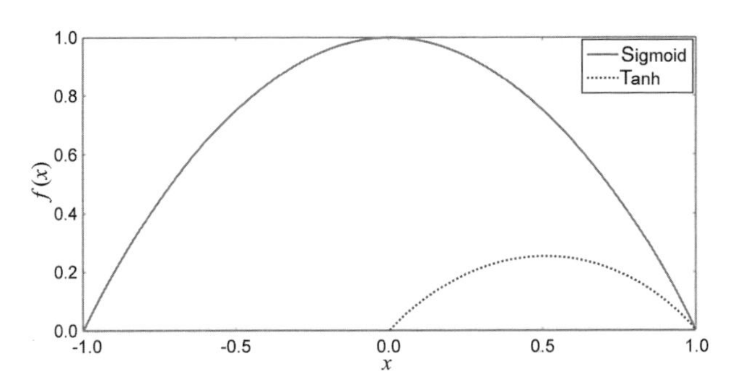

图 4.18 Sigmoid 函数与 Tanh 函数的导数图形

可以看出，Tanh 函数的导数数值虽然没有大于 1，但是靠近 0 的区域与 1 的差距不算明显；而 Sigmoid 函数就比较可怜了，其导数数值最大也就只有 0.25。从前面介绍反向计算的章节中我们知道，当导数数值通过非线性部分到达后面的线性部分时，非线性函数同样会改变它，图 4.18 中显示的数值就是其改变值。

这时 Sigmoid 函数的弱点就暴露出来了，因为它在最好的情况下也会把传递的导数数值除 4。对于浅层的网络，这点儿损失算不上什么，但对于深层的神经网络，这样的“打折”将会产生巨大的灾难——上层网络得到的梯度是比较大的，下层网络得到的梯度明显小很多，这很容易让深层网络无法发挥出其应有的效果。

4.4.2 ReLU 的理论支撑

除了解决梯度消失问题，ReLU 函数还具有其他特点，其中之一就是与 Sigmoid 函数和 Tanh 函数相比，它的计算比较简单。即使如此，实际上，ReLU 函数也有很强的理论支撑。曾经有科学家研究脑神经元接收信号的激活模型，并从中总结出一系列特点，经过研究发现一个名为 Softplus 的函数恰好拥有这些特点。

$$\text{Softplus}(x) = \log(1 + \mathrm{e}^x)$$

Softplus 函数和 ReLU 函数的图形对比如图 4.19 所示。

由于 Softplus 函数和 ReLU 函数函数非常相近，一般也可以认为它是 ReLU 函数的平滑版。更巧的是，Softplus 函数的导数函数刚好是 Sigmoid 函数。然而，相对来说，这个函数的计算量依然比较大，所以一般不会被使用。不过，它代表了激活函数的一个新方向：单边抑制，有更宽广的接受域（0, +∞），这和 Sigmoid 函数相比有很大的不同。

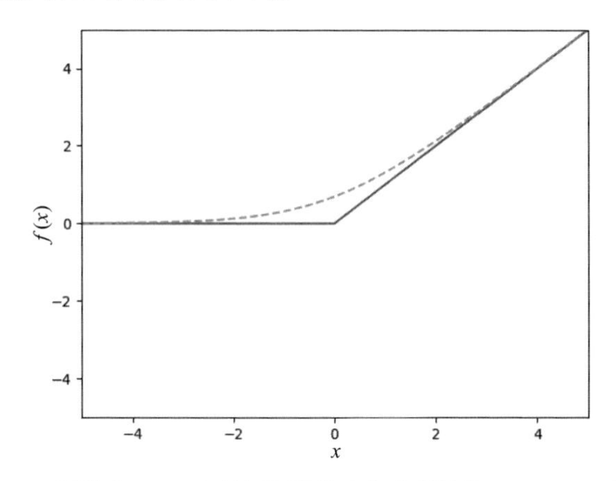

图 4.19　Softplus 函数和 ReLU 函数的图形对比（虚线为 Softplus，实线为 ReLU）

4.4.3　ReLU 的线性性质

作为一个非线性函数，实际上，ReLU 函数还具有其他非线性函数所不具备的线性性质，很多科研人员也都提到了这一点。因为它强行把小于 0 的部分截断，对于线性部分的输出来说，最终的结果就好像左乘一个非 0 即 1 的对角阵，如图 4.20 所示。

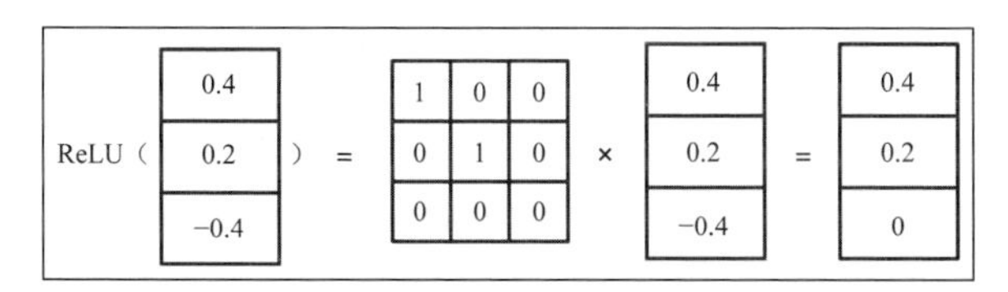

图 4.20　ReLU 函数可以被想象成线性变换的形式

这样看来，它也十分像一个线性层。在第 2 章中介绍全连接层的非线性部分时，曾经介绍过非线性部分的一大作用——打破线性关系，这一点 ReLU 函数是可以做到的。但它仍可以被看作一个线性操作，这对很多分析深层模型理论的科研人员来说实在是一个福音，因为线性操作的分析难度稍微简单一些。如果把非线性层的输入想象成高维空间的一个向量，那么 ReLU 函数就是完成一次向量的投影，舍弃了其中的负数部分。从这个角度来思考，深层神经网络的计算过程就变成了“线性变换—投影—线性变换—投影”这样不断循环的过程，在这样的框架下，相信深层模型的理论会更容易被研究清楚。

4.4.4 ReLU 的不足

虽然 ReLU 函数有很多优点，但是不可否认，它依然不是一个完美的非线性函数。下面简单介绍它在两个方面存在的问题。

首先，它的接受域过于宽广。Sigmoid 函数和 Tanh 函数会对输入数据的上界进行限制，而 ReLU 函数则完全不会，这就使模型在接受较大数据时会出现数据不稳定的情况。实际上，一些第三方函数库在实现上已经考虑了这个问题，它们也会对这个函数的上界进行限定——于是，一个叫作 ReLU6 的经验函数就诞生了：

$$f(x) = \min(6, \frac{|x| + x}{2})$$

更有一些网络，在 ReLU 函数前面加入了 Batch Normalization 这样的归一化层来弥补它的不足。总而言之，限定函数的范围对于计算是一件好事，它帮助我们解决了很多数值上的问题。关于这部分的问题，将在第 7 章中详细介绍。

其次，ReLU 函数的另一方面问题来自它的负数方向。对负数的完全抑制，使得它像 Sigmoid 函数一样促使很多神经元参数无法得到有效的更新，因为一旦 ReLU 函数的输入是负数，ReLU 函数就会将它置为 0，同时这个输入数据的梯度也将为 0，从这个数据出发的反向计算结果将全部为 0。随着训练过程的不断进行，如果这个现象一直得不到改变，那么这个数据就好像死掉了一样，这就是“**Dying ReLU problem**”的由来。为了解决这个问题，科研人员发明了一系列改进函数，如 Leaky ReLU 函数、pReLU 函数等。关于这些改进函数，这里就不赘述了。

4.5 Pooling 层

Pooling 层，也称**池化层**，是一种通过缩小空间维度来汇集信息的计算方式。比如 Max Pooling，它会从一个局部区域内取出数值最大的值作为代表保存下来。对于一个 2×2 的池化来说，如果输入是 $H\times W$，由于每个 2×2 区域被转换成 1×1 的值，那么输出结果为 $\frac{H}{2}\times\frac{W}{2}$。

Pooling 层的作用是什么呢？其中的一点就是从空间维度汇集信息，对于分类问题来说，由于最终要得到的是类别信息，需要从空间维度一步步汇集成有限的几个数值，单靠卷积层汇集信息是不够的，通过 Pooling 层能更快地汇集信息。

另外一点就是增强模型的鲁棒性，使模型能够处理更多情况下的数据。为了验证池化的效果，我们通过一个实验来进行说明。假设有一个 7×7 的输入数据，数据形式如下：

```
[[0, 0, 0, 0, 0, 0, 0],
 [0, 1, 0, 1, 0, 1, 0],
 [0, 0, 1, 1, 1, 0, 0],
 [0, 1, 1, 1, 1, 1, 0],
 [0, 0, 1, 1, 1, 0, 0],
 [0, 1, 0, 1, 0, 1, 0],
 [0, 0, 0, 0, 0, 0, 0]]
```

首先对其进行卷积操作。假设卷积核有4个，分别用于识别横向、纵向、主对角线和副对角线4个方向的特征。

```
[[0, 0, 0],
 [1, 1, 1],
 [0, 0, 0]]
[[0, 1, 0],
 [0, 1, 0],
 [0, 1, 0]]
[[1, 0, 0],
 [0, 1, 0],
 [0, 0, 1]]
[[0, 0, 1],
 [0, 1, 0],
 [1, 0, 0]]
```

经过卷积运算后，得到的结果为4个通道的输出：

```
[[[[1., 2., 1., 2., 1.],
   [1., 2., 3., 2., 1.],
   [2., 3., 3., 3., 2.],
   [1., 2., 3., 2., 1.],
   [1., 2., 1., 2., 1.]],
```

```
 [[1., 1., 2., 1., 1.],
  [2., 2., 3., 2., 2.],
  [1., 3., 3., 3., 1.],
  [2., 2., 3., 2., 2.],
  [1., 1., 2., 1., 1.]],

 [[2., 1., 2., 0., 1.],
  [1., 3., 2., 3., 0.],
  [2., 2., 3., 2., 2.],
  [0., 3., 2., 3., 1.],
  [1., 0., 2., 1., 2.]],

 [[1., 0., 2., 1., 2.],
  [0., 3., 2., 3., 1.],
  [2., 2., 3., 2., 2.],
  [1., 3., 2., 3., 0.],
  [2., 1., 2., 0., 1.]]]]
```

如果将输入数据中不为0的值向右向下移动一个像素，则可以得到如下输入：

```
[[0, 0, 0, 0, 0, 0, 0],
 [0, 0, 0, 0, 0, 0, 0],
 [0, 0, 1, 0, 1, 0, 1],
 [0, 0, 0, 1, 1, 1, 0],
 [0, 0, 1, 1, 1, 1, 1],
 [0, 0, 0, 1, 1, 1, 0],
 [0, 0, 1, 0, 1, 0, 1]]
```

对其再进行卷积操作，得到的结果为

```
[[[[0., 0., 0., 0., 0.],
   [1., 1., 2., 1., 2.],
   [0., 1., 2., 3., 2.],
   [1., 2., 3., 3., 3.],
   [0., 1., 2., 3., 2.]],

[[0., 1., 0., 1., 0.],
 [0., 1., 1., 2., 1.],
 [0., 2., 2., 3., 2.],
 [0., 1., 3., 3., 3.],
 [0., 2., 2., 3., 2.]],
```

```
[[1., 0., 1., 0., 1.],
 [0., 2., 1., 2., 0.],
 [1., 1., 3., 2., 3.],
 [0., 2., 2., 3., 2.],
 [1., 0., 3., 2., 3.]],

[[0., 0., 1., 0., 1.],
 [0., 1., 0., 2., 1.],
 [1., 0., 3., 2., 3.],
 [0., 2., 2., 3., 2.],
 [1., 1., 3., 2., 3.]]]]
```

可以看出，将输出的有效像素平移之后，得到的结果也做了平移，如果将所有的数据以向量的形式展开，就会发现平移后的特征发生了错位，这在后面的计算中特征会变得难以学习。为了解决这个问题，可以使用 Max Pooling 层，将其中与卷积核最适配的信息保存下来，同时减小空间维度。计算完成后，两个输入对应的结果为

```
[[[[2., 3.],
   [3., 3.]],
   [[2., 3.],
   [3., 3.]],
   [[3., 3.],
   [3., 3.]],
   [[3., 3.],
   [3., 3.]]]]

[[[[1., 2.],
   [2., 3.]],
   [[1., 2.],
   [2., 3.]],
   [[2., 2.],
   [2., 3.]],
   [[1., 2.],
   [2., 3.]]]]
```

可以看出，经过 Pooling 层计算后的结果使得二者在数值上接近了不少。在实际的模型训练过程中，通常会将卷积操作和池化操作融合起来使用。

4.6 卷积神经网络实验

本节将使用前面介绍的知识进行手写数字识别的模型训练。这里使用LeNet模型进行训练，对应的模型代码如下：

```
class Net(nn.Module):
    def __init__(self):
        super(Net, self).__init__()
        self.conv1 = nn.Conv2d(1, 32, 5)
        self.conv2 = nn.Conv2d(32, 64, 5)
        self.pool1 = nn.MaxPool2d(2)
        self.pool2 = nn.MaxPool2d(2)
        self.fc1 = nn.Linear(64*4*4, 512)
        self.fc2 = nn.Linear(512, 10)

    def forward(self, x):
        x = self.conv1(x)
        x = F.relu(x)
        x = self.pool1(x)
        x = self.conv2(x)
        x = F.relu(x)
        x = self.pool2(x)
        batch_size = x.shape[0]
        x = x.view([batch_size, -1])
        x = self.fc1(x)
        x = F.relu(x)
        x = self.fc2(x)
        return F.log_softmax(x)
```

从代码结构上可以看出，一共使用了4个有参数的网络层，其中两个为卷积层，两个为全连接层。模型的非线性层为ReLU，在卷积层的后面接了Max Pooling层。经过训练，最终模型在训练集上的精度为99.91%，在测试集上的精度为99.08%。可以看出，这个模型的效果与第3章中的模型相比有了显著的提升。

我们对训练得到的模型进行一定的分析，以其中一张输入数据图像为例，如图4.21所示。

经过第一层卷积—ReLU—池化计算后的输出图像如图4.22所示。图像的每一行有4个通道特征图，一共有8行，总共有32个特征图，特征图之间由灰色的像素相隔。每个特征图的大小为 12×12。从图中可以看出，输出结果和原图还是比较相近的，只不过每一个图呈现出的效果有所不同。

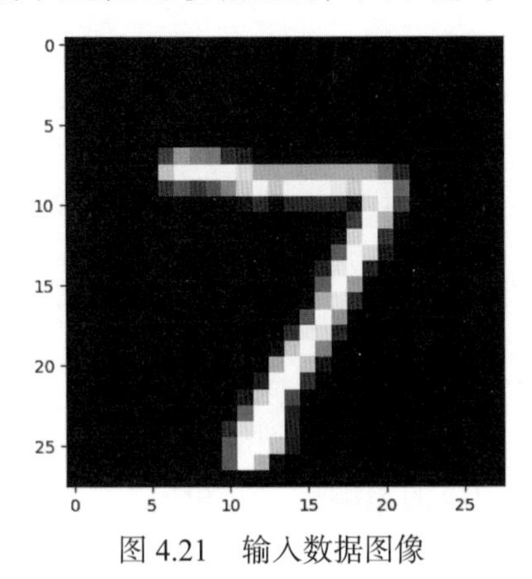

图 4.21　输入数据图像

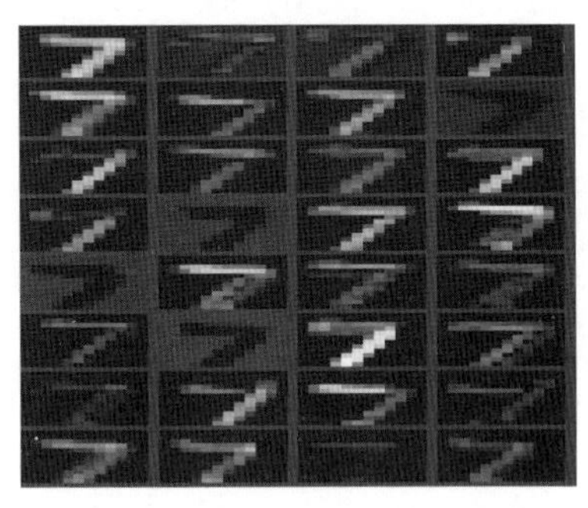

图 4.22　第一层网络输出图像

经过第二层卷积—ReLU—池化计算后的输出图像如图 4.23 所示。图像的每一行有 8 个通道特征图，一共有 8 行，总共有 64 个特征图，特征图之间由灰色的像素相隔。每个特征图的大小为 4×4。此时，每一个通道的数值已经很难被辨认，它们似乎是数字的某一部分笔画，但实际上每一个通道都有着自己的含义。

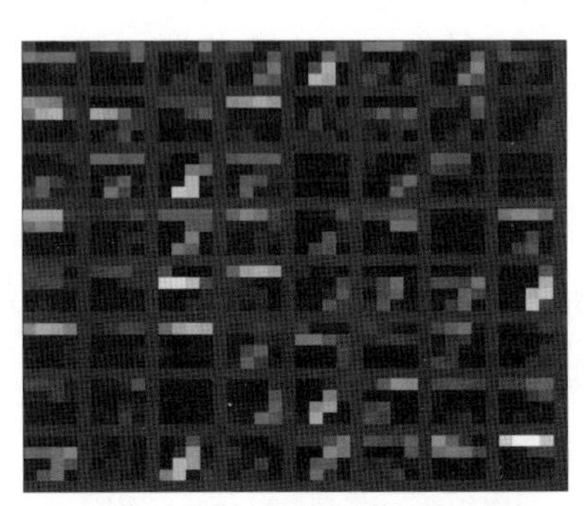

图 4.23　第二层网络输出图像

可以看出，从不同的通道得到的信息有所不同。想要了解模型的表现，除了通过上面的方法分析网络的中间结果，还可以通过其他方法进行分析（在后面的章节中会进一步介绍）。

4.7 卷积神经网络的感受野

经过前面的介绍，我们已经对卷积层、Pooling 层有了一定的了解。卷积神经网络可以说是深度学习中最重要的结构之一，它通过结构化强调特征的局部相关性，使得特征可以逐步从细节中提取，并结合其他的网络层融合到更高层的网络结构中。不同于全连接层将所有的特征无差别、无约束地纳入考虑中，卷积层采用了层层递进的方式产生特征，在实验中也得到了证实，卷积神经网络的效果确实给人带来了惊喜。

但卷积神经网络带来的复杂性也使得科研人员对模型的分析研究工作变得十分困难，其中一个研究的方向就是卷积层的影响力，卷积层是否能有效地处理每一个位置的特征呢？这就涉及一个知识点——卷积网络的**感受野**（Receptive Field）。

4.7.1 感受野的计算

感受野可以被认为是网络为了得到一个像素的结果而参考的图像空间区域。我们知道，一个维度为（3, 3）的卷积核可以将附近 3×3 区域的特征囊括其中，对于这个卷积操作来说，它的感受野就是 3×3。如果这时在前面的卷积层后面再加入一个（3, 3）的卷积核，那么每一个输出结果包含了多大区域的输入特征信息呢？读者稍微思考就能回答出来，是 5×5。理由是，在第一层卷积操作时，每一个像素都得到了附近 3×3 区域的信息，那么在下一层卷积操作时，每一个像素的计算都可以继承 3×3 邻域的信息，叠加起来就是 5×5。对应的计算过程如图 4.24 所示。

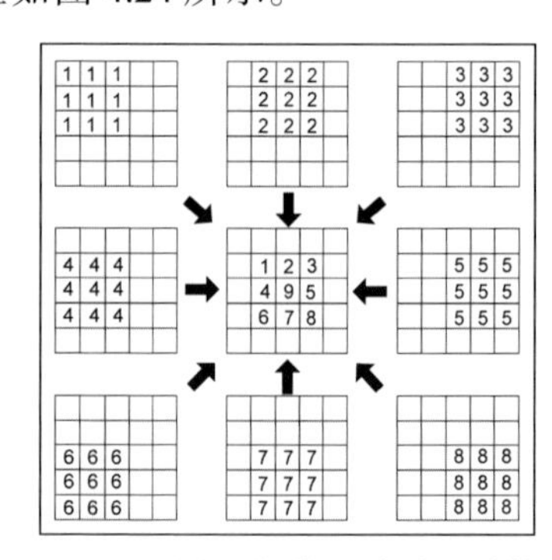

图 4.24 两层卷积操作的感受野计算过程

对于这样简单的网络来说，计算感受野并不难，但是一旦加入了 Max Pooling 层和带有 stride 的卷积层，计算过程就变得复杂起来。以 VGG 网络（将在第 8 章中详细介绍）为例，这里直接给出 VGG-16 网络前三个模块的结构，如表 4.1 所示。

表 4.1　VGG-16 网络前三个模块的结构

输　入	3 × 224 × 224
Stage1	Conv3-64,Conv3-64 Maxpool2 × 2
Stage2	Conv3-128,Conv3-128 Maxpool2 × 2
Stage3	Conv3-256,Conv3-256,Conv3-256 Maxpool2 × 2

表中每一个 Conv 表示一个 3 × 3 的卷积层加一个 ReLU 层，后面跟着的数字表示输出的通道数。接下来计算这一部分网络模型的感受野，因为加入了 Max Pooling 层，实际上，此时的问题变得复杂了。由于相邻像素之间存在共享的感受野，一个（2, 2）的最大池化操作并不等于将感受野扩大 2 倍。举一个例子，如果在一个（3, 3）的卷积操作之后加入了（2, 2）的最大池化操作，那么实际的感受野是 4 × 4，而不是 6 × 6。对应的计算过程如图 4.25 所示。

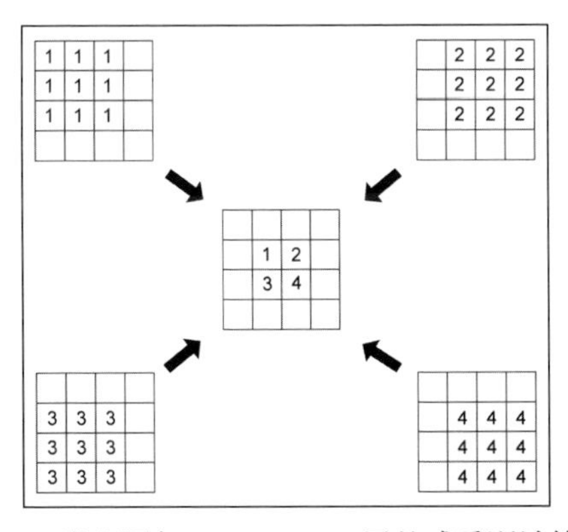

图 4.25　卷积层加 Max Pooling 层的感受野计算过程

实际上，由于相邻像素之间存在共享的感受野，从前往后计算感受野本来就是一件比较困难的事情，为了简化问题，这里将提供一个相对好理解的方法，那就是反向计算法。

从输出结果开始推导，要计算最终输出的 1×1 像素对应的感受野，就将输出维度设置为（1, 1），此时退回到倒数第二层，为了得到这个结果，Max Pooling 层的输入维度为（2, 2）。再往上看，Stage3 是三个卷积层，使用相同的方法倒着推导，可以得到 Stage3 的输入维度为（8, 8），如图 4.26 所示。

接着往上看，可以知道接下来的 Max Pooling 层的输入维度为（16, 16）。对应地，往上计算，Stage2 的输入维度为（20, 20），如图 4.27 所示。

最后使用类似的计算方法，得到 Stage1 的输入维度为（44, 44），这样就得到了网络的感受野 44×44，如图 4.28 所示。

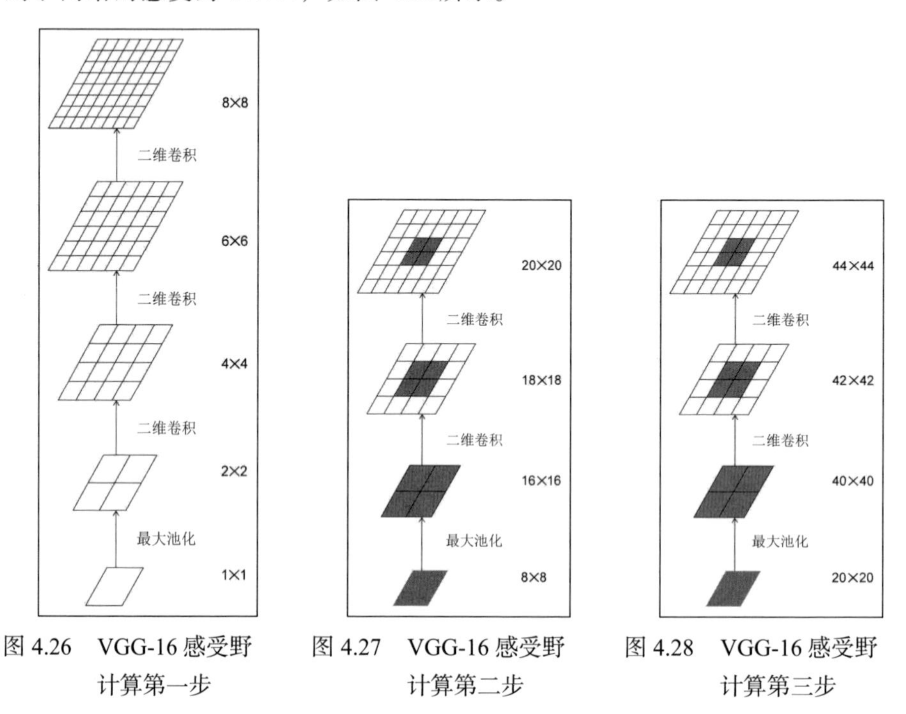

图 4.26　VGG-16 感受野计算第一步　　图 4.27　VGG-16 感受野计算第二步　　图 4.28　VGG-16 感受野计算第三步

4.7.2　有效的感受野

前面讨论了感受野的大小，下面介绍感受野的“质量”。从卷积神经网络的结构可以很清楚地知道，每一个原始像素特征对最终提取特征的贡献是不同的，位于图像中心的像素特征会参与附近所有的卷积计算，并且计算后的特征还会进一步扩散到外部，产生更大的“影响力”；而位于图像边缘的像素的重要性较低，它们只会被少数的卷积核计算，扩散的速度自然和中心没法比。基于这样的考虑，我们就可以对感受野内每一个像素的“贡献量”进行定量分析，想办法衡量每一个像素对最终特征结果的“贡献量”。

在论文 *Understanding the Effective Receptive Field in Deep Convolutional Networks*[2] 中，衡量每一个像素“贡献量”的方法是计算损失函数到这个像素的偏导数。从理论上讲，这个方法是可行的，同时也比较容易计算。如果一个像素位置对应的偏导数大，那么它的影响力也会更大一些；反过来说，如果一个像素位置对应的偏导数小，那么它的影响力也就比较小。但实际上影响偏导数的不只像素位置一个因素，对于一个训练完成的网络模型来说，像素本身的特征对它的影响才是最大的。所以，在这个实验中，要弱化这些因素，才能把像素位置这个特征的作用突出出来。

接下来以此展开实验，主要围绕以下几个要点：使用特殊的网络参数、使用随机的网络参数，以及使用加入非线性层的网络。

实验 4-1

在这个实验中，要构建一个 N 层的卷积神经网络，其中的设定如下：

- 每个神经网络的卷积核维度都为（3, 3），输入和输出的通道数均为 1，padding 值为 1，忽略偏置项，同时忽略非线性层。所有卷积层的参数都被初始化为 1.0，这里称之为一致权重。
- 模型的输入是一个和感受野大小一致且通道数为 1 的特征图像，输出与输入的大小相同。
- 模型的损失函数对输出的偏导数与输出图像维度一致，其中中心像素点的值为 1.0，其余的值为 0.0。

这个实验的核心代码如下：

```
class Model(nn.Module):
    def __init__(self, n):
        super(Model, self).__init__()
        self.model = nn.Sequential()
        for i in range(n):
            conv = nn.Conv2d(1, 1, 3, padding=1, bias=False)
            conv.weight.data.fill_(1.0)
            self.model.add_module('conv{}'.format(i), conv)

    def forward(self, x):
        x = self.model(x)
        return x
```

```
layer = 5
scale = 2 * layer + 1
in_data = torch.rand(1, 1, scale, scale, dtype=torch.float,requires_grad=
True)
model = Model(layer)
out_data = model(in_data)
loss = torch.zeros(1,1,scale,scale, dtype=torch.float)
loss[0,0,layer,layer]= 1.0
out_data.backward(loss,retain_graph=True)
plt.imshow(in_data.grad.data[0,0], cmap='gray')
```

PyTorch 知识点：可以直接使用 Tensor.backward(loss) 来进行反向计算，其中的 loss 为损失函数对当前 Tensor 的偏导数。

从代码中可以看出，模型层数为 5，输入的特征图维度为（11, 11），输入数据是随机初始化得到的。当得到了最终的结果后，将特征以灰度图的形式绘制出来，对应的图像如图 4.29 所示。

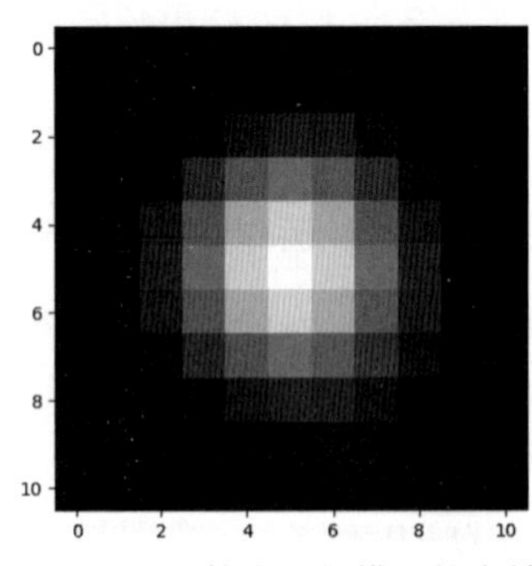

图 4.29　一致权重、层数为 5 的模型的有效感受野图像

从图 4.29 中可以明显地看出，图像的中心区域对损失函数的影响是最大的。其中最大值为 2601，最小值仅为 1，从数值上更可以看出中心区域和边缘区域对模型判别的重要性。

接下来继续进行实验，先扩大感受野的范围，看看 10 层、20 层和 40 层网络的实验效果，对应的图像分别如图 4.30、图 4.31 和图 4.32 所示。

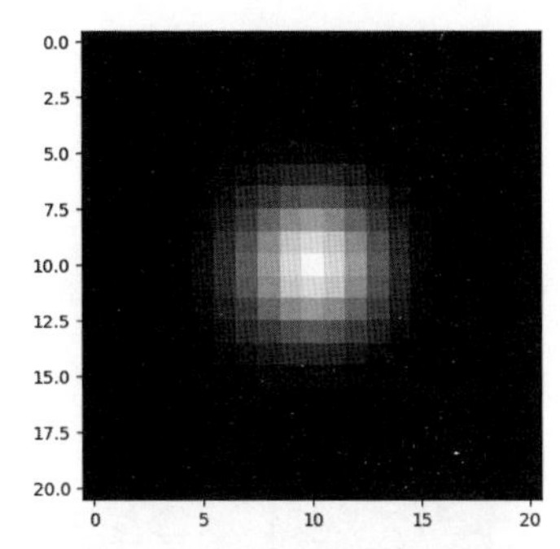

图 4.30　一致权重、层数为 10 的模型的有效感受野图像

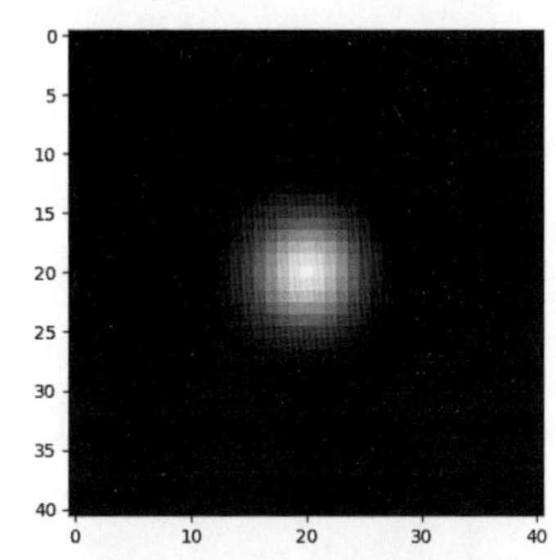

图 4.31　一致权重、层数为 20 的模型的有效感受野图像

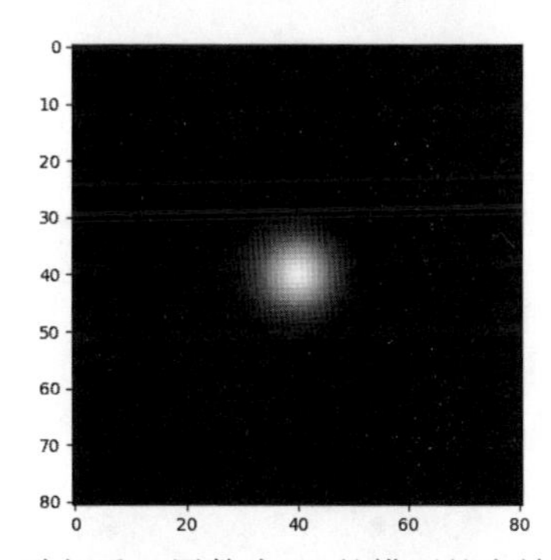

图 4.32　一致权重、层数为 40 的模型的有效感受野图像

10 层、20 层和 40 层网络的感受野计算结果如表 4.2 所示。

表 4.2　感受野计算结果

	10 层	**20 层**	**40 层**
最大值	$\approx 8 \times 10^8$	$\approx 1 \times 10^{17}$	$\approx 8.7392 \times 10^{35}$
最小值	1	1	1

从上面的实验可以看出，随着模型的层数不断增加，有效的感受野越集中在中心区域，周围的特征越显得不那么重要。

实验 4-2

在这个实验中，将修改实验4-1中的参数：权重的初始化方法，使用模型默认的初始化方法（此方法将在第5章中介绍）。对应的图像分别如图4.33至图4.36所示。

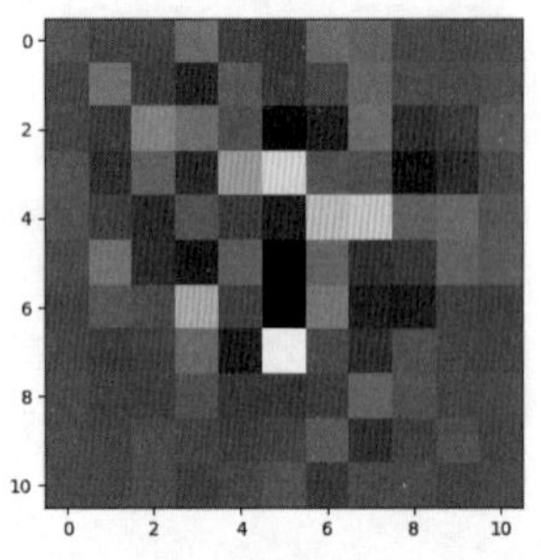

图 4.33　随机权重、层数为 5 的模型的有效感受野图像

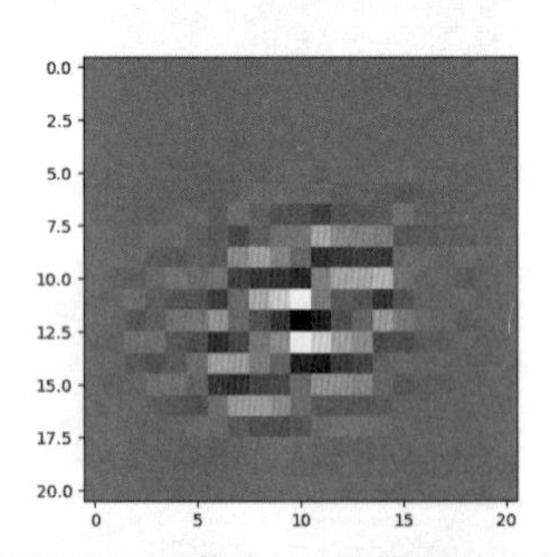

图 4.34　随机权重、层数为 10 的模型的有效感受野图像

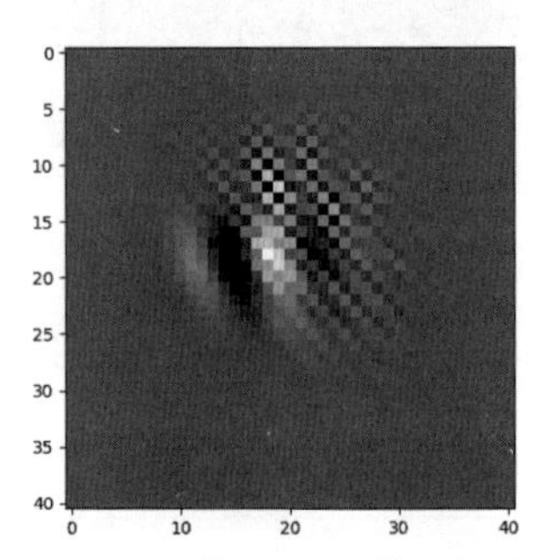

图 4.35　随机权重、层数为 20 的模型的有效感受野图像

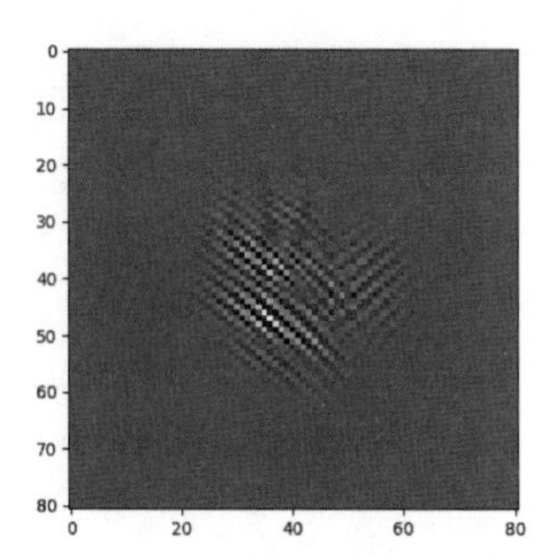

图 4.36　随机权重、层数为 40 的模型的有效感受野图像

使用随机参数后，我们发现，虽然中心点不再是数值最大的区域，但是整体上仍然可以观察到中心区域的数值明显高于或低于四周区域。可见，中心区域明显比四周区域更重要。

实验 4-3

这一次，在实验 4-2 的基础上，在每一个卷积层的后面加上一个非线性的 ReLU 层，看看非线性层对模型的影响。对应的图像分别如图 4.37 至图 4.40 所示。

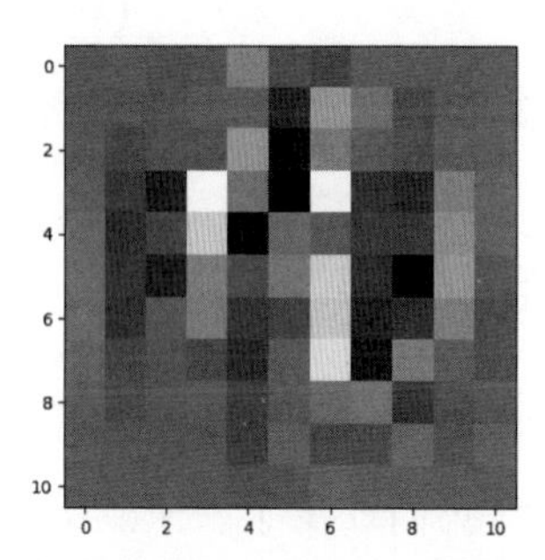

图 4.37　随机权重、加非线性层、层数为 5 的模型的有效感受野图像

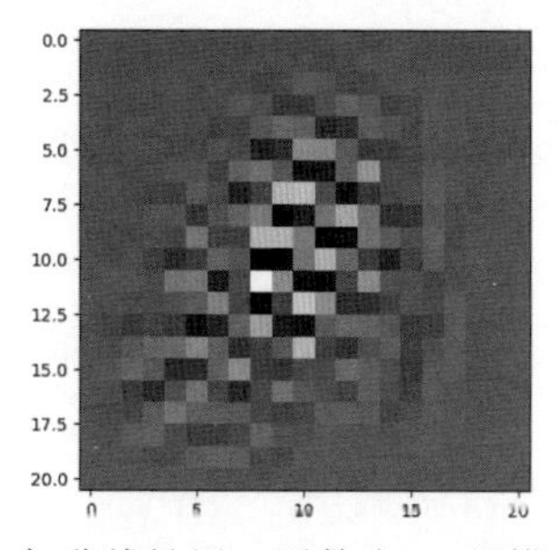

图 4.38　随机权重、加非线性层、层数为 10 的模型的有效感受野图像

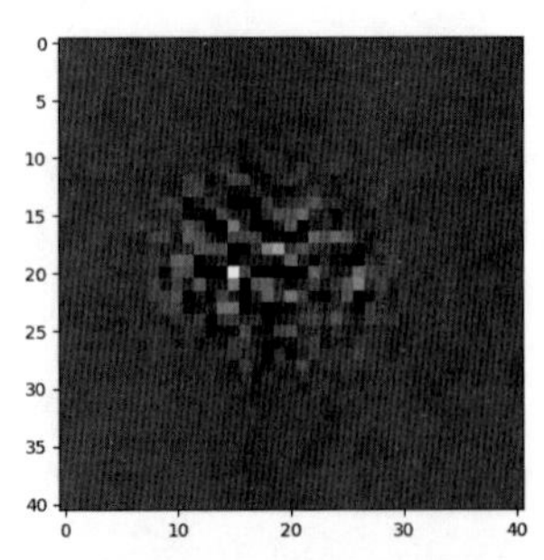

图 4.39　随机权重、加非线性层、层数为 20 的模型的有效感受野图像

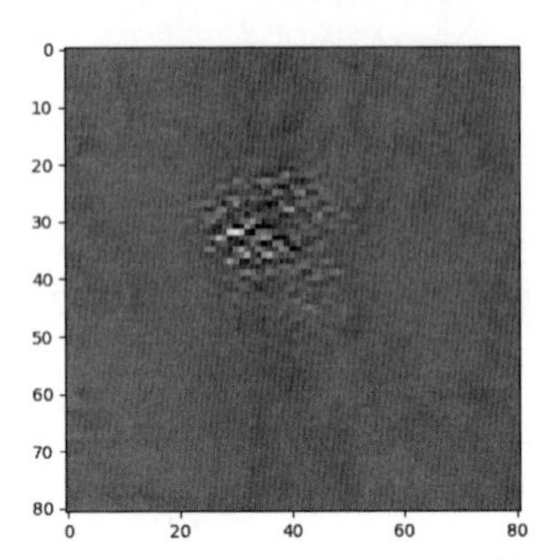

图 4.40　随机权重、加非线性层、层数为 40 的模型的有效感受野图像

可以看出，这四张图像与实验 4-2 的结果类似，唯一有所区别的是有效感受野的区域又相对变小了一些。

通过上面的实验，相信读者已经对感受野和有效感受野有了一定的认识。在该论文中，论文作者做了一系列公式推导，最终得出有效感受野的维度大小和理论感受野的数值开根号近似的结论，在实验中也可以看出这个关系确实有一定的可信度。这也为我们提出了一个新的难题：在实际训练中，我们希望模型的有效感受野能够扩大，从而和理论感受野相匹配。这一点在一些图像检测和分割类任务中有着十分重要的作用。那么，有什么办法能做到这一点呢？前面提到了最大池化操作，这种方法能够在一定程度上扩大感受野；除此之外，stride 大于 1 的卷积和**膨胀卷积**（Dilated Convolution）也能达到想要的效果。

4.8　总结与提问

本章介绍了卷积操作和卷积神经网络，并介绍了使用 PyTorch 构建模型的方法。请读者回答与本章内容有关的问题：

（1）卷积操作是如何计算的？它实现了什么样的功能？

（2）卷积操作的原理是什么？什么样的数据适合使用卷积操作？

（3）卷积操作的反向计算是怎样的？

（4）ReLU 的计算原理是什么？作为一个非线性层，它的优势是什么？

（5）Max Pooling 层的作用是什么？

（6）卷积神经网络的感受野指的是什么？如何计算？

参考文献

[1] Lecun Y, Bottou L, Bengio Y, et al. Gradient-based learning applied to document recognition[J]. Proceedings of the IEEE, 1998, 86(11): 2278-2324.

[2] Luo W, Li Y, Urtasun R, et al. Understanding the Effective Receptive Field in Deep Convolutional Networks[C]// Advances in neural information processing systems. 2016: 4898-4906.

第 5 章

网络初始化

前面的章节介绍了神经网络的一些核心网络层——全连接层、卷积层、非线性层和 Pooling 层，也尝试解决了异或问题和手写数字识别问题。本章关注网络模型中与优化相关的部分，其中包括网络初始化，研究参数初始化与模型训练的关系，并分析训练数据初始化的方法。

本章的组织结构是：5.1 节和 5.2 节介绍与初始化相关的实验；5.3 节和 5.4 节介绍两种初始化方法；5.5 节介绍数据的初始化。

5.1 错误的初始化

实际上，模型参数的初始化对模型最终的表现起着很大的作用。一个良好的初始化参数可以让模型快速地学到想要的效果，而一个不好的初始化参数则会让模型陷入无效的训练过程中。下面介绍神经网络中的一个“小陷阱”，虽然这个小陷阱一般不会遇到，但了解它还是十分有意义的。现在回到第 2 章介绍的异或问题上，并使用在第 2 章中实现的网络训练框架，让我们一起来看看如果把所有的参数初始化为 0，模型会有什么样的奇怪表现。代码如下：

```
X = np.array([[0, 0], [0, 1], [1, 0], [1, 1]]).T
y = np.array([[0],[0],[0],[1]]).T

net = Net(2,4,1,0.1)
net.fc1.w.fill(0)
net.fc2.w.fill(0)
net.train(X,y)
print "=== w1 ==="
print net.fc1.w
print "=== w2 ==="
print net.fc2.w
```

训练结果如下：

```
=== Final ===
X=[[0 0 1 1]
   [0 1 0 1]]
t=[[0 0 0 1]]
y=[[  3.224e-04   2.223e-02   2.223e-02   9.577e-01]]
=== w1 ===
[[-2.490 -2.490 -2.490 -2.490]
 [-2.490 -2.490 -2.490 -2.490]]
=== w2 ===
[[-3.373]
 [-3.373]
 [-3.373]
 [-3.373]]
```

从训练结果来看，模型的预测结果和理想结果的差距也不算大。但令人惊讶的是，训练完成后，每一层参数的数值都是完全相同的，经过10 000轮训练，它们之间竟然没有任何不同。从这个例子可以看出，如果把模型的参数初始化为0，训练后模型实际上会有退化的现象发生，所有参数的数值完全一样，这样起不到使模型从多个“角度”分析的效果。

那么，是不是只有将参数初始化为0才会发生这种现象呢？如果把参数初始化为不为0的某个值，结果如何呢？代码如下：

```
X = np.array([[0, 0], [0, 1], [1, 0], [1, 1]]).T
y = np.array([[0],[0],[0],[1]]).T

net = Net(2,4,1,0.1)
net.fc1.w.fill(1)
net.fc2.w.fill(0)
net.train(X,y)
print "=== w1 ==="
print net.fc1.w
print "=== w2 ==="
print net.fc2.w
```

训练结果如下：

```
=== Final ===
X=[[0 0 1 1]
   [0 1 0 1]]
t=[[0 0 0 1]]
```

```
y=[[ 0.004  0.028  0.028  0.969]]
=== w1 ===
[[ 2.482  2.482  2.482  2.482]
 [ 2.482  2.482  2.482  2.482]]
=== w2 ===
[[ 3.231]
 [ 3.231]
 [ 3.231]
 [ 3.231]]
```

虽然训练结果不错，但每一层参数的数值依然完全相同。看来这和将参数初始化为 0 没有关系，只要初始化时把所有参数设置成相同的值，就无法训练出不同的数值。这是为什么呢？想要解释这个问题，就从上面的例子入手，对它做一遍完整的推演，来了解模型内部的计算过程，将优化第一轮迭代的中间结果完整地输出，就可以看出其中的奥秘。首先输出第一层前向计算的结果 top_val：

```
top_val=
[[ 0.5  0.731  0.731  0.880]
 [ 0.5  0.731  0.731  0.880]
 [ 0.5  0.731  0.731  0.880]
 [ 0.5  0.731  0.731  0.880]]
```

由于参数值完全一样，从几个“观察角度”观察，每一组数据计算出来的结果都是一样的，每一组数据输出的每一维都是一样的。

接下来输出第二层前向计算的结果 top_val，也就是模型输出结果：

```
top_val=
[[ 0.5  0.5  0.5  0.5]]
```

下面进行反向计算。首先输出第二层的两个中间结果——residual_z 和 grad_w：

```
residual_z=
[[ 0.125  0.125  0.125 -0.125]]
grad_w=
[[ 0.135]
 [ 0.135]
 [ 0.135]
 [ 0.135]]
residual_x=
```

```
[[-0.001 -0.001 -0.001  0.001]
 [-0.001 -0.001 -0.001  0.001]
 [-0.001 -0.001 -0.001  0.001]
 [-0.001 -0.001 -0.001  0.001]]
```

可以看到，虽然residual_z，也就是Loss对这一层线性输出的梯度不同，但是根据反向传播的公式，参数和输入的梯度又变得完全相同。其中，grad_w是第二层top_val和residual_z转置相乘的结果。可以看出，因为第一层的top_val每一行完全相同，所以，它们与同一列相乘的结果也就完全相同。同理，还有residual_x。

接下来输出第一层的结果：

```
residual_z=
[[-0.0004 -0.0003 -0.0003  0.0001]
 [-0.0004 -0.0003 -0.0003  0.0001]
 [-0.0004 -0.0003 -0.0003  0.0001]
 [-0.0004 -0.0003 -0.0003  0.0001]]
grad_w=
[[-0.0001 -0.0001 -0.0001 -0.0001]
 [-0.0001 -0.0001 -0.0001 -0.0001]]
residual_x=
[[-0.0016 -0.0013 -0.0013  0.0007]
 [-0.0016 -0.0013 -0.0013  0.0007]]
```

可以看到，每一行的值完全相同。通过对这一轮迭代的分析，相信读者已经发现其中的问题，这里就不对后面的迭代进行分析了。总体来说，相同的参数会导致相同的中间结果，同时会产生相同的参数更新量。对于神经网络来说，这相当于网络的退化——本来可以从很多角度分析汇总数据，现在只能从一个角度分析了。为了打破这样的局面，必须采取一些手段不让参数相同，例如随机初始化；否则，就会发生模型退化的事情。幸运的是，现在的开源框架都默认提供了随机生成初始参数的方法，也就基本不会发生这样的事情了。

5.2 关于数值的初始化实验

5.1节介绍了将参数初始化为0时模型训练会出现的问题，本节将分析非线性函数、参数初始化与模型数值的关系。我们将继续使用 LeNet 和 MNIST 数据集进行实验。前面的章节介绍过三个非线性函数——Sigmoid、Tanh 和 ReLU。相比于 Sigmoid 函数，ReLU 函数的优势如下。

- Sigmoid 函数整体的梯度值偏小，在反向传导的过程中会使梯度的幅度不断变小甚至消失；ReLU 函数的梯度对正向的接受域比较友好，不会损失反向回传的梯度值。
- Sigmoid 函数存在较严重的梯度消失问题：如果非线性函数的输出接近 0 或者 1，那么 Sigmoid 函数的梯度值会接近 0，反向传播的梯度传导到这里与 Sigmoid 函数的梯度相乘后结果也会接近 0，于是梯度到这里就消失了。ReLU 函数对负数的输出同样存在这样的问题，但是在正数输出方面表现得比较好。

基于这两个优势，ReLU 非线性函数在深度网络前向、反向计算的传递性方面效果更好，对于 CNN 这样层数比较多的网络，ReLU 函数更能保证梯度信息的高质量传递。

但是，ReLU 函数也存在着一定的问题，下面通过三个实验介绍 ReLU 函数过宽的接受域给参数数值带来的挑战。实验的数据集为 MNIST，模型和第 4 章中使用的模型相同，但这里更关注细节内容，比如关注下面的变化信息。

- 卷积层和全连接层的输出数据随优化变化的情况。
- 卷积层和全连接层的参数数值随优化变化的情况。
- 卷积层和全连接层的参数梯度随优化变化的情况。
- 所有参数的数值、梯度的 L1 和 L2 范数随优化变化的情况。

5.2.1 第一个 ReLU 数值实验

第一个实验用到的非线性函数为 ReLU，经过 10 000 轮迭代，最终的测试集精度为 0.991。下面给出由训练中生成的日志完成的变化图。

首先是输出数据的变化情况，如图 5.1 所示。图中仅展示了需要进行参数训练的四个模型层的信息：两个卷积层 conv1、conv2；两个全连接层 ip1、ip2。

可以看出，除一开始的数值波动外，在后面的迭代中数值的整体表现比较稳定，稳中有升，没有特别大的振荡。

其次是参数数值的变化情况，如图 5.2 所示。

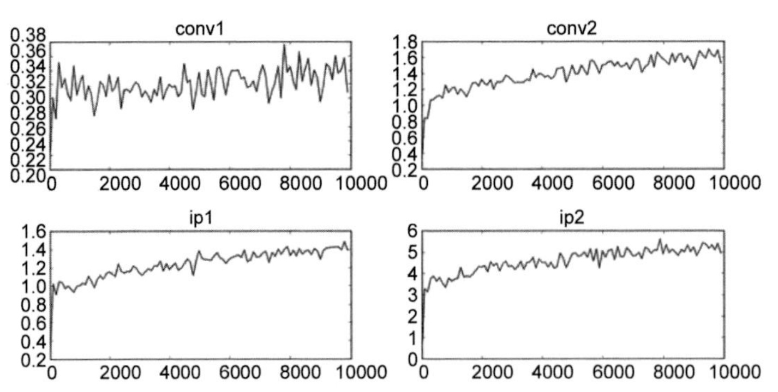

图 5.1　第一个实验中四个模型层输出数据的变化情况（横轴表示训练迭代的轮数，纵轴表示对应变量的 L1 范数）

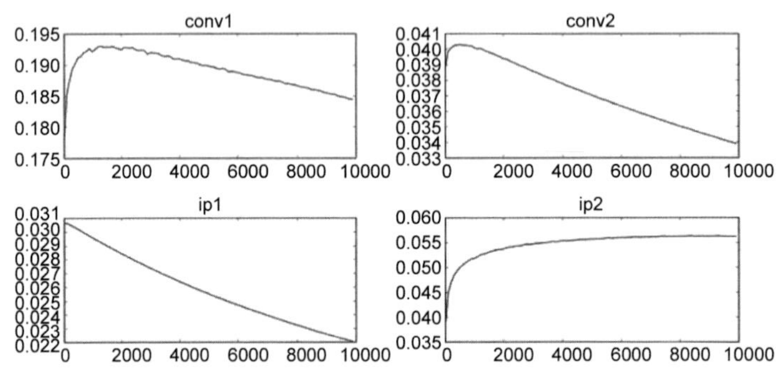

图 5.2　第一个实验中四个模型层参数数值的变化情况（坐标轴含义同图 5.1，下同）

可以看出，参数的整体表现不算稳定，不过考虑到数据的绝对改变量不大，所以这个变动还可以理解。

接下来是参数梯度的变化情况，如图 5.3 所示。

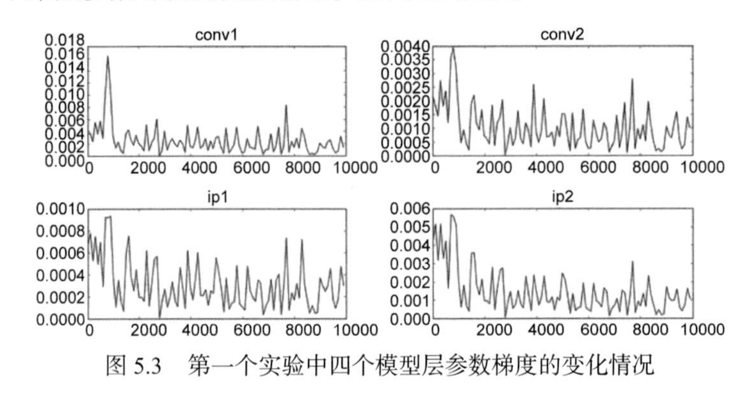

图 5.3　第一个实验中四个模型层参数梯度的变化情况

可以看出，梯度在数值上的表现也比较稳定，基本上处于一个小的区间之中，图中出现的抖动也在合理的范围内。

最后是全体参数的数值、梯度的 L1 和 L2 范数的变化情况，如图 5.4 所示。

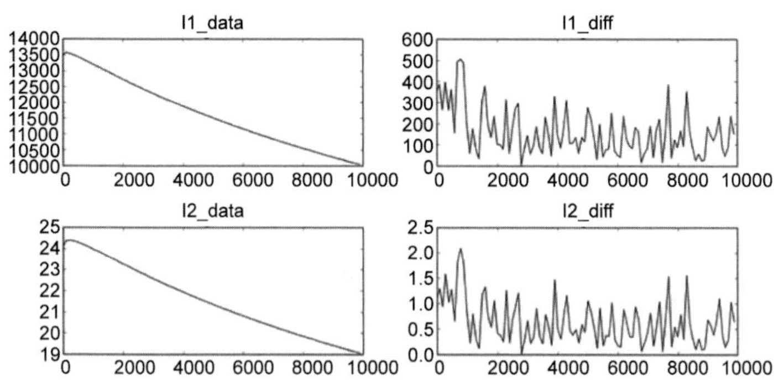

图 5.4　第一个实验中四个模型层参数的总体数值、梯度的 L1 和 L2 范数的变化情况

这些数值和前面各层的表现基本一致。总体来说，各层输出和参数的梯度数值没有太大的波动，保持在一个稳定的幅度上，所以整体的数值比较稳定，最终模型的表现也十分不错。

5.2.2　第二个 ReLU 数值实验

上面介绍的是成功案例，本节介绍一个失败案例。当然，这个失败案例一般不会在实际中出现，这里只用于展示一个极端的效果，但这个效果也足以说明一些问题。这个实验不修改网络结构，只修改四个核心网络层（conv1、conv2、ip1、ip2）的参数初始化方法。我们将对所有的参数使用均值为 0、方差为 1 的高斯分布进行采样初始化。

由于前面的铺垫，读者一定会觉得这个模型的效果会很差。当 10 000 轮训练结束后，最终的精度仅为 0.1135。要知道 MNIST 中一共只有 10 个数字，随机猜测也可以达到 0.1 的精度。这个模型采用了比较复杂的网络结构，却因为使用了不好用的参数初始化方法，导致结果只比猜测稍微好一点，实在是太不应该了。这件事情非常值得认真思考。

那么，这个失败的模型在数值上的表现是怎样的呢？直接来看四张图，分别展示各模型层的输出数据、参数数值、参数梯度，以及参数的总体数值、梯度的 L1 和 L2 范数的变化情况，如图 5.5 至图 5.8 所示。

可以看出，各个数值在幅度上的差距都非常大，尤其是图 5.8，参数的总体数值的 L1 范数已经达到 2×10^7，而梯度却小到无法显示清楚，可见两者在数值上的差距非常大。所以，在训练时，小量的梯度更新对大量的数值完全起不到明显的改变作用。因此，模型从头至尾没有实质的改变，它的表现就和随机猜测差不多，因为模型并没有从训练数据中学到足够多的知识。

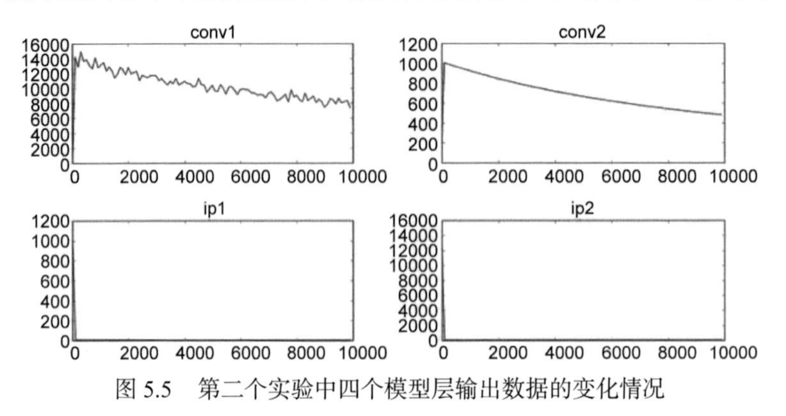

图 5.5　第二个实验中四个模型层输出数据的变化情况

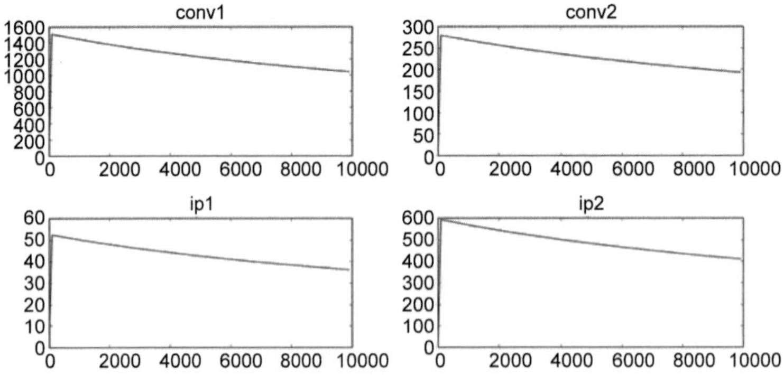

图 5.6　第二个实验中四个模型层参数数值的变化情况

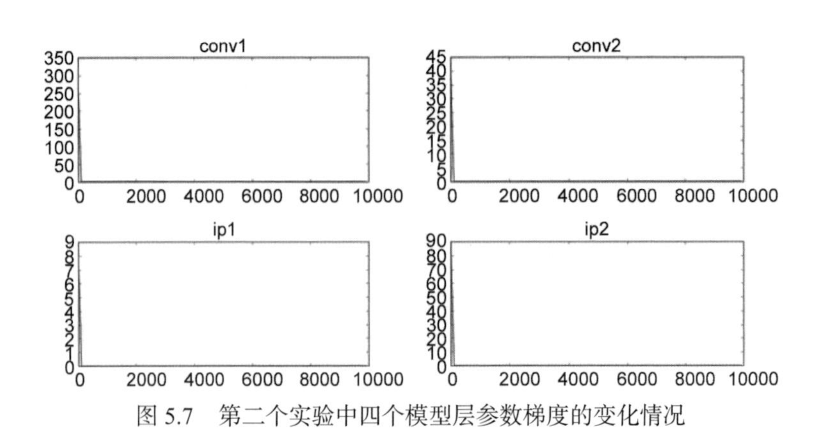

图 5.7　第二个实验中四个模型层参数梯度的变化情况

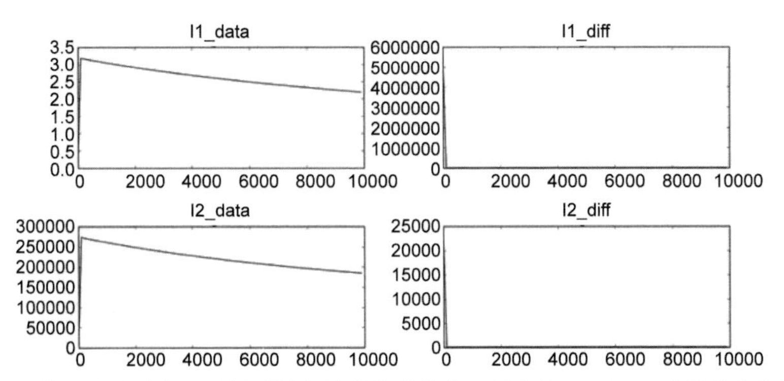

图 5.8　第二个实验中四个模型层参数的总体数值、梯度的 L1 和 L2 范数的变化情况

从上面的结果来看，模型训练失败一定是初始化不正确导致的。那么，所有的问题是否全部是由初始化造成的呢？

5.2.3　第三个实验——Sigmoid

第三个实验就来介绍初始化不正确是不是导致模型学习失效的根源。在保持第二个实验初始化设置的基础上，将模型的四个核心层的非线性函数全部换成 Sigmoid。在第 4 章的实验中，Sigmoid 函数的表现落了下风，那么在这个实验中它能否实现“逆袭”呢？

使用 Sigmoid 函数的模型在测试数据集上的最终结果为 0.9538，虽然这个精确率不能算特别高，但它起码说明模型从训练数据中学到了很多有用的知识。和 ReLU 函数的 0.11 相比，简直是天壤之别。这里只展示参数的总体数值、梯度的 L1 和 L2 范数的变化情况，如图 5.9 所示。

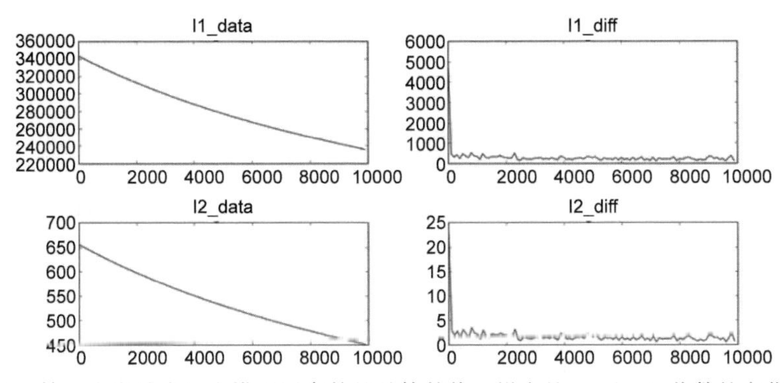

图 5.9　第三个实验中四个模型层参数的总体数值、梯度的 L1 和 L2 范数的变化情况

虽然参数数值的幅度很大，但梯度的幅度也不算小，对参数的更新还是具有显著性的，至少比第二个实验中的ReLU模型强不少。这么看来，第二个实验的失败和ReLU函数有关，也和初始化方法有关。实际上，失败的原因是这两个方法没有搭配好。

在实验前曾提到，ReLU函数拥有宽广的接受域，这既可能是一件好事，也可能是一件坏事。我们已经知道Sigmoid函数可以把任意的输入数据压缩到0~1的范围，所以在使用它时不用太担心数据的幅度问题，只要使用Sigmoid函数，数据的幅度就会得到很好的控制，即使数据初始化产生了问题，Sigmoid函数也可以把过大的数据转换到小范围，这样整个网络中的数值平衡性会更好一些。而ReLU函数完全没有控制数据的幅度，经过它的运算后，本身很大的数值依然会很大，这样数值不平衡的问题就不会得到缓解，这些问题最终就有可能影响模型的表现。

经过这个实验，我们可以总结出如下经验：

- Sigmoid函数在控制数据幅度方面有优势，在深层网络中使用它可以保证数据幅度不会出现大的问题；但是Sigmoid函数存在梯度消失的问题，在反向传播中有劣势，所以在优化的过程中存在训练不足的情况。
- ReLU函数不会对数据的幅度进行控制，那么在深层模型中数据的幅度有可能产生一定的不平衡，最终影响模型的表现；但是ReLU函数在反向传播中可以很好地将“原汁原味”的梯度传递给后面的参数，这样优化的效果会更好。

要评判哪个非线性函数更好，不但要看其本身，还要看它们和模型配置的搭配情况。

5.3 Xavier初始化

本节介绍的问题是：什么样的初始化方法可以最大化地发挥ReLU函数的功效呢？所谓解铃还须系铃人，回答这个问题还要回到第4章的实验——使用LeNet模型解决MNIST手写数字识别中。当时模型的初始化方法是什么呢？是**Xavier方法**[1]。本节就详细介绍这个初始化方法的由来。

Xavier初始化方法如下。

定义参数所在层的输入维度为 n，输出维度为 m，那么参数将从处于

$$\left[-\sqrt{\frac{6}{m+n}},\sqrt{\frac{6}{m+n}}\right]$$

范围内的均匀分布进行采样初始化。

下面介绍这个公式的推导过程。作为一个理论推导，必要的假设不可或缺。Xavier 方法的推导过程主要基于以下三个假设。

（1）忽略偏置项对网络的影响。

（2）所有的非线性函数均为双曲正切函数 Tanh，且非线性函数的前向、反向计算都近似为线性计算，因此它的影响也可以忽略。

（3）输入数据和参数相互独立。

第一个假设比较好理解，那么第二个假设是什么意思呢？Xavier 方法在创建时并没有把非线性函数假想成 ReLU 函数，公式推导使用的非线性函数是 Tanh（但从实际效果来看，Xavier 和 ReLU 函数合作得很默契）。在作者的设想中，x 和 w 都是接近 0 且比较小的数值，它们最终计算出来的结果也应该是一个接近 0 且比较小的数值。接下来介绍 Tanh 函数和它对应的梯度函数，其图形分别如图 5.10 和图 5.11 所示。

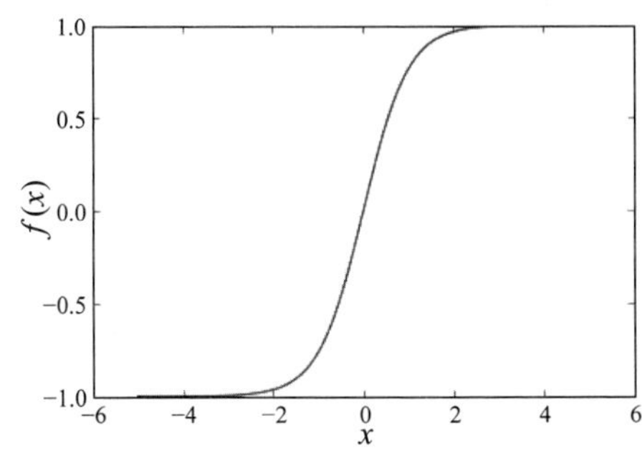

图 5.10 Tanh 函数的图形

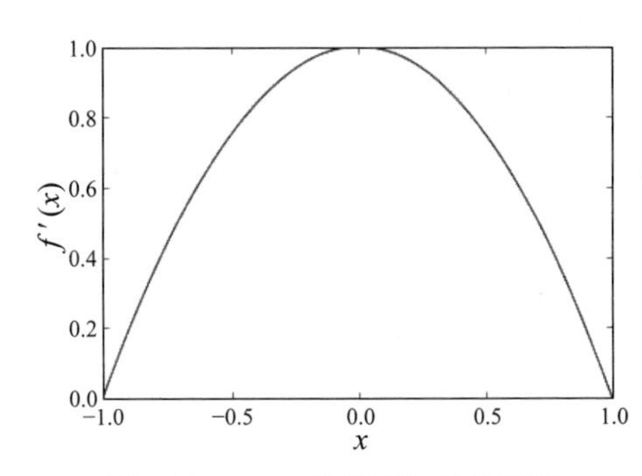

图 5.11 Tanh 的梯度函数的图形

如果 Tanh 函数的输入数据在 0 附近，由于 Tanh 函数在以 0 为中心的区域内导数接近 1，那么经过前向计算，输入和输出基本相同。基于这些原因，Tanh 函数在前向计算时可以忽略；同样地，如果 Tanh 函数在接近 0 的地方导数接近 1，那么在反向计算时 Tanh 函数的梯度也几乎不影响参数的梯度求解。所以，在反向计算时也可以忽略 Tanh 函数。

这里将这个非线性函数硬生生地变成一个线性函数，为了理论的完美，做出了牺牲。

第三个假设，输入数据和参数相互独立，实际上做到这一点也是不可能的。这里的假设同样是为了理论的完美。下面的推导将用到与方差相关的定理。

假设有随机变量 x 和 w，它们各自服从某种均值为 0、方差为 σ^2 的分布，那么：

- $w \times x$ 就会服从均值为 0、方差为 σ^2 的分布。
- $w \times x + w \times x$ 就会服从均值为 0、方差为 $2\sigma^2$ 的分布。

上面定理中的变量名称就是下面要介绍的参数 w 和输入数据 x。介绍完了三个假设，下面探讨一个核心问题。梯度消失、数值不稳定这些问题都是深层网络独有的，浅层网络并没有这些困扰。那么，如何让深层网络的数值在训练过程中的表现像浅层网络一样呢？

如果读者对浅层模型有一些了解，就会迅速回想起曾经接触过的浅层模型——Logistic Regression、SVM 等。为了让它们的表现更好，对所有的数据都会进行预处理，例如做白化处理，使特征的均值、方差保持在一个合理的范围内，然后用浅层模型训练完成。对于深层模型，对输入层数据进行白化处理也是可以做到的。对于内部层次的数据来说，将它们也做白化处理就有点困难了（当然，在第 7 章中介绍的 Batch Normalization 会实现这个功能）。既然有点困难，那么就要分析随着运算的进行，模型内部的数值变成了什么。

这里假设所有的输入数据 x 都满足均值为 0、方差为 σ_x^2 的分布，再将参数 w 以均值为 0、方差为 σ_w^2 的方式进行初始化。假设第一层是大家常见的卷积层，每一个卷积层的输出都对应着 n 个参数（$n = \text{channel\_in} \times \text{kernel\_h} \times \text{kernel\_w}$），于是这个数值的计算可以用乘加的形式表示出来：

$$z_j = \sum_{i}^{n} w_i \times x_i$$

式中，j 是输出数据的下标，i 是输入数据的下标。从公式中可以看出，线性部分的一个输出值，实际上是由 n 个输入值和参数值乘加计算出来的，那么按照前面对 x 和 w 的定义，以及两个随机变量的方差计算公式，这个 z 会服从什么分布呢？

- 均值依然为 0。
- 方差变得复杂起来：$n \times \sigma_x^2 \times \sigma_w^2$。

完成计算的数据将通过可以忽略的具有“线性特征”的非线性层，数值基本没有发生变化，那么下一层的数据就成了均值为 0、方差为 $n \times \sigma_x^2 \times \sigma_w^2$ 的“随机变量”产生的样本。

为了更简洁地表示计算过程，在下面的公式中将模型层号写在了变量的上标处。可以看出，由于每一层的参数都是按照均值为 0 的分布进行初始化的，下面各层输出数据的期望均值也应该是 0，后面就不再单独分析了。按照上面的推导过程，代表第二层网络输出的随机变量的方差将变成：

$$(\sigma_x^2)^2 = n^1 \times (\sigma_x^1)^2 \times (\sigma_w^1)^2$$

实际上，每一层的方差计算都是相同的，于是可以计算出代表第三层网络输出的随机变量的方差：

$$(\sigma_x^3)^2 = n^2 \times (\sigma_x^2)^2 \times (\sigma_w^2)^2$$

如果模型是一个 k 层的网络（这里主要指卷积层 + 全连接层的总数），那么代表第 k 层网络输出的随机变量的方差就变成：

$$(\sigma_x^k)^2 = n^{k-1} \times (\sigma_x^{k-1})^2 \times (\sigma_w^{k-1})^2 = n^{k-1} \times n^{k-2} \times (\sigma_x^{k-2})^2 \times (\sigma_w^{k-2})^2 \times (\sigma_w^{k-1})^2$$

把这个公式完全展开，最终的方差就变成：

$$(\sigma_x^k)^2 = (\sigma_x^1)^2 \times \prod_{i=1}^{k-1}(n^i \times (\sigma_w^i)^2)$$

可以看出，等式右边的连乘项就像一个“定时炸弹”，如果 $n^i \times (\sigma_w^i)^2$ 总是大于 1，那么随着层数的增加，随机变量的方差会越来越大，数值的幅度也会越来越大，这样就有可能造成如 5.2 节中所示的第二个实验的情况；反过来，如果乘积小于 1，那么随着层数的增加，随机变量的方差就会越来越小，模型的输出会逐渐趋于统一，这样又有可能发生如 5.1 节中所示的神经网络退化的情况。这样的问题浅层模型不会遇到，而深层模型却无法回避，如果处理不好，深层模型的表现就会很不好。

那么，有没有什么办法可以解决方差的问题呢？这里不妨回头看看公式：

$$(\sigma_x^2)^2 = n^1 \times (\sigma_x^1)^2 \times (\sigma_w^1)^2$$

读者一定会有这样的想法：如果 $(\sigma_x^2)^2 = (\sigma_x^1)^2$，再保持每一层输入数据的方差相同，那么数值的幅度不就可以控制了吗？于是，上面的公式经过变换，可以得到：

$$(\sigma_w^1)^2 = \frac{1}{n^1}$$

这样看来，只要用均值为0、方差为 $\frac{1}{n^1}$ 的分布对第一层网络参数初始化，再用同样的方法对其他层的参数进行初始化，就可以解决问题了。从理论上讲，这个方法是正确的，但是它不够完善，前面的推导只关注了前向计算，那么反向计算呢?

其实反向计算公式和前向计算公式类似，对于 k 层的网络，现在得到了第 k 层的梯度 $\frac{\partial \text{Loss}}{\partial x^k}$，那么对于第 $k-1$ 层输入数据的梯度，有：

$$\frac{\partial \text{Loss}}{\partial x_j^{k-1}} = \sum_{i=1}^{\hat{n}} \frac{\partial \text{Loss}}{\partial x_i^k} \times w_j^k$$

也就是说，第 $k-1$ 层输入数据的梯度，相当于第 k 层输入数据的梯度和本层参数的乘加。由于是反向计算，这里的 $\hat{n}$ 和前面的 n 表示的维度不同。

根据前向计算中的推导，如果用 ∇x_j^k 表示第 k 层第 j 个元素梯度的随机变量，那么就可以写出和前向推导类似的公式：

$$\text{Var}(\nabla x_j^{k-1}) = \hat{n}^k \times \text{Var}(\nabla x_i^k) \times (\sigma_w^k)^2$$

将公式中的变量展开，就可以推导出包含连乘项的公式：

$$\text{Var}(\nabla x_j^1) = \text{Var}(\nabla x_i^k) \times \prod_{i=1}^{k-1} (\hat{n}^i \times (\sigma_w^i)^2)$$

前面提到了连乘项对前向计算可能造成的影响，上面公式中的连乘项对反向计算的影响也是很大的。因此，除了确保前向计算的数值稳定，确保反向计算的数值稳定也十分必要。如果反向计算不能做到同样的数值稳定，那么被不稳定的更新量更新过的数值不再服从前面假设的分布，也就无法保证整个模型的数值稳定。

为了确保稳定，每一层梯度的方差也要保持相同，即

$$\text{Var}(\nabla x_j^{k-1}) = \text{Var}(\nabla x_i^k)$$

由此得到：

$$(\sigma_w^k)^2 = \frac{1}{\hat{n}^k}$$

看上去前向计算和反向计算推导得到了同样的结果，但如果仔细看这两个公式，就会发现两个表示参与运算的数量实际上并不相同。对于全连接来说，在进行前向操作时，n 表示输入的维度，而在进行反向操作时，$\hat{n}$ 表示输出的维度。于是，把两个公式糅合在一起，最终变成：

$$(\sigma_w^k)^2 = \frac{2}{\hat{n}^k + n^k}$$

至此，参数方差的推导过程就介绍完了。下面介绍用于初始化参数的概率分布。在论文 *Understanding the difficulty of training deep feedforward neural networks*[1] 中，论文作者使用均匀分布进行参数初始化。均匀分布也是一种常见的分布形式。假设随机变量服从范围为 $[a, b]$ 的均匀分布，那么它的方差为

$$\sigma = \frac{(b-a)^2}{12}$$

这里假设参数初始化的范围是 $[-a, a]$。把上面的公式套进去，就可以求出参数初始化中的 a：

$$\mathrm{Var} = \frac{(a-(-a))^2}{12} = \frac{a^2}{3} = (\sigma_w^k)^2$$

将 $(\sigma_w^k)^2$ 的结果带入，就可以得到：

$$a = \sqrt{\frac{6}{\hat{n}^k + n^k}}$$

于是，参数被初始化成

$$[-\sqrt{\frac{6}{\hat{n}^k + n^k}}, \sqrt{\frac{6}{\hat{n}^k + n^k}}]$$

范围内的均匀分布。Xavier 初始化方法推导完成。

可以看到，这个初始化公式的最终形式并不复杂，但是这个公式背后的思想和所用到的抽象思维是十分巧妙的，从复杂而严谨的理论到简洁而实用的实现，作者为此付出了巨大的心血。

最后强调一点，为了推导这个公式，给出了一些假设。如果没有这些假设，那么就很难得出这样精彩而实用的结论。其实在数学模型的世界中，抽象、假设都被经常用到，只有把一些难以控制的因素去掉，才更容易从宏观上抓住事物的本质，找到事物的核心规律。当然，换个角度看，充满假设的模型毕竟不够精确，想要把数值问题解决得更好，仍然需要继续努力，寻找更精确的模型。

5.4 MSRA 初始化

MSRAFiller[2] 是深度学习中另一个知名的参数初始化方法，它的公式推导思路和 Xavier 的类似，但是前提假设略有不同。在 5.3 节介绍的 Xavier 方法的假设中，模型的非线性函数是可以忽略的，这对于 Tanh 非线性函数来说是可以的，但是如果换成 ReLU 函数，这样的假设恐怕有些说不过去。MSRA 初始化方法主要就是用来解决这个问题的，作者希望在基于非线性层 ReLU 函数和 PReLU 函数的基础上做一次针对参数数值和梯度方差的推导，从而得出一个新的参数初始化方法。

5.4.1 前向推导

首先定义在推导过程中需要的一些变量。卷积操作可以写成下面的公式，这和第 4 章中介绍的“偶像派”解法的形式类似，只是将输入数据变成向量形式，卷积核组成矩阵形式：

$$\boldsymbol{y}_l = \boldsymbol{W}_l\boldsymbol{x}_l + \boldsymbol{b}_l$$

式中，$\boldsymbol{x}_l$ 的维度为 $n = c \times k \times k$，c 为输入数据的通道数，k 为卷积核的维度，这里假设卷积核的高度和宽度相同；$\boldsymbol{W}_l$ 的维度为 $d \times n$，d 为输出数据的通道数；$\boldsymbol{b}_l$ 是偏置项，它的维度为 d；l 表示当前所在层的层号，这里假设模型中没有 stride>1 的场景，没有 Pooling 层。上面公式的关系也可以用图 5.12 来表示。

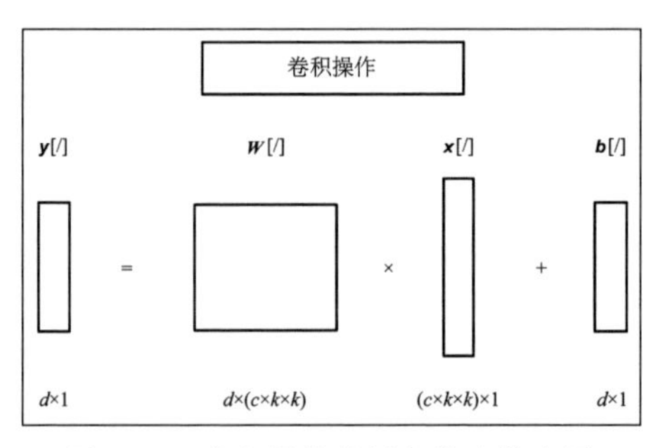

图 5.12　卷积操作的局部维度信息图

这里假设 $\boldsymbol{x}_l$ 的每一个元素都是独立同分布的，同时 $\boldsymbol{W}_l$ 的每一个元素也是独立同分布的，均值为 0。那么就可以得出计算方差的公式：

$$\mathrm{Var}[\boldsymbol{y}_l] = n_l\mathrm{Var}[\boldsymbol{W}_l\boldsymbol{x}_l]$$

如果令 $\boldsymbol{W}_l$ 的期望 $E[\boldsymbol{W}_l]$ 为 0，还可以对公式做进一步变换，利用方差公式 $\text{Var}[\boldsymbol{x}_l]=E[\boldsymbol{x}_l^2]-E[\boldsymbol{x}_l]^2$，可以得到：

$$\begin{aligned}\text{Var}[\boldsymbol{y}_l] &= n_l\text{Var}[\boldsymbol{W}_l\boldsymbol{x}_l]\\ &= n_l(E[\boldsymbol{W}_l^2\boldsymbol{x}_l^2]-E[\boldsymbol{W}_l\boldsymbol{x}_l]^2)\\ &= n_l(E[\boldsymbol{W}_l^2]E[\boldsymbol{x}_l^2]-(E[\boldsymbol{W}_l]E[\boldsymbol{x}_l])^2)\\ &= n_l((\text{Var}[\boldsymbol{W}_l]+E[\boldsymbol{W}_l]^2)E[\boldsymbol{x}_l^2])\\ &= n_l\text{Var}[\boldsymbol{W}_l]E[\boldsymbol{x}_l^2]\end{aligned}$$

由于 ReLU 激活函数的存在，线性部分的输出不具有正负对称性，$\boldsymbol{x}$ 的期望并不等于 0，$E[\boldsymbol{x}_l^2]$ 和 $\text{Var}[\boldsymbol{y}_{l-1}]$ 并不相同。从这里开始，MSRA 方法就和 Xavier 方法不同了。下面需要想办法把 $E[\boldsymbol{x}_l^2]$ 求出来。

然而，求解 $E[\boldsymbol{x}_l^2]$ 也不是那么容易的，我们可以从经典的分布形式归纳得出来。这里假设 $\boldsymbol{W}_{l-1}$ 被初始化得非常均匀，而且分布关于 0 对称，在线性部分计算得到的 $\boldsymbol{y}_{l-1}$ 也非常均匀地对称。如果假设 $\boldsymbol{y}_{l-1}$ 服从均匀分布且上下界关于 0 对称，令它的上界为 k，那么就有：

$$\text{Var}[\boldsymbol{y}_{l-1}]=\frac{(k-(-k))^2}{12}=\frac{k^2}{3}$$

经过 ReLU 层后，$\boldsymbol{x}_l$ 的数据有一半变成了 0，另一半变成了从 0 到 k 的均匀分布，那么就有：

$$\begin{aligned}E[\boldsymbol{x}_l] &= 0\times\frac{1}{2}+\frac{k}{2}\times\frac{1}{2}=\frac{k}{4}\\ E[\boldsymbol{x}_l]^2 &= \frac{k^2}{16}\\ \text{Var}[\boldsymbol{x}_l] &= \frac{1}{2}\times(0-\frac{k}{4})^2+\frac{1}{2}\frac{\int_0^k(x-\frac{k}{4})^2\mathrm{d}x}{k}\\ &= \frac{k^2}{32}+\frac{1}{2}\frac{\int_0^k(x^2-\frac{k}{2}x+\frac{k^2}{16})\mathrm{d}x}{k}\\ &= \frac{k^2}{32}+\frac{1}{2}\frac{(\frac{1}{3}x^3-\frac{k}{4}x^2+\frac{k^2}{16}x)|_0^k}{k}\\ &= \frac{k^2}{32}+\frac{1}{2}(\frac{1}{3}k^2-\frac{1}{4}k^2+\frac{1}{16}k^2)\\ &= \frac{k^2}{32}+\frac{7}{96}k^2\\ &= \frac{10}{96}k^2\end{aligned}$$

所以有：

$$E[\boldsymbol{x}_l^2] = E[\boldsymbol{x}_l]^2 + \mathrm{Var}[\boldsymbol{x}_l] = \frac{1}{16}k^2 + \frac{10}{96}k^2 = \frac{1}{6}k^2 = \frac{1}{2}\mathrm{Var}[\boldsymbol{y}_{l-1}]$$

基于均匀分布的假设，两者的关系被求了出来。那么，其他分布会不会有同样的答案，比如常见的高斯分布？由于高斯分布的公式推导过程太过复杂且非常不实用，我们使用蒙特卡罗采样的方法来验证推导的正确性。具体方法为随机产生大量的数据，用于计算我们想得到的统计变量 $E[\boldsymbol{x}_l^2]$ 和 $\mathrm{Var}[\boldsymbol{y}_{l-1}]$，并验证二者的差异，代码如下：

```
import numpy as np
y = np.random.normal(0.0,1.0,100000000)
var_y = np.var(y)
x = y
x[x < 0] = 0
mean_x = np.mean(x)
var_x = np.var(x)
mean_x_square = mean_x ** 2 + var_x
print str(abs(var_y / 2 - mean_x_square))
```

经过计算，得到了下面的结果：

```
3.500e-05
```

可以看出，这个结果在大规模数据采样下是站得住脚的，那么就使用上面的结论继续推导：

$$E[\boldsymbol{x}_l^2] = \frac{1}{2}\mathrm{Var}[\boldsymbol{y}_{l-1}]$$

将前面的公式合起来，就得到了下面这个递推公式：

$$\mathrm{Var}[\boldsymbol{y}_l] = \frac{1}{2}n_l\mathrm{Var}[\boldsymbol{W}_l]\mathrm{Var}[\boldsymbol{y}_{l-1}]$$

这样就完成了递推公式的推导，和本书 5.3 节中的方法类似，把多层的公式集合到一起，就可以得到：

$$\mathrm{Var}[\boldsymbol{y}_L] = \mathrm{Var}[\boldsymbol{y}_1](\prod_{l=2}^{L}\frac{1}{2}n_l\mathrm{Var}[\boldsymbol{W}_l])$$

至此，有了前面推导 Xavier 公式的经验，下面的步骤就很清晰了。为了保证数值幅度的稳定性，不同层次的输出值的方差需要保持相同，于是有：

$$\frac{1}{2}n_l\mathrm{Var}[\boldsymbol{W}_l] = 1$$

5.4.2 反向推导

完成了前向推导，下面介绍反向推导。反向推导的关键公式如下：

$$\Delta \boldsymbol{x}_l = \hat{\boldsymbol{W}}_l \Delta \boldsymbol{y}_l$$

式中，$\Delta \boldsymbol{y}_l$ 表示损失函数对第 l 层输出的偏导，它的维度是 $\hat{n} = d \times k \times k$，表示 d 个通道的 $k \times k$ 个卷积核所影响的范围；$\Delta \boldsymbol{x}_l$ 表示损失函数对第 l 层输入的偏导，它的维度是 $c \times 1$。根据前面的假设，$\hat{\boldsymbol{W}}_l$ 的参数由均值为 0 且以 $x = 0$ 对称的分布初始化而成，那么有：

$$E[\Delta \boldsymbol{x}_l] = 0$$

$$\Delta \boldsymbol{y}_l = f'(\boldsymbol{y}_l) \times \Delta \boldsymbol{x}_{l+1}$$

这里的导数是非线性部分 ReLU 函数的导数，它的值非 0 即 1。接下来计算反向传播方差的递推公式。在保持前面关于 $\boldsymbol{y}$ 的分布的假设基础上，继续假设 $f'(\boldsymbol{y}_l)$ 和 $\Delta \boldsymbol{x}_{l+1}$ 之间相互独立，有：

$$\begin{aligned}
E[\Delta \boldsymbol{y}_l] &= E[f'(\boldsymbol{y}_l)]E[\Delta \boldsymbol{x}_{l+1}] = \frac{1}{2}E[\Delta \boldsymbol{x}_{l+1}] = 0 \\
\mathrm{Var}[\Delta \boldsymbol{y}_l] &= E[(\Delta \boldsymbol{y}_l)^2] - E[\Delta \boldsymbol{y}_l]^2 \\
&= E[(\Delta \boldsymbol{y}_l)^2] \\
&= E[f'(\boldsymbol{y}_l)^2(\Delta \boldsymbol{x}_{l+1})^2] \\
&= E[f'(\boldsymbol{y}_l)^2]E[(\Delta \boldsymbol{x}_{l+1})^2] \\
&= E[f'(\boldsymbol{y}_l)^2](E[(\Delta \boldsymbol{x}_{l+1})]^2 + \mathrm{Var}(\Delta \boldsymbol{x}_{l+1})) \\
&= E[f'(\boldsymbol{y}_l)^2]\mathrm{Var}(\Delta \boldsymbol{x}_{l+1}) \\
&= \frac{1}{2}\mathrm{Var}(\Delta \boldsymbol{x}_{l+1})
\end{aligned}$$

有了上面的结论，就得到了推导公式：

$$\mathrm{Var}[\Delta \boldsymbol{x}_l] = \frac{1}{2}\hat{n}_l \mathrm{Var}[\boldsymbol{W}_l]\mathrm{Var}[\Delta \boldsymbol{x}_{l+1}]$$

同样，把 L 个模型层的参数展开，就可以得到：

$$\mathrm{Var}[\Delta \boldsymbol{x}_2] = \mathrm{Var}[\Delta \boldsymbol{x}_{L+1}](\prod_{l=2}^{L} \frac{1}{2}\hat{n}_l \mathrm{Var}[\boldsymbol{W}_l])$$

为了满足梯度的数值稳定性，这里同样需要保证：

$$\frac{1}{2}\hat{n}_l \mathrm{Var}[\boldsymbol{W}_l] = 1$$

这样就得到了前向和反向两个方向的计算公式。下面的步骤与 Xavier 方法一样，将两部分得到的结论融合起来，就得到了最终的初始化方法。作者采用高斯分布进行初始化，分布的均值为 0，方差为 $\sqrt{\frac{4}{n_l+\hat{n}_l}}$。

至此，MSRA 初始化方法就介绍完了。那么在设计模型时，应该选择哪一种方法呢？这需要针对具体问题多做尝试才行。还是那句话：了解两种参数初始化方法的关键，是理解方法背后对模型计算抽象和分析的方法。

5.5 ZCA 初始化

前面介绍了一些参数初始化方法，本节将介绍输入数据的初始化方法。相信读者也了解一些常用的初始化方法，例如，保证一批数据的均值为 0、方差为 1 的预处理。在训练时，每一个数据在进入网络计算前都会减去平均值，这样可以确保训练数据的整体均值为 0，也就和本章 5.3 节、5.4 节中对输入数据的假设相近。那么，除上面提到的方法外，还有其他的初始化方法吗？有。本节就介绍 **ZCA**（Zero Component Analysis）这个经典的初始化方法。

5.5.1 对称矩阵的特征值和特征向量

在介绍 ZCA 之前，先来回顾与对称矩阵相关的知识。对称矩阵的特征值和特征向量都有自己的特点。首先，**由实数组成的对称矩阵的特征值全部为实数**。也就是说，特征值的共轭数等于自身。证明如下。

对于某个实数对称矩阵 $\boldsymbol{A}$，它的共轭矩阵 $\tilde{\boldsymbol{A}} = \boldsymbol{A}$，对于某个特征值 λ 和某个非 0 的特征向量 $\boldsymbol{e}$，有：

$$\begin{aligned}\tilde{\boldsymbol{e}}^{\mathrm{T}}\boldsymbol{A}\boldsymbol{e} &= \tilde{\boldsymbol{e}}^{\mathrm{T}}\boldsymbol{A}^{\mathrm{T}}\boldsymbol{e} \\ &= (\boldsymbol{A}\tilde{\boldsymbol{e}})^{\mathrm{T}}\boldsymbol{e} \\ &= (\tilde{\boldsymbol{A}}\tilde{\boldsymbol{e}})^{\mathrm{T}}\boldsymbol{e}\end{aligned}$$

所以有：

$$\lambda\tilde{\boldsymbol{e}}^{\mathrm{T}}\boldsymbol{e} = \tilde{\lambda}\tilde{\boldsymbol{e}}^{\mathrm{T}}\boldsymbol{e}$$

$$(\lambda-\tilde{\lambda})\tilde{\boldsymbol{e}}^{\mathrm{T}}\boldsymbol{e}=0$$

因为 $\tilde{\boldsymbol{e}}^{\mathrm{T}}\boldsymbol{e}$ 不为 0，所以特征值和它的共轭数相等。因此，对称矩阵的特征值全部为实数。

其次，**对称矩阵的特征向量相互正交**。证明如下。

对于对称矩阵中的两个不同的特征向量、特征值对 $\{\boldsymbol{e}_1,\lambda_1\}$ 和 $\{\boldsymbol{e}_2,\lambda_2\}$，可以推导出：

$$\begin{aligned}\lambda_1\boldsymbol{e}_1\cdot\boldsymbol{e}_2&=(\lambda_1\boldsymbol{e}_1)^{\mathrm{T}}\boldsymbol{e}_2\\&=(\boldsymbol{A}\boldsymbol{e}_1)^{\mathrm{T}}\boldsymbol{e}_2\\&=\boldsymbol{e}_1^{\mathrm{T}}\boldsymbol{A}^{\mathrm{T}}\boldsymbol{e}_2\\&=\boldsymbol{e}_1^{\mathrm{T}}\boldsymbol{A}\boldsymbol{e}_2\\&=\boldsymbol{e}_1^{\mathrm{T}}(\lambda_2\boldsymbol{e}_2)\end{aligned}$$

所以有：

$$\lambda_1\boldsymbol{e}_1\cdot\boldsymbol{e}_2=\lambda_2\boldsymbol{e}_1\cdot\boldsymbol{e}_2$$

因为 $\lambda_1\neq\lambda_2$，所以 $\boldsymbol{e}_1\boldsymbol{e}_2=0$。同理，可以推导出所有的特征向量对之间都正交，从而完成证明。

如果将对称矩阵的所有特征向量的长度限制为 1（也就是进行标准化），那么这些特征向量组成的矩阵就成了一个标准正交矩阵。这个标准正交矩阵也拥有一个性质——它的逆矩阵等于它的转置矩阵，也就是它自身。由此可得：

$$\begin{aligned}\boldsymbol{E}\boldsymbol{E}^{\mathrm{T}}&=\boldsymbol{I}\\\boldsymbol{E}^{\mathrm{T}}&=\boldsymbol{E}^{-1}=\boldsymbol{E}\end{aligned}$$

介绍完了上面两个性质，下面介绍对称矩阵的第三个性质。前面提到了线性变换操作，如果这一次执行线性变换的是一个对称矩阵，那么在这个过程中会发生什么情况呢？

首先，根据特征值与特征向量的定义，可知：

$$\boldsymbol{A}\boldsymbol{e}=\lambda\boldsymbol{e}$$

将所有的特征值和特征向量融合到一起，并用 $\boldsymbol{\Lambda}$ 表示对角线为特征值、其余位置为 0 的对角阵，就有：

$$\boldsymbol{AE} = \boldsymbol{E\Lambda}$$

本书前面提到了对称矩阵的特征向量组成了标准正交矩阵，于是有：

$$\boldsymbol{A} = \boldsymbol{E\Lambda E}^{-1} = \boldsymbol{E\Lambda E}^{\mathrm{T}}$$

这个过程称为对称矩阵的对角化。那么，这个过程有什么作用呢？如果要计算矩阵 $\boldsymbol{A}$ 的 2 次幂，对角化的结构可以帮助简化这个过程：

$$\boldsymbol{AA} = (\boldsymbol{E\Lambda E}^{\mathrm{T}})(\boldsymbol{E\Lambda E}^{\mathrm{T}}) = \boldsymbol{E\Lambda}^2\boldsymbol{E}^{\mathrm{T}} = \boldsymbol{E\Lambda}^2\boldsymbol{E}$$

于是，对于任意次阶乘，都有：

$$\boldsymbol{A}^n = \boldsymbol{E\Lambda}^n\boldsymbol{E}$$

由于阶乘只发生在对角阵上，计算变得简单了。这个公式将对后面章节中的推导起到帮助作用。

5.5.2 ZCA

本节将用一个例子讲述 ZCA 初始化方法的计算流程。首先利用随机算法生成一个二维的数据集，数据集的两个维度存在强相关的关系。生成数据集的代码如下：

```
x = np.random.randn(200)
y = x * 2
err = np.random.rand(200) * 2
y += err
data = np.vstack((x,y))
plt.scatter(data[0,:], data[1,:])
```

相关特征的二维示例数据图像如图 5.13 所示。

在进行变换前，需要求出两个维度的均值，再让全体数据减去均值，使得整体数据的均值为 0。

```
mean = np.mean(data, axis=1)
data -= mean.reshape((mean.shape[0],1))
plt.scatter(data[0,:], data[1,:])
```

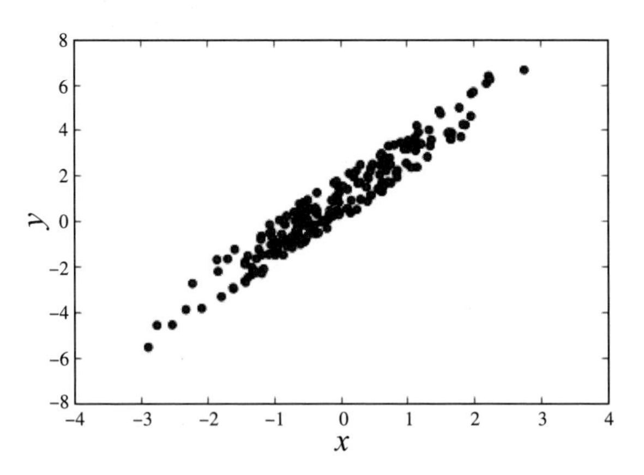

图 5.13　相关特征的二维示例数据图像

使均值为 0 后的数据图像如图 5.14 所示。

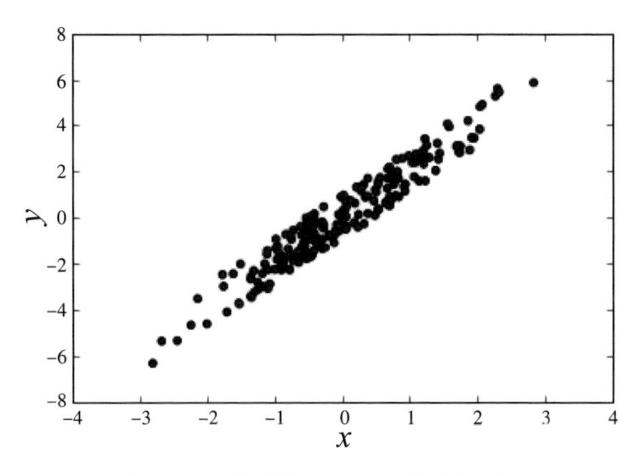

图 5.14　使均值为 0 后的数据图像

下面就是 ZCA 的关键部分。我们知道，在训练数据中有时会出现特征之间相互关联的问题，对于图像数据，相互关联的问题更严重。虽然卷积层可以通过学习来解决局部相关性，但是把这件事情交给模型学习总是不够直接，如果这个问题能够在输入数据环节得到处理，那么训练一定会更容易一些。

接下来计算数据的协方差。由于现在数据的均值为 0，计算协方差就简化成了如下计算。

```
conv = np.dot(data, data.T) / (data.shape[1] - 1)
print conv

# 以下为显示的结果
```

```
[[ 0.88200859  1.80316947]
 [ 1.80316947  4.033871  ]]
```

ZCA 作为一种线性变换，其目的是去除特征之间的相关性，让每个特征自身的方差变为 1，特征之间的协方差变为 0。上面的目标可以转换成下面的形式化表达。

```
# 如果有数据矩阵X，那么ZCA的目标是寻找一个线性变换矩阵W，满足
Y = np.dot(W, X)
# 且
np.dot(Y, Y.T) / (Y.shape[1] - 1) == np.eye(Y.shape[0])
```

为了达到目标，ZCA 算法首先做了如下假设。

线性变换矩阵 $\boldsymbol{W}$ 是一个对称矩阵：$\boldsymbol{W}=\boldsymbol{W}^{\mathrm{T}}$。从 5.5.1 节中的内容我们知道，对称矩阵有一个很好的性质，这个性质对后面的公式推导很有用。

由于目标是令

$$\boldsymbol{Y}\boldsymbol{Y}^{\mathrm{T}}=(n-1)\boldsymbol{I}$$

公式就可以转变为

$$\begin{aligned}\boldsymbol{W}\boldsymbol{X}\boldsymbol{X}^{\mathrm{T}}\boldsymbol{W}^{\mathrm{T}}&=(n-1)\boldsymbol{I}\\ \boldsymbol{W}^{\mathrm{T}}\boldsymbol{W}\boldsymbol{X}\boldsymbol{X}^{\mathrm{T}}\boldsymbol{W}^{\mathrm{T}}&=(n-1)\boldsymbol{W}^{\mathrm{T}}\\ \boldsymbol{W}^{2}\boldsymbol{X}\boldsymbol{X}^{\mathrm{T}}\boldsymbol{W}^{\mathrm{T}}&=(n-1)\boldsymbol{W}^{\mathrm{T}}\end{aligned}$$

同时去掉等式左右两边右侧的 $\boldsymbol{W}^{\mathrm{T}}$，得到：

$$\boldsymbol{W}^{2}\boldsymbol{X}\boldsymbol{X}^{\mathrm{T}}=(n-1)\boldsymbol{I}$$

假设 $\boldsymbol{X}$ 不全为 0，那么 $\boldsymbol{X}\boldsymbol{X}^{\mathrm{T}}$ 就是一个对称矩阵，满足可逆性，所以：

$$\begin{aligned}\boldsymbol{W}^{2}&=(n-1)(\boldsymbol{X}\boldsymbol{X}^{\mathrm{T}})^{-1}\\ \boldsymbol{W}&=\sqrt{n-1}(\boldsymbol{X}\boldsymbol{X}^{\mathrm{T}})^{-1/2}\end{aligned}$$

至此，ZCA 的计算公式推导告一段落，下面要做的是解决公式中对矩阵开根号的计算问题。由于 $\boldsymbol{X}\boldsymbol{X}^{\mathrm{T}}$ 是一个对称矩阵，对称矩阵可以被对角化。首先求出 $\boldsymbol{X}\boldsymbol{X}^{\mathrm{T}}$ 的特征值和特征向量：

$$\boldsymbol{X}\boldsymbol{X}^{\mathrm{T}}\boldsymbol{S}=\boldsymbol{S}\boldsymbol{\Lambda}$$

前面提到对称矩阵具有一个特性——它的特征向量可以构成一个标准正交矩阵，根据标准正交矩阵的特性——它的逆矩阵和转置矩阵相等，于是可以得到：

$$\boldsymbol{X}\boldsymbol{X}^{\mathrm{T}} = \boldsymbol{S}\boldsymbol{\Lambda}\boldsymbol{S}^{\mathrm{T}}$$

继续推导，根据 5.5.1 节中的内容可以得到：

$$(\boldsymbol{X}\boldsymbol{X}^{\mathrm{T}})^{-1/2} = (\boldsymbol{S}\boldsymbol{\Lambda}\boldsymbol{S})^{-1/2} = \boldsymbol{S}\boldsymbol{\Lambda}^{-1/2}\boldsymbol{S}$$

于是，最终得到：

$$\boldsymbol{W} = \sqrt{n-1}\boldsymbol{S}\boldsymbol{\Lambda}^{-1/2}\boldsymbol{S}$$

以下是推导对应的代码。

```
# 由于在conv中已经去除了1/(Y.shape[1] - 1)，在后面的计算中将不再去除它

eig_val, eig_vec = np.linalg.eig(conv)
S_sqrt = np.sqrt(np.diag(eig_val))
W = np.dot(eig_vec, np.dot(np.linalg.inv(S_sqrt), eig_vec.T))
print W

# 以下为显示的结果
[[ 3.376 -1.327]
 [-1.327  1.056]]
```

现在 $\boldsymbol{W}$ 已经求解出来，下一步就可以进行线性变换了。

```
Y = np.dot(W, data)
plt.scatter(Y[0,:], Y[1,:])
conv2 = np.dot(Y, Y.T) / (data.shape[1] - 1)
print conv2
```

ZCA 处理的结果如图 5.15 所示。

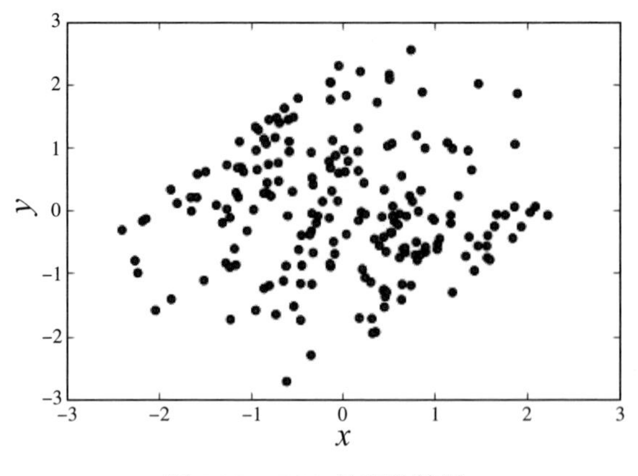

图 5.15　ZCA 处理的结果

此时，经过变换后的数据对应的协方差为

```
[[  1.000e+00  -1.294e-16]
 [ -1.294e-16   1.000e+00]]
```

无论从图像结果还是协方差的数值结果上看，ZCA 都完成了目标。以上的 ZCA 算法推导来自论文 *Learning Multiple Layers of Features from Tiny Images*[3] 的附录，感兴趣的读者可以阅读原文寻找更多的灵感。另外，ZCA 初始化方法在一些经典的数据集（比如 CIFAR10）上已经得到验证，采用这样的初始化方法可以提高最终的识别精度。读者不妨动手一试。

5.6　总结与提问

本章介绍了网络初始化方法以及数值计算方面的问题，请读者回答与本章内容有关的问题：

（1）数值初始化的目标是什么？为了实现这个目标，要控制哪些变量？

（2）Xavier 初始化方法是怎样的？它对参数有什么样的假设？

（3）MSRA 初始化方法是怎样的？它对参数有什么样的假设？

（4）ZCA 初始化的原理是什么？它会产生怎样的效果？

参考文献

[1] Glorot X, Bengio Y. Understanding the difficulty of training deep feedforward neural networks[J]. Journal of Machine Learning Research, 2010, 9:249-256.

[2] He K, Zhang X, Ren S, et al.. Delving deep into rectifiers: Surpassing human-level performance on imagenet classification[C]// Proceedings of the IEEE international conference on computer vision. 2015: 1026-1034.

[3] Krizhevsky A, Hinton G. Learning multiple layers of features from tiny images[J]. Technical report, University of Toronto, 2009.

第 6 章 网络优化

作为机器学习中十分重要的一环，优化算法受到了极大的重视。好的优化算法意味着可以更好、更快地找到目标模型，而与优化算法相关的知识向来都充满了吸引力。深层模型的发展，又让它备受瞩目——由于深层模型的目标函数不再是凸函数，优化曲面变得越来越复杂，别说寻找一个优秀的优化算法，就算完成正常的优化都变得困难起来。本章将介绍现在被业界广泛了解的一些优化算法。

本章的组织结构是：6.1 节详细介绍梯度下降法；6.2 节介绍动量法及其特点；6.3 节介绍其他变种算法。

6.1 梯度下降法

本节介绍梯度下降法的细节和效果。这里以一个十分简单的函数为例来展示梯度下降法的优化效果。

```
def f(x):
    return x * x - 2 * x + 1
def g(x):
    return 2 * x - 2
```

其中的 $f(x)$ 就是大家在中学时常见的二次函数 $f(x) = x^2 - 2x + 1$，读者可以很轻松地看出，最小值是 $x = 1$，此时函数值为 0。为了让读者对这个函数有更直观的认识，这里将函数的图形画出来，如图 6.1 所示。

```
import numpy as np
import matplotlib.pyplot as plt
x = np.linspace(-5,7,100)
y = f(x)
plt.plot(x, y)
```

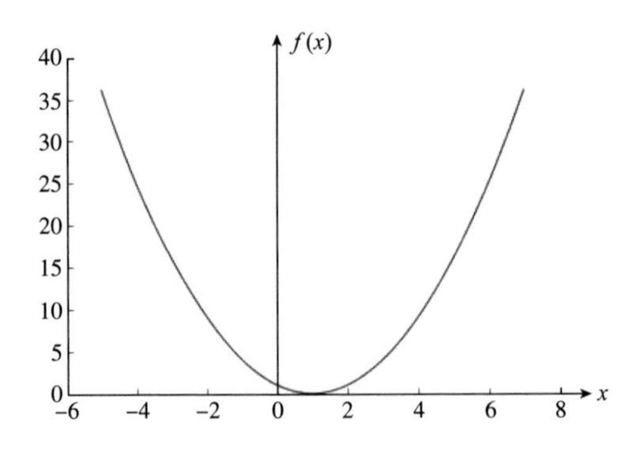

图 6.1　梯度下降法的示例函数图形

可以清楚地看出，这个函数的图形就是一条很简单的抛物线。$x=1$ 是函数的最小点。下面就用梯度下降法计算它的极值：

```
gd(5,0.1,g)
```

运行结果如下：

```
[ Epoch 0 ] grad = 8, x = 4.2
[ Epoch 1 ] grad = 6.4, x = 3.56
[ Epoch 2 ] grad = 5.12, x = 3.048
[ Epoch 3 ] grad = 4.096, x = 2.6384
[ Epoch 4 ] grad = 3.2768, x = 2.31072
[ Epoch 5 ] grad = 2.62144, x = 2.048576
[ Epoch 6 ] grad = 2.097152, x = 1.8388608
[ Epoch 7 ] grad = 1.6777216, x = 1.67108864
[ Epoch 8 ] grad = 1.34217728, x = 1.536870912
[ Epoch 9 ] grad = 1.073741824, x = 1.4294967296
[ Epoch 10 ] grad = 0.8589934592, x = 1.34359738368
[ Epoch 11 ] grad = 0.68719476736, x = 1.27487790694
[ Epoch 12 ] grad = 0.549755813888, x = 1.21990232556
[ Epoch 13 ] grad = 0.43980465111, x = 1.17592186044
[ Epoch 14 ] grad = 0.351843720888, x = 1.14073748836
[ Epoch 15 ] grad = 0.281474976711, x = 1.11258999068
[ Epoch 16 ] grad = 0.225179981369, x = 1.09007199255
[ Epoch 17 ] grad = 0.180143985095, x = 1.07205759404
[ Epoch 18 ] grad = 0.144115188076, x = 1.05764607523
[ Epoch 19 ] grad = 0.115292150461, x = 1.04611686018
```

可以看到，初始值 x 从 5 出发，梯度值在不断下降，经过 20 轮迭代，x 虽然没有完全等于 1，但是在迭代中它正不断地逼近最优值 1。

上面的例子留下了一点遗憾，最后 x 离最优值的距离并不算近，那是不是因为每一轮迭代时的步长设置得太小，导致优化值没有更快地收敛到最优值？如果是这样，那么增大步长是不是就可以在 20 轮迭代内看到优化结束呢？抱着这样的想法，重新进行优化，这一次将优化步长设置为之前的 1000 倍，也就是 100：

```
gd(5,100,g)
```

运行结果如下：

```
[ Epoch 0 ] grad = 8, x = -795
[ Epoch 1 ] grad = -1592, x = 158405
[ Epoch 2 ] grad = 316808, x = -31522395
[ Epoch 3 ] grad = -63044792, x = 6272956805
[ Epoch 4 ] grad = 12545913608, x = -1248318403995
[ Epoch 5 ] grad = -2496636807992, x = 248415362395205
[ Epoch 6 ] grad = 496830724790408, x = -49434657116645595
[ Epoch 7 ] grad = -98869314233291192, x = 9837496766212473605
[ Epoch 8 ] grad = 19674993532424947208, x = -1957661856476282247195
[ Epoch 9 ] grad = -3915323712952564494392, x = 389574709438780167192005
```

可以看到，参数的梯度不但没有收敛，反而越来越大。优化的本意是让目标值朝着梯度下降的方向前进，结果它却走向了另外一个方向。为什么会出现这样的情况呢？为什么梯度会不降反升呢？是算法本身有问题，还是梯度的设置有问题？解释这种情况还要回到“梯度”概念本身上来。

实际上，函数在某一点的梯度指的是它在当前变量处的梯度，对于这一点来说，它的梯度方向指向了函数上升的方向，可以利用泰勒公式证明在一定的范围内，沿着负梯度方向前进，函数值是会下降的。但是，只能保证公式在一定范围内是成立的，从函数的实际图形中也可以看出，如果优化步长太大，就有可能跳出函数值下降的范围，那么函数值还是否下降就不好说了，当然有可能会越变越大。

如何避免这种情况发生呢？简单的方法就是将步长设置得小一些。当然，还有一些 Line-Search 的方法可以通过其他限定条件避免这样的事情发生，这里就不做介绍了。

既然理论没有错，那么看起来只能通过修改步长来解决问题了。既然小步长会使目标值的梯度下降，大步长会使梯度发散，那么有没有一个步长会让优化问题原地打转呢？在这个问题中，这样的步长是存在且容易找到的。

由于梯度优化总会造成数值的改变，每一步优化都让目标值原地打转是不太现实的。假设目标值从 A 变更到 B，再从 B 变更到 A，如此循环更新。于是，x 从 5 出发，经过一轮迭代，x 被更新到了另一个值 x'，再用 x' 继续迭代，x' 又被更新到了 5。将上述过程写成方程：

$$x = 5, g(x) = 8$$

$$x' = 5 - 8 \times \text{step}$$

$$g(x') = 2 \times (5 - 8\text{step}) - 2$$

$$x' - g(x') \times \text{step} = x = 5$$

合并公式，求解得：$\text{step} = 1$。

也就是说，当 $\text{step} = 1$ 时，求解会原地打转，接下来尝试：

```
gd(5,1,g)
```

运行结果如下：

```
[ Epoch 0 ] grad = 8, x = -3
[ Epoch 1 ] grad = -8, x = 5
[ Epoch 2 ] grad = 8, x = -3
[ Epoch 3 ] grad = -8, x = 5
[ Epoch 4 ] grad = 8, x = -3
[ Epoch 5 ] grad = -8, x = 5
[ Epoch 6 ] grad = 8, x = -3
[ Epoch 7 ] grad = -8, x = 5
[ Epoch 8 ] grad = 8, x = -3
[ Epoch 9 ] grad = -8, x = 5
[ Epoch 10 ] grad = 8, x = -3
```

和预想的一样，目标值在优化过程中进入循环状态，梯度下降法失效了。

通过上面的实验可以发现，对于初始值为 5 这个点，当步长大于 1 时，梯度下降法会出现求解目标值发散的现象；而小于 1 则不会发散，参数会逐渐收敛。可见，1 就是步长的临界点。这时问题又来了，对于其他初始值，这个规律还适用吗？接下来就把初始值换成 4，再进行一次实验。

```
gd(4,1,g)
```

运行结果如下：

```
[ Epoch 0 ] grad = 6, x = -2
[ Epoch 1 ] grad = -6, x = 4
[ Epoch 2 ] grad = 6, x = -2
[ Epoch 3 ] grad = -6, x = 4
[ Epoch 4 ] grad = 6, x = -2
[ Epoch 5 ] grad = -6, x = 4
[ Epoch 6 ] grad = 6, x = -2
[ Epoch 7 ] grad = -6, x = 4
[ Epoch 8 ] grad = 6, x = -2
[ Epoch 9 ] grad = -6, x = 4
[ Epoch 10 ] grad = 6, x = -2
```

通过实验发现，当步长等于 1 时，无论将初始值设置成任何值（最优值除外），参数都不会收敛到最优值。这个实验揭示了一个道理：对于这个二次函数，如果采用固定步长的梯度下降法进行优化，步长要小于 1；否则，不论初始值等于多少，问题都会发散或者原地打转。

如果再换一个函数：$f(x) = 4x^2 - 4x + 1$，它的安全步长是多少呢？还是 1 吗？当然不是，而是 0.25。

```
def f2(x):
    return 4 * x * x - 4 * x + 1
def g2(x):
    return 8 * x - 4
gd(5,0.25,g2)
```

运行结果如下：

```
[ Epoch 0 ] grad = 36, x = -4.0
[ Epoch 1 ] grad = -36.0, x = 5.0
[ Epoch 2 ] grad = 36.0, x = -4.0
[ Epoch 3 ] grad = -36.0, x = 5.0
[ Epoch 4 ] grad = 36.0, x = -4.0
[ Epoch 5 ] grad = -36.0, x = 5.0
[ Epoch 6 ] grad = 36.0, x = -4.0
[ Epoch 7 ] grad = -36.0, x = 5.0
[ Epoch 8 ] grad = 36.0, x = -4.0
[ Epoch 9 ] grad = -36.0, x = 5.0
[ Epoch 10 ] grad = 36.0, x = -4.0
```

实验结果和猜测的完全一致。至此，相信读者对步长的设置有了更深的认识。这组实验说明了梯度下降法简单中的不简单，虽然采用固定步长优化的方法看上去简单、直观，但是对步长的选择需要慎重。即使是一元二次函数也存在优化问题，对于本书关注的CNN网络优化来说，优化曲面比上面的二次函数复杂得多，采用固定步长优化实际上"步步惊心"，在实战中需要一定的技巧并多尝试才能找到最合适的步长。

6.2 动量法

本节将介绍**动量**（Momentum）算法[1]。动量是物理课上学习过的一个概念，在优化求解的过程中，动量代表了之前的迭代优化量，它将在后面的优化过程中持续发威，推动目标值前进。拥有了动量，一个已经结束的更新量不会立刻消失，只会以一定的形式衰减，剩下的能量将继续在优化中发挥作用。

上面介绍的概念比较抽象，下面给出基于动量的梯度下降的代码。这段代码在前面的梯度下降法代码的基础上做了一定的修改。

```
def momentum(x_start, step, g, discount = 0.7):
    x = np.array(x_start, dtype='float64')
    pre_grad = np.zeros_like(x)
    for i in range(50):
        grad = g(x)
        pre_grad = pre_grad * discount + grad * step
        x -= pre_grad
        print '[ Epoch {0} ] grad = {1}, x = {2}'.format(i, grad, x)
        if abs(sum(grad)) < 1e-6:
            break;
    return x
```

代码中的pre_grad变量就是用于存储历史积累的动量的，每一轮迭代动量都会乘一个系数做能量衰减，但是它依然会被用于更新参数。

每个事物的存在必然有它的道理，动量算法和前面介绍的梯度下降法相比有什么优点呢？用形象的话来说，它可以帮助目标值穿越"狭窄山谷"形状的优化曲面，从而到达最终的最优点。那么，什么是"山谷"？怎么理解"穿越山谷"这个词呢？下面用一个例子来解释。例子函数和6.1节的相比复杂一些，是一个二元二次函数：$z = x^2 + 50y^2$。

```
def f(x):
```

```
    return x[0] * x[0] + 50 * x[1] * x[1]
def g(x):
    return np.array([2 * x[0], 100 * x[1]])

xi = np.linspace(-200,200,1000)
yi = np.linspace(-100,100,1000)
X,Y = np.meshgrid(xi, yi)
Z = X * X + 50 * Y * Y
```

这个函数的等高线图如图 6.2 所示。

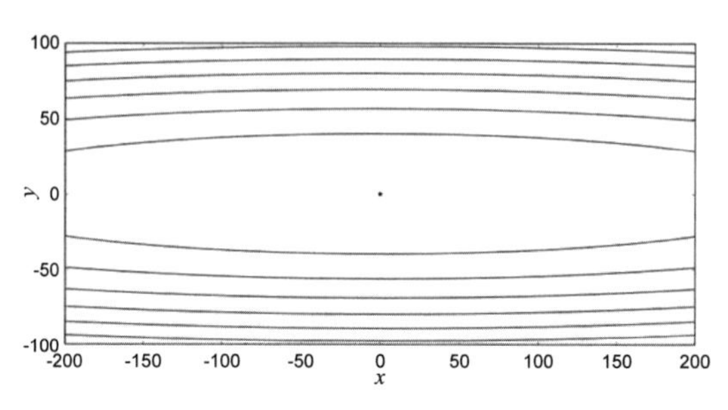

图 6.2　二元二次函数 $z = x^2 + 50y^2$ 的等高线图

其中，中心的点表示最优值。把等高线图想象成地形图，从等高线的疏密程度可以看出，这个函数在 y 轴方向十分陡峭，在 x 轴方向则相对平缓。也就是说，函数在 y 轴的方向导数比较大，在 x 轴的方向导数比较小。可以将图 6.2 所示的区域看作一个“山谷”，如果采用固定步长的梯度下降法尝试优化，那么有：

```
gd([150,75], 0.016, g)
```

这里给出在 50 轮迭代过程中参数的优化过程，如图 6.3 所示。

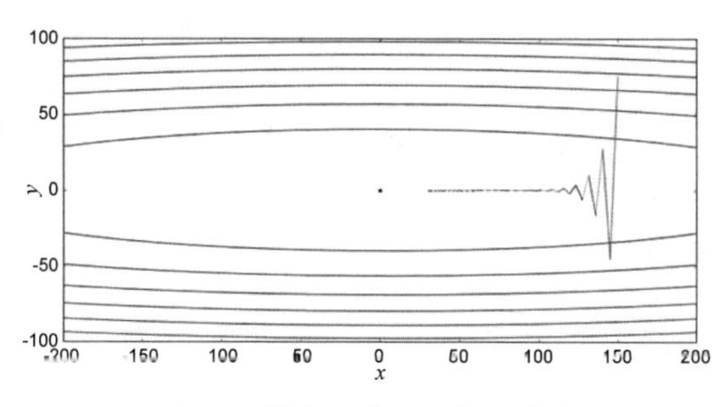

图 6.3　梯度下降法的优化曲线

可以看出，目标值从某个点出发，整体趋势向着最优点前进，它和最优点的距离不断靠近，说明优化过程在收敛，步长设置是没有问题的，但前进的速度似乎有点慢，50轮迭代后并没有到达最优点。直觉上认为，有可能步长设置得偏小。将步长稍微增大一些，代码如下：

```
res, x_arr = gd([150,75], 0.019, g)
contour(X,Y,Z, x_arr)
```

增大步长的梯度下降法的优化曲线如图6.4所示。

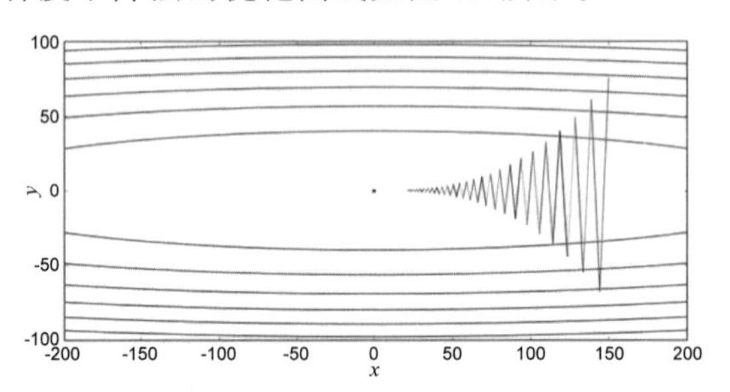

图6.4　增大步长的梯度下降法的优化曲线

虽然优化效果有了一定的提升，但成效依然不明显，而且在优化过程中出现了参数值上下抖动的现象。这个现象是怎么回事呢？看上去参数在优化过程中产生了某种“打转”的现象，做了很多无用功。看到这条曲线路径，读者可能会想到极限运动赛道，如图6.5所示。

图6.5　极限运动中的U形赛道（图片来源：sk8cn的新浪博客）

实际上，算法眼中的目标函数和这个图很像，算法没有让大家“失望”，一直在选择梯度下降最快的方向前进，但这个方向不一定能为优化提供太多的帮助，因此沿着这条道路进行优化就十分艰难——就像这个极限运动一样，从一边的高台滑下，然后滑到另一边，不断进行。这个过程很像 6.1 节介绍的“打转”现象，朝正确优化方向前进的步伐比较小，而无效重复的前进步伐比较大。虽然优化的效率很低，但这就是梯度下降法，它的眼中只有梯度，并且只相信梯度。

如果继续增大步长，优化曲线会变成什么样子呢？“滑板少年”还能不能再快点前进呢？代码如下：

```
res, x_arr = gd([150,75], 0.02, g)
contour(X,Y,Z, x_arr)
```

继续增大步长的梯度下降法的优化曲线如图 6.6 所示。

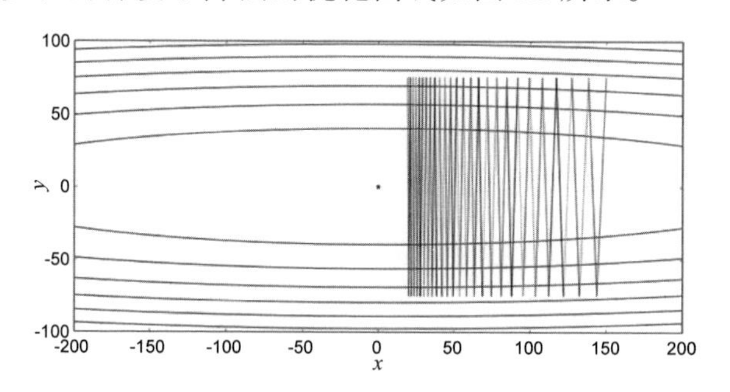

图 6.6　继续增大步长的梯度下降法的优化曲线

从结果来看，这是“滑板少年”能尽的最大力了……这个步长已经是能设置的最大步长，如果步长再增大些，“滑板少年”就要从 U 形赛道飞出去了，优化参数的梯度也将发散。在这个例子中，由于两个坐标轴方向的函数的陡峭性质不同，两个方向对最大步长的限制不同，显然 y 方向对步长的限制更严格。为了满足 y 方向的更新，x 方向就无法获得充分的更新，这时梯度下降法就无法获得很好的效果。

下面我们将目光转向动量，看看动量算法是如何帮助这个“滑板少年”的。

在开始动量算法的计算前，先对“滑板少年”的行动方向做一个总结。我们发现，“滑板少年”的行动只会在以下三个方向进行：

- 沿 $-x$ 方向滑行。
- 沿 $+y$ 方向滑行。
- 沿 $-y$ 方向滑行。

这样看来，如果“滑板少年”能把行动的力量集中在往 $-x$ 方向滑行而不是在 y 方向上打转就好了。于是，这个想法将分为两个部分。

- 集中力量沿 $-x$ 方向滑行。
- 尽量不要在 y 方向上打转。

使用动量算法可以实现这两个部分。可以想象，使用动量后，历史的更新量会以衰减的形式不断作用在这些方向上，那么沿 $-y$ 和 $+y$ 两个方向的动量就可以相互抵消，而在 $-x$ 方向的力则会一直加强，这样“滑板少年”虽然还会在 y 方向上打转，但是他在 $-x$ 方向上的速度会因为之前的累积而变得越来越快。

基于上面的分析，下面来看看加了动量技能的“滑板少年”的表现。代码如下：

```
momentum([150,75], 0.016, g)
```

动量算法的优化曲线如图 6.7 所示。

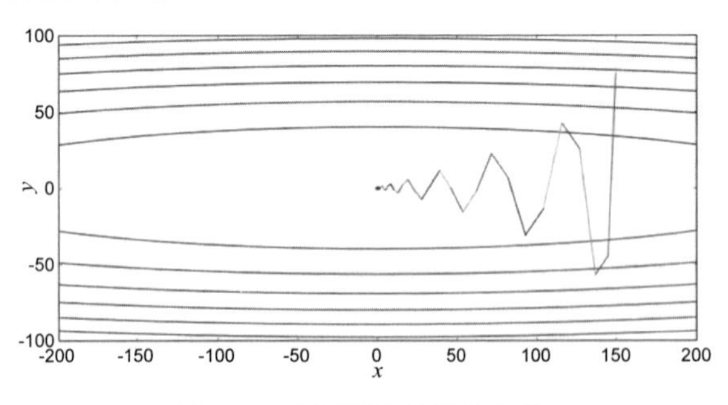

图 6.7　动量算法的优化曲线

动量算法果然没有令人失望，尽管“滑板少年”还是产生了一些打转，但是在 50 轮迭代后，其进入了最优点的邻域，完成了优化任务，和前面的梯度下降法相比有了很大的进步。

当然，这也暴露了动量优化存在的问题，在前面的几轮迭代过程中，目标值在 y 方向上的振荡比较大。为此，科研人员又发明了基于动量算法的改进算法，解决了动量算法存在的问题——抖动强烈，干脆让“滑板少年”停止玩耍，专心赶路。这就是 Nesterov 算法 [2]。下面给出代码和优化过程。

```
def nesterov(x_start, step, g, discount = 0.7):
    x = np.array(x_start, dtype='float64')
    pre_grad = np.zeros_like(x)
```

```
    for i in range(50):
        x_future = x - step * discount * pre_grad
        grad = g(x_future)
        pre_grad = pre_grad * 0.7 + grad
        x -= pre_grad * step

        print '[ Epoch {0} ] grad = {1}, x = {2}'.format(i, grad, x)
        if abs(sum(grad)) < 1e-6:
            break;
    return x
nesterov([150,75], 0.012, g)
```

Nesterov 算法的优化曲线如图 6.8 所示。

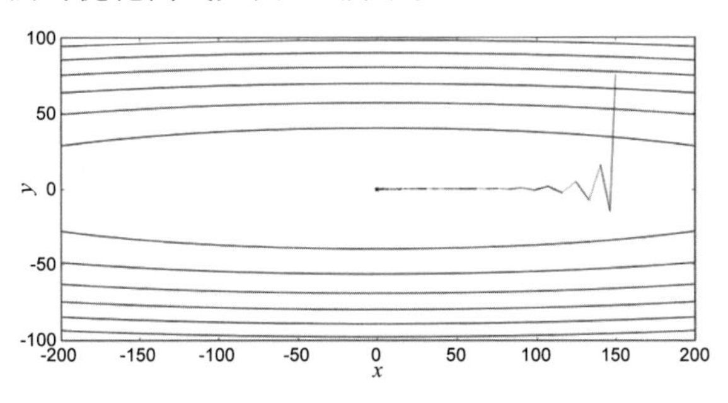

图 6.8　Nesterov 算法的优化曲线

“滑板少年”不再贪玩，放弃在 U 形赛道上玩耍。那么，Nesterov 算法和动量算法有什么区别呢？动量算法计算了当前目标点的梯度；而 Nesterov 算法计算了动量更新后优化点的梯度。其中关键的区别在于计算梯度的点不同。

读者可以想象一个场景：当优化点已经积累了某个抖动方向的梯度后，这时对于动量算法来说，虽然当前点的梯度指向积累梯度的相反方向，但是量不够大，所以最终的优化方向还会在积累的方向上前进一段，这就是图 6.7 所示的优化曲线所展示的效果；对于 Nesterov 算法来说，如果按照积累的方向再向前多走一段，那么这时梯度中指向积累梯度相反方向的量变得大了许多，所以最终两个方向的梯度抵消，反而使得抖动方向的量迅速减小。可见，Nesterov 算法的衰减速度确实比动量算法要快不少。

经过上面的介绍，相信读者能够理解动量算法在“穿越山谷”上的卓越表现。本节的最后介绍动量在数值上的事情。很多科研人员已经给出了衰减系数的建议配置——0.9（上面的例子全部是 0.7），那么 0.9 这个衰减系数能使历史更新量发挥多大作用呢？

如果用$\boldsymbol{G}$表示每一轮迭代的动量，$\boldsymbol{g}$表示当前一轮迭代的更新量（方向×步长），t表示迭代轮数，γ表示衰减系数，那么对于时刻t的梯度更新量就有如下公式：

$$\begin{aligned}\boldsymbol{G}_t &= \gamma\boldsymbol{G}_{t-1}+\boldsymbol{g}_t\\ &= \gamma(\gamma\boldsymbol{G}_{t-2}+\boldsymbol{g}_{t-1})+\boldsymbol{g}_t\\ &= \gamma^2\boldsymbol{G}_{t-2}+\gamma\boldsymbol{g}_{t-1}+\boldsymbol{g}_t\\ &= \gamma^t\boldsymbol{g}_0+\gamma^{t-1}\boldsymbol{g}_1+\cdots+\boldsymbol{g}_t\end{aligned}$$

对于第一轮迭代的更新量$\boldsymbol{g}_0$来说，可以计算出从$\boldsymbol{G}_0$到$\boldsymbol{G}_t$，它的总贡献量为

$$(\gamma^t+\gamma^{t-1}+\cdots+\gamma+1)\boldsymbol{g}_0$$

相信读者已经发现它的总贡献量是一个等比数列的和，比值为γ。如果$\gamma=0.9$，那么根据公比小于1的等比数列的极限公式，可以知道更新量在极限状态下的贡献值为

$$\lim_{t\to\infty}(\gamma^t+\gamma^{t-1}+\cdots+\gamma+1)\boldsymbol{g}_0=\frac{\boldsymbol{g}_0}{1-\gamma}$$

当$\gamma=0.9$时，它一共贡献了相当于自身10倍的能量。如果$\gamma=0.99$呢？那就是100倍的能量了。在实际应用中，如何设置衰减系数，就需要分析具体任务中更新量需要多么“持久”的动力了。

6.3 随机梯度下降的变种算法

本节将介绍深度学习中的其他优化算法，这些算法主要使用一阶梯度的信息，因此被看作随机梯度下降法的变种。所谓的随机梯度下降法，是指模型优化时，不直接使用完整的数据集进行优化，而是在每一次参数更新时，使用一部分数据进行梯度计算。这类优化方法不一定有最快的收敛速度，但是通常拥有较好的普适性，能在不同的问题上使用。这些算法出现的时间比较晚，但是它们都在一些应用中证明了自己的优化能力。在前面讲解的例子中展示的函数都是凸函数，而在深层模型中，非凸函数才是更常见的，因此，本节将以一个非凸函数为例来展开介绍。

$$f(x,y)=x^2-2x+100xy+10y^2+20y$$

为了方便展示和后续的描述，这里直接给出目标函数的等高线图，如图 6.9 所示。

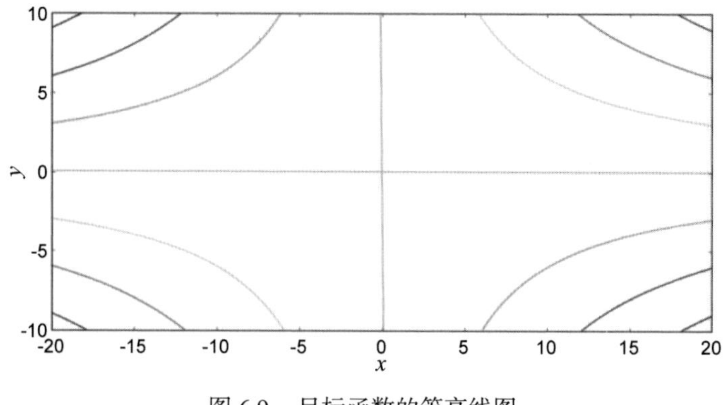

图 6.9 目标函数的等高线图

在图 6.9 中，第一、第三象限的函数值偏大，第二、第四象限的函数值偏小。为了找到最小值，参数应该向着第二、第四象限前进。从图中就可以看出，这个函数不满足凸函数的性质——函数不满足 **Jensen 不等式**，函数的**黑塞（Hessian）矩阵**不是正定矩阵等。接下来介绍的优化算法就要在这个函数上进行优化。

每种优化算法都要在这个函数上做两个实验。

第一个实验是“弯道赛”，目标值从一个比较正常的位置——(5, 5) 点出发，看看各种算法的参数更新轨迹。

第二个实验是“爬坡赛”，目标值从鞍点附近出发，看看各种算法在不借助历史信息的情况下如何冲出鞍点。

前面介绍的经典算法——梯度下降法、动量算法也将出场参与实验。

6.3.1 经典算法的“弯道表现”

梯度下降法的优化轨迹如图 6.10 所示。

```
res, x_arr = gd([5,5], 0.0008, g)
contour(X,Y,Z, x_arr)
```

为了保证算法经过 50 轮迭代后不会超出图像的范围，这里对算法的学习率进行了限制。可以看出，梯度下降法在优化过程中首先冲向了局部最优点，同时也是函数的鞍点，在行进过程中梯度值随着曲线迅速改变，于是它调转头冲向了真正的优化点。可见，梯度下降法对梯度的瞬时改变十分灵敏。

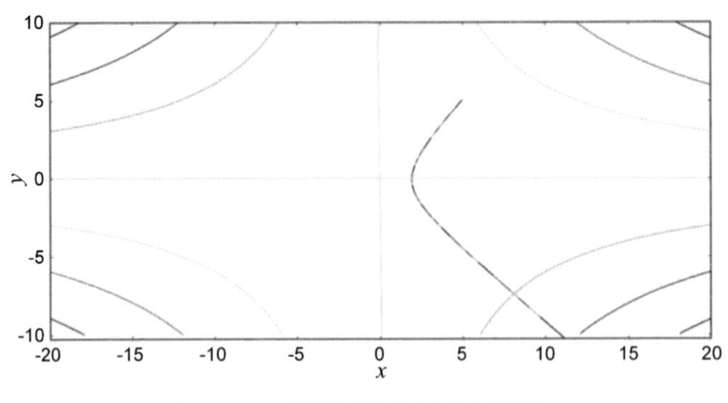

图 6.10　梯度下降法的优化轨迹

动量算法的优化轨迹如图 6.11 所示。

```
res, x_arr = momentum([5, 5], 3e-4, g)
contour(X,Y,Z, x_arr)
```

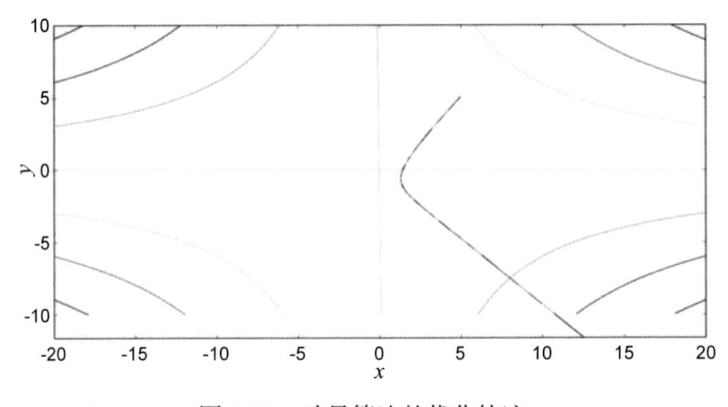

图 6.11　动量算法的优化轨迹

可以看出，动量算法也成功地绕过了鞍点。不过，由于累积的更新量的原因，动量算法“转身”的时机相对晚一些。同时，动量算法的学习率设置比梯度下降法还要小。

6.3.2　AdaGrad

AdaGrad 算法 [3] 是一种自适应的梯度下降方法。何谓自适应呢？在梯度下降法中，参数的更新量等于梯度乘学习率，即更新量和梯度是线性正相关的；而在实际应用中，每个参数的梯度各有不同，有的梯度比较大，有的比较小，那么就有可能遇到参数优化不均衡的情况。

参数优化不均衡对模型训练来说不是一件好事，因为这意味着不同的参数更新适用于不同的学习率。AdaGrad 算法正是要解决这个问题的，该算法希望不同参数的更新量能够比较均衡。对于更新比较多的参数，它的更新量要适当衰减；而对于更新比较少的参数，它的更新量要尽量大一些。其参数更新公式如下（其中 lr 表示优化的学习率。ε 的取值一般比较小，它只是为了防止分母为 0）：

$$x_{t+1} = x_t - \mathrm{lr} \cdot \frac{\boldsymbol{g}_t}{\sqrt{\sum_t \boldsymbol{g}_t^2 + \varepsilon}}$$

AdaGrad 算法的核心代码如下：

```
def adagrad(x_start, step, g, delta=1e-8):
    x = np.array(x_start, dtype='float64')
    sum_grad = np.zeros_like(x)
    for i in range(50):
        grad = g(x)
        sum_grad += grad * grad
        x -= step * grad / (np.sqrt(sum_grad) + delta)
        if abs(sum(grad)) < 1e-6:
            break;
    return x
```

从公式和代码中可以发现，该算法积累了历史的梯度和，并用这个和来调整每个参数的更新量——对于之前更新量大的参数，分母也会比较大，未来它的更新量会相对小一些；对于之前更新量小的参数，分母也相对小一些，未来它的更新量会相对大一些。

AdaGrad 算法的优化轨迹如图 6.12 所示。

```
res, x_arr = adagrad([5, 5], 1.3, g)
contour(X,Y,Z, x_arr)
```

从总体效果上看，除了学习率比较大，这和前面的算法没什么差别。此外，AdaGrad 算法的优化路径和前面的算法相比更靠近鞍点，算法开始时分母的数值相对较小，因此更新量比较大。

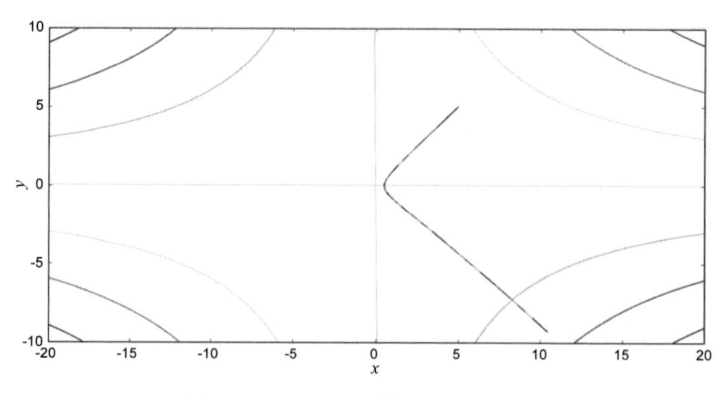

图 6.12　AdaGrad 算法的优化轨迹

6.3.3　RMSProp

上面介绍的 AdaGrad 算法有一个很大的问题，就是随着优化的迭代次数不断增加，参数更新公式的分母会变得越来越大。理论上，更新量会越来越小，这对优化十分不利。本节介绍的 **RMSProp** 算法 [4] 就试图解决这个问题。在 RMSProp 算法中，分母的梯度平方和不再随优化而递增，而是做加权平均。其参数更新公式如下（其中 lr 表示优化的学习率）：

$$G_{t+1} = \beta G_t + (1-\beta) g_t^2$$

$$x_{t+1} = x_t - \text{lr} \cdot \frac{g_t}{\sqrt{G_{t+1}} + \varepsilon}$$

RMSProp 算法的代码比较简单，如下所示。

```
def rmsprop(x_start, step, g, rms_decay = 0.9, delta=1e-8):
    x = np.array(x_start, dtype='float64')
    sum_grad = np.zeros_like(x)
    passing_dot = [x.copy()]
    for i in range(50):
        grad = g(x)
        sum_grad = rms_decay * sum_grad + (1 - rms_decay) * grad * grad
        x -= step * grad / (np.sqrt(sum_grad) + delta)
        passing_dot.append(x.copy())
        if abs(sum(grad)) < 1e-6:
            break;
    return x, passing_dot
```

RMSProp 算法的优化轨迹如图 6.13 所示。

```
res, x_arr = rmsprop([5, 5], 0.3, g)
contour(X,Y,Z, x_arr)
```

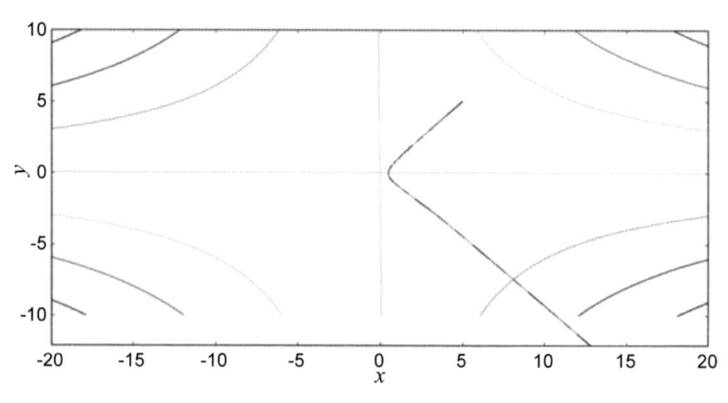

图 6.13 RMSProp 算法的优化轨迹

看上去，RMSProp 算法和 AdaGrad 算法的表现差不多，但是它的学习率比 AdaGrad 算法小很多，而更新速度也比 AdaGrad 算法快，这说明分母对优化的阻碍明显变小了。

6.3.4 AdaDelta

AdaGrad 算法和 RMSProp 算法在某种程度上已经解决了“自适应确定更新量”的问题，但是在 **AdaDelta** 算法 [5] 的眼中似乎还不够。在介绍 AdaDelta 算法的论文中，论文作者详细阐述了在 AdaGrad 算法中得到的参数更新量的“单位”不对的问题。

在前面的一些优化算法中，更新量都是由学习率乘梯度向量组成的，而 AdaGrad 算法在更新量计算公式中除梯度累积量，这相当于打破了之前的更新量组成部分的平衡性，因此论文作者认为如果分母加上了梯度累积量，那么分子也应该加上一些内容，这样的更新量才会和之前的算法一样保持平衡，更新量的“单位”才能恢复正常。

于是，论文作者基于 AdaGrad 算法进行了修改，就有了下面的计算公式：

$$\boldsymbol{G}_{t+1} = \beta \boldsymbol{G}_t + (1-\beta)\boldsymbol{g}_t^2$$

$$\delta_{t+1} = \sqrt{\frac{\Delta_t + \varepsilon}{\boldsymbol{G}_{t+1} + \varepsilon}}\boldsymbol{g}_t$$

$$x_{t+1} = x_t - \text{lr} \cdot \delta_{t+1}$$
$$\Delta_{t+1} = \beta\Delta_t + (1-\beta)\delta_{t+1}^2$$

具体的代码如下：

```
def adadelta(x_start, step, g, momentum = 0.9, delta=1e-1):
    x = np.array(x_start, dtype='float64')
    sum_grad = np.zeros_like(x)
    sum_diff = np.zeros_like(x)
    passing_dot = [x.copy()]
    for i in range(50):
        grad = g(x)
        sum_grad = momentum * sum_grad + (1 - momentum) * grad * grad
        diff = np.sqrt((sum_diff + delta) / (sum_grad + delta)) * grad
        x -= step * diff
        sum_diff = momentum * sum_diff + (1 - momentum) * (diff * diff)
        passing_dot.append(x.copy())
        if abs(sum(grad)) < 1e-6:
            break;
    return x, passing_dot
```

AdaDelta 算法的优化轨迹如图 6.14 所示。

```
res, x_arr = adadelta([5, 5], 0.4, g)
contour(X,Y,Z, x_arr)
```

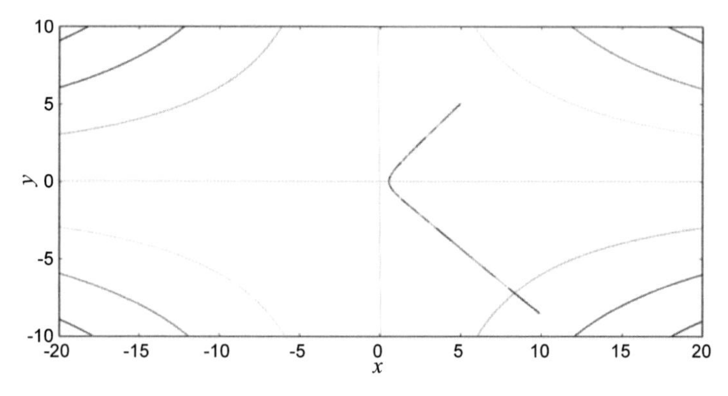

图 6.14 AdaDelta 算法的优化轨迹

与 AdaGrad 算法相比，AdaDelta 算法的学习率小了一些；与 RMSProp 算法相比，两者的学习率比较接近，说明它们选择了不同的角度修改 AdaGrad 算法，最终的效果比较相似。

6.3.5 Adam

Adam 算法 [6] 可以算作动量算法和 RMSProp 算法的集大成者，它既包含了动量算法的思想，也包含了 RMSProp 算法的自适应梯度的思想。在计算过程中，Adam 算法既要像动量算法那样计算累积的动量：

$$\boldsymbol{m}_{t+1} = \beta_1\boldsymbol{m}_t + (1-\beta_1)\boldsymbol{g}_t$$

又要像 RMSProp 算法那样计算梯度的滑动平方和：

$$\boldsymbol{v}_{t+1} = \beta_2\boldsymbol{v}_t + (1-\beta_2)\boldsymbol{g}_t^2$$

Adam: A Method for Stochastic Optimization 论文作者没有直接把这两个计算值加入最终的计算公式中。该论文作者希望 $\boldsymbol{m}_{t+1}$ 能够等于 t 时刻的梯度平均值，这样这个数值就可以近似为梯度期望值 $E[\boldsymbol{g}]$；同时 $\boldsymbol{v}_{t+1}$ 能够等于 t 时刻的梯度平方的平均值，这样这个数值就可以近似为梯度的二阶矩 $E[\boldsymbol{g}^2]$。但是很显然，滑动平均值的计算方法和直接求平均值的方法存在差异，为此该论文作者希望通过简单的方法纠正其中的差异。将上面的两个累积量展开，可以得到：

$$\begin{aligned}
\boldsymbol{m}_{t+1} &= \beta_1(\beta_1\boldsymbol{m}_{t-1} + (1-\beta_1)\boldsymbol{g}_{t-1}) + (1-\beta_1)\boldsymbol{g}_t \\
&= \beta_1^2\boldsymbol{m}_{t-1} + (1-\beta_1)[\beta_1\boldsymbol{g}_{t-1} + \boldsymbol{g}_t] \\
&= (1-\beta_1)\sum_{i=1}^{t}\beta_1^{t-i}\boldsymbol{g}_i \\
\boldsymbol{v}_{t+1} &= \beta_2(\beta_2\boldsymbol{v}_{t-1} + (1-\beta_2)\boldsymbol{g}_{t-1}^2) + (1-\beta_2)\boldsymbol{g}_t^2 \\
&= \beta_2^2\boldsymbol{v}_{t-1} + (1-\beta_2)[\beta_2\boldsymbol{g}_{t-1}^2 + \boldsymbol{g}_t^2] \\
&= (1-\beta_2)\sum_{i=1}^{t}\beta_2^{t-i}\boldsymbol{g}_i^2
\end{aligned}$$

这里需要假设每一轮迭代的梯度差距非常小，这样公式中的梯度和梯度的平方就可以近似为各自的期望值，那么上面两个计算公式就变成：

$$\begin{aligned}
\boldsymbol{m}_{t+1} &\approx (1-\beta_1)\sum_{i=1}^{t}\beta_1^{t-i}E[\boldsymbol{g}] \\
&= (1-\beta_1)\times\frac{1-\beta_1^t}{1-\beta_1}E[\boldsymbol{g}]
\end{aligned}$$

$$
\begin{aligned}
&= (1-\beta_1^t)E[\boldsymbol{g}] \\
\boldsymbol{v}_{t+1} &\approx (1-\beta_2)\sum_{i=1}^{t}\beta_2^{t-i}E[\boldsymbol{g}_i^2] \\
&= (1-\beta_2)\times\frac{1-\beta_2^t}{1-\beta_2}E[\boldsymbol{g}_i^2] \\
&= (1-\beta_2^t)E[\boldsymbol{g}_i^2]
\end{aligned}
$$

得到这两个推导公式，就发现了两个计算量与期望的差距，于是给这两个计算量加上了修正量，修正后的两个计算量变成：

$$
\hat{\boldsymbol{m}}_t = \frac{\boldsymbol{m}_t}{1-\beta_1^t}
$$

$$
\hat{\boldsymbol{v}}_t = \frac{\boldsymbol{v}_t}{1-\beta_2^t}
$$

将两个计算量融合到最终的公式中：

$$
\boldsymbol{x}_{t+1} = \boldsymbol{x}_t - \text{lr}\cdot\frac{\hat{\boldsymbol{m}}_t}{\sqrt{\hat{\boldsymbol{v}}_t}+\varepsilon}
$$

Adam 算法的代码如下：

```
def adam(x_start, step, g, beta1 = 0.9, beta2 = 0.999,delta=1e-8):
    x = np.array(x_start, dtype='float64')
    sum_m = np.zeros_like(x)
    sum_v = np.zeros_like(x)
    passing_dot = [x.copy()]
    for i in range(50):
        grad = g(x)
        sum_m = beta1 * sum_m + (1 - beta1) * grad
        sum_v = beta2 * sum_v + (1 - beta2) * grad * grad
        correction = np.sqrt(1 - beta2 ** i) / (1 - beta1 ** i)
        x -= step * correction * sum_m / (np.sqrt(sum_v) + delta)
        passing_dot.append(x.copy())
        if abs(sum(grad)) < 1e-6:
            break;
    return x, passing_dot
```

Adam 算法的优化轨迹如图 6.15 所示。

```
res, x_arr = adam([5, 5], 0.1, g)
contour(X,Y,Z, x_arr)
```

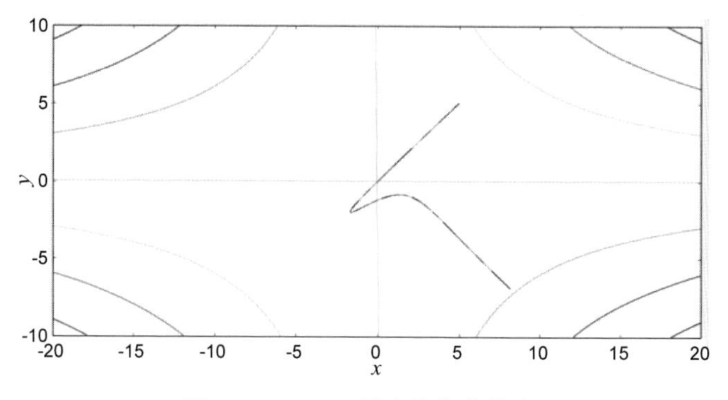

图 6.15 Adam 算法的优化轨迹

Adam 算法结合了冲量的“惯性”和自适应算法“起步快”这两个特点，所以它是唯一一个让目标点冲过鞍点的算法。当然，最后目标点还是绕了回来。

以上介绍的就是优化算法，以及它们在“弯道赛”中的表现。上面的实验检验了优化算法的“转弯”能力。如果一个优化问题的优化曲面十分复杂，上面充满了各种崎岖坎坷的山峰和山谷，那么目标点就需要经常适应这种环境并快速做出反应。现在每种算法都给读者交出了答案，但是它们的表现不太一样。有的算法比较灵敏，一旦发现新的优化方向就会选择“转身”；有的算法则比较“笨重”，直到“冲过了头才转过身来”；有的算法“转弯”很轻松，并不需要设置很大的学习率；有的算法则需要设置较大的学习率才能完成“转弯”，否则就会行动缓慢。

6.3.6 “爬坡赛”实验

“爬坡赛”的比赛规则是，所有算法都使用和“弯道赛”实验同样的参数，从鞍点附近出发，经过 50 轮迭代，看看它们的表现。

梯度下降法在“爬坡赛”中的优化轨迹如图 6.16 所示。

```
res, x_arr = gd([-0.23,0.0], 0.0008, g)
contour(X,Y,Z, x_arr)
```

梯度下降法在“爬坡赛”中交了白卷，说明该算法虽然很灵活，转弯能力很强，但是动力不足。

动量算法在“爬坡赛”中的优化轨迹如图 6.17 所示。

```
res, x_arr = momentum([-0.23,0], 5e-4, g)
contour(X,Y,Z, x_arr)
```

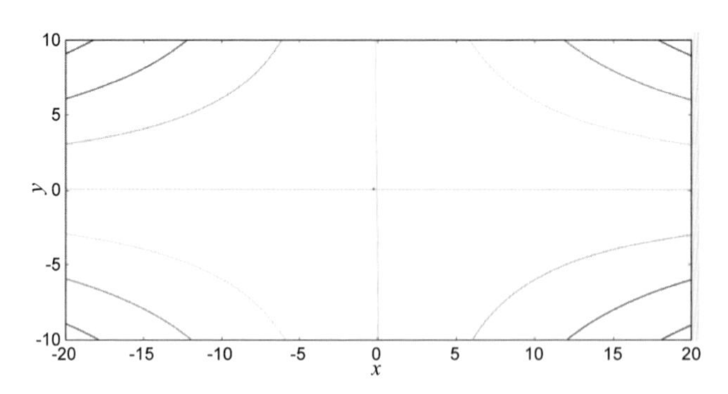

图 6.16　梯度下降法在“爬坡赛”中的优化轨迹

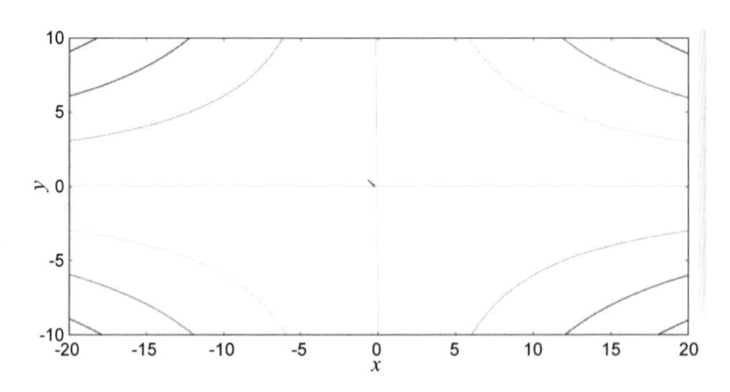

图 6.17　动量算法在“爬坡赛”中的优化轨迹

动量算法比梯度下降法好一点，但是好得有限。

AdaGrad 算法在“爬坡赛”中的优化轨迹如图 6.18 所示。

```
res, x_arr = adagrad([-0.23, 0], 1.3, g)
contour(X,Y,Z, x_arr)
```

可以看到，它一改在“弯道赛”中的平平表现，很轻松地冲向了最优点。

RMSProp 算法在“爬坡赛”中的优化轨迹如图 6.19 所示。

```
res, x_arr = rmsprop([-0.23, 0], 0.3, g)
contour(X,Y,Z, x_arr)
```

可以看到，RMSProp 算法在这个比赛中同样完成得不错。

AdaDelta 算法在“爬坡赛”中的优化轨迹如图 6.20 所示。

```
res, x_arr = adadelta([-0.23, 0], 0.4, g)
contour(X,Y,Z, x_arr)
```

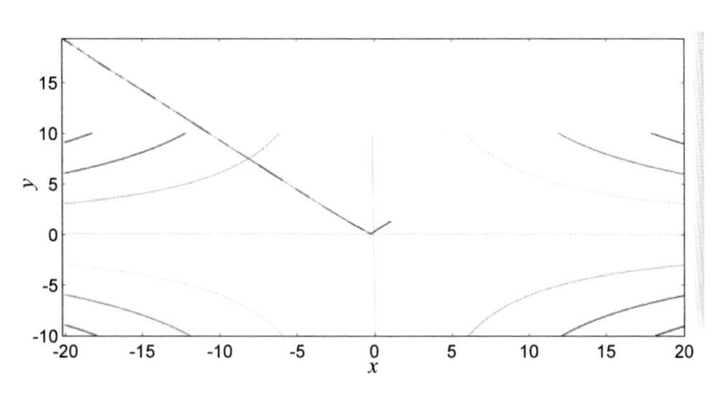

图 6.18　AdaGrad 算法在“爬坡赛”中的优化轨迹

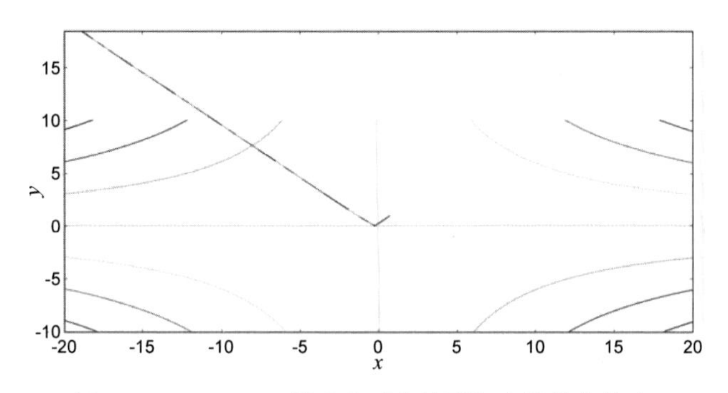

图 6.19　RMSProp 算法在“爬坡赛”中的优化轨迹

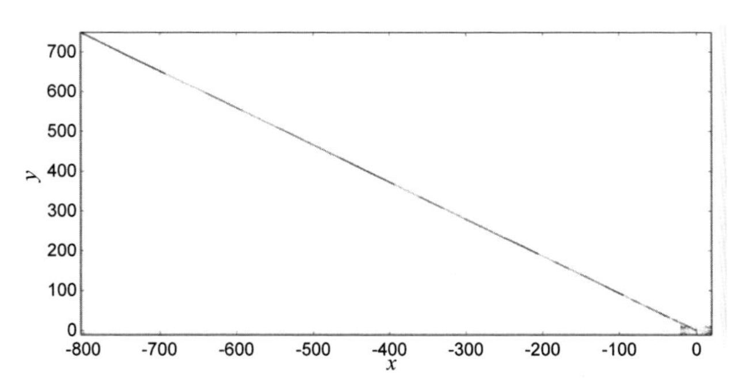

图 6.20　AdaDelta 算法在“爬坡赛”中的优化轨迹

可以看到，AdaDelta 算法“一骑绝尘”冲向了最优点，而且目标点前进的速度越来越快。

Adam 算法在“爬坡赛”中的优化轨迹如图 6.21 所示。

```
res, x_arr = adam([-0.23, 0], 0.1, g)
contour(X,Y,Z, x_arr)
```

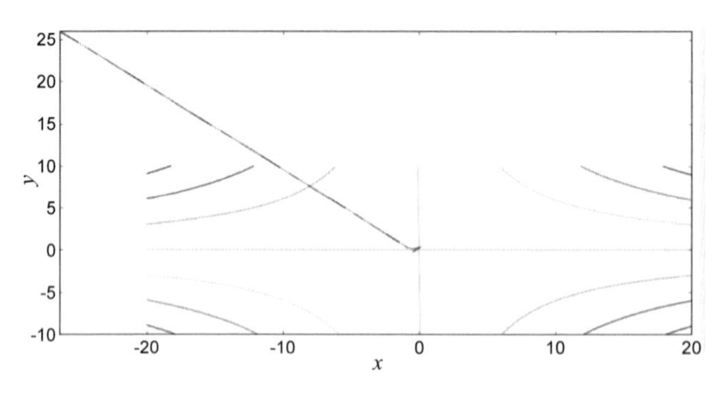

图 6.21　Adam 算法在“爬坡赛”中的优化轨迹

Adam 算法的目标点同样跑出了原始规划的区域，而且每一步的更新量都比较相近。

看完了所有算法的表现，这里做一个总结。如果说“弯道赛”考察了算法的“敏捷”，那么“爬坡赛”就考察了算法的“力量”。在“爬坡赛”中，基于自适应机制的算法普遍表现优异，说明这些算法确实可以做到自适应——当优化函数提供的梯度较小时，它们同样能提供足够的参数更新量。而非自适应的算法对优化曲面的环境比较敏感，如果梯度比较小，那么更新量就会明显下降。

6.3.7　总结

通过两个实验——“弯道赛”和“爬坡赛”，测试了一些算法在相同配置下的实力。实际上，测试的目的不是比较哪种算法在哪个实验中更厉害，而是比较哪种算法在两个实验中都表现稳定。

在实际使用过程中，在一段时间内学习率一般是固定的，在优化过程中无法预料目标点会碰上什么样的情景，它的梯度会是多少，那么读者肯定希望自己使用的算法既能“转弯”又能“爬坡”，而且两个能力越相近越好，这样设置学习率也就越轻松。如果某种算法“转弯”厉害，但是“爬坡”比较弱，那么一旦遇上“爬坡”，它就会走得很慢；反之也是如此，这样的话设置学习率就容易顾此失彼。

所以，从它们的表现来看，RMSProp 算法和 Adam 算法表现得更平稳，现在也确实有越来越多的科研人员在他们的论文中选择使用这两种优化算法。当然，对这些算法效果的研究主要还停留在实验层面，希望有一天科研人员能够从理论上找出最优秀的优化算法。

6.4 总结与提问

本章主要介绍了一些常见的优化算法，其中包括它们的原理和一些优化效果展示。请读者回答与本章内容有关的问题：

（1）梯度下降法的步长和待优化的函数有什么样的关系？

（2）动量算法的优势在哪里？

（3）自适应优化算法主要为了解决什么问题？

（4）各种优化算法之间有什么关联？

参考文献

[1] Sutskever I, Martens J, Dahl G, et al. On the importance of initialization and momentum in deep learning[C]// International Conference on Machine Learning. 2013.

[2] Nesterov Y E. A method for solving the convex programming problem with convergence rate O (1/k^2)[C]// Dokl. akad. nauk Sssr. 1983, 269: 543-547.

[3] Duchi J, Hazan E, Singer Y. Adaptive Subgradient Methods for Online Learning and Stochastic Optimization[J]. Journal of Machine Learning Research, 2011, 12(7):2121-2159.

[4] Tieleman T, Hinton G. Lecture 6.5-rmsprop: Divide the gradient by a running average of its recent magnitude[J]. COURSERA: Neural networks for machine learning, 2012, 4(2): 26-31.

[5] Zeiler M D. Adadelta: an adaptive learning rate method[J]. arXiv preprint arXiv: 1212.5701, 2012.

[6] Kingma D P, Ba J. Adam: A method for stochastic optimization[J]. arXiv preprint arXiv: 1412.6980, 2014.

第 7 章

进一步强化网络

在前面的章节中介绍了很多深度学习的网络结构，这些结构都是深层模型的基础，在模型中有着不可替代的作用。本章将介绍两个新的模型结构：Dropout 和 Batch Normalization，它们在模型中同样有着十分重要的作用，极大地影响了模型的最终效果。

本章的组织结构是：7.1 节介绍 Dropout 结构；7.2 节介绍 Batch Normalization 结构。

7.1 Dropout

说起深层模型和卷积神经网络，就不得不提在模型中有着很重要作用的 **Dropout 层** [1]。通常，Dropout 层在全连接层、卷积层的后面。它的使用方式分为如下几步。

（1）在训练阶段的前向计算过程中，全连接层/卷积层的输出经过 Dropout 层，其中一部分输入数据会被 Dropout 层随机丢弃而置 0，不参与本次计算。在每一轮迭代中，Dropout 层丢弃的数据可能不同，所以每一次模型的表现也会不同。虽然每次丢弃的数据是随机的，但是丢弃的比例是确定的。这个比例称为**丢弃率**（Dropout Ratio）。

（2）在反向计算过程中，由于每一次丢弃的参数不同，更新的参数也不一样。为了补偿数据丢弃导致的整体数值下降，所保存的数据的梯度在反向计算时也会额外乘一个补偿的系数，使数值变大。假设 Dropout 层丢弃了 p 的数据，那么剩下的数据在反向计算时将乘 $\frac{1}{p}$。

（3）在预测过程中，Dropout 层不再发挥作用，每一个数据都将参与计算。

一般来说，经过 Dropout 层训练的模型会具有更好的效果。Dropout 结构拥有降低数据过拟合风险的特点，同时还拥有模型融合的效果，似乎亲身验证了“Less is more”这句格言。

为了验证 Dropout 结构产生的效果，本节将介绍一个比较激进的实验——半字识别。这个实验的对象还是大家熟悉的 MNIST 数据集。为了让这个实验变得足够有趣，需要对实验数据做一些改变。实验中保持 60 000 张图像训练数据不变，而将 10 000 张图像测试数据的上半部分重置成 0，看上去每个数据都少了一半。这里将其中一些图像的数据打印出来，如图 7.1 至图 7.3 所示。

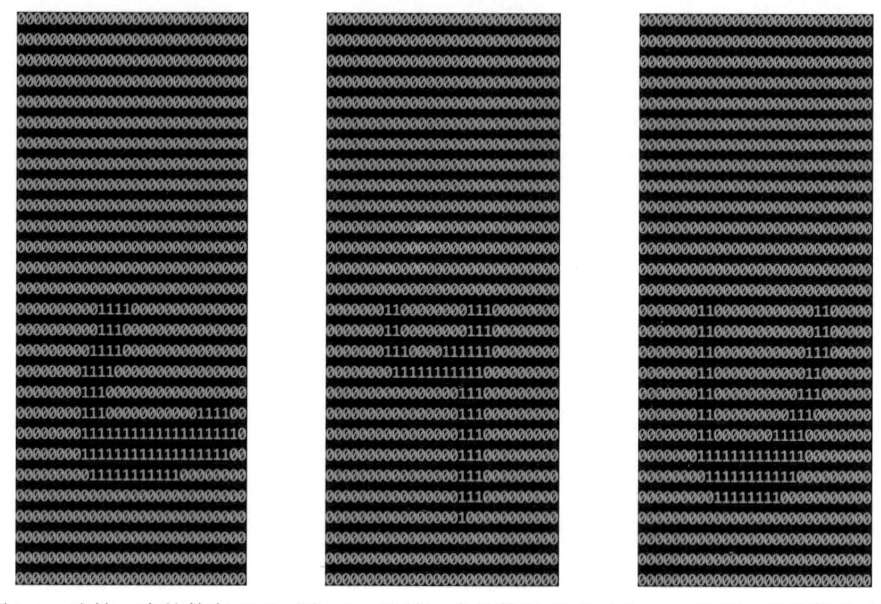

图 7.1　遮挡一半的数字“2”　图 7.2　遮挡一半的数字“9”　图 7.3　遮挡一半的数字“0”

对于人类来说，猜出这些图像的数字虽然并不算特别难，但是与识别正常的数字相比，也是有难度的。而且上面给出的图像实际上比较简单，还有很多难到几乎无法给出正确答案的图像，例如遮挡了上半部分的“1”和“7”。这种连人类都觉得困难的问题，交给计算机恐怕也是很有挑战性的。这实际上也算是一个十分经典的识别问题：**物体遮挡**（Occulusion）。如果待识别的物体被遮挡了一部分，模型还能认出它来吗？对于人类来说，只要没有把所有有用的信息都遮挡住，就可以通过局部信息识别出整个物体。能做到这一点，说明人类具有利用部分信息进行分析推断的能力。如果希望计算机拥有人类的智能，那么它最好也具有这样的能力。

我们先使用前面介绍过的 LeNet 模型，看看它在这个问题上的表现。利用上面提到的训练数据进行训练，最终得到的测试集精度为0.4358。识别率不到一半。实际上，如果观察训练过程中的日志信息，则可以发现在训练过程中某些轮次的测试集精度比这个数值高一些，但确实会出现越训练效果越差的情况。这说明模型对训练数据存在过拟合现象。虽然早于预定轮数停止模型（Early Stop）可以缓解过拟合的问题，但是取得的精度还是令人不满意。

这个问题的根本原因在于训练集和测试集的数据分布与信息容量实际上并不相同。因为在训练时数字图像给出了全部信息，所以在识别时每个有用的信息都会被当作识别的特征加以训练；而到了测试部分，数据只有一半的信息，曾经学到的一些很有把握的特征突然消失了，模型必然是“一脸茫然”。

这时聪明的读者一定想到了解决办法，有舍才有得！既然测试数据只有一半的信息，那么把训练数据也变成只有一半的信息，大家的信息一致，模型就会更关注这部分信息。基于这样的设想，再次进行实验，得到的测试集精度为0.9044。果然比之前的结果高了不少，甚至有可能高过部分人类的识别水平。这说明如果训练过程中的数据特性和测试过程中的数据特征不同，模型的结果可能会有很大的问题，为了提升效果，有时删除特征反倒比增加特征有用。

当然，能发现问题并想出舍弃一半数据的方案固然好，但如果测试数据的分布难以总结，很难发现这样的规律，怎么办呢？这时不妨用Dropout结构的思想来解决。由于每次训练时数据只提供一部分信息，如果模型也只使用部分信息进行推断预测，那么就更适应测试数据的场景了。在下面的实验中，在模型的第一层全连接层的后面将加上Dropout层，并测试丢弃率从0到0.9的效果。Dropout结构实验结果如表7.1所示。

表7.1 Dropout结构实验结果

丢弃率	0.9	0.8	0.7	0.6	0.5	0.4	0.3	0.2	0.1	0
精确率	0.66	0.62	0.58	0.62	0.59	0.53	0.52	0.51	0.45	0.44

从表7.1中的结果来看，丢弃率为0，守着所有特征不放的模型精度最差，为0.44；而丢弃率为0.9的模型表现最好，精确率为0.66。实验显示丢弃率越大，精度越高。这么看来，“Less is more”格言似乎有点道理。不过，在这个实验中，丢弃率为0.9的模型表现最好也是比较特殊的，因为MNIST数据集的输出类别相对较少，即使丢弃率达到0.9，也依然能够保证剩下的信息足以识别这10个数字；而对于一些类别较多、问题较复杂的情况，丢弃这么多信

息，恐怕会因为必要信息不足导致识别精度下降。

上面主要介绍了 Dropout 结构的两个优点之一：减轻模型过拟合的情况。相信读者可以从上面的实验中体会到其中一二。当然，解决问题的正确方式是让训练集和测试集的数据保持一致，这比加入 Dropout 层重要得多。

7.2 Batch Normalization

本节将介绍目前深层网络的明星结构——**Batch Normalization（BN）**[2]。BN 层是一个口碑非常好的模型层，几乎存在于每一个知名的网络结构中，它能够使网络训练的过程更加稳定，通常可以减少训练时间，甚至可以提高训练精度。BN 层的主要目的是解决深层网络内部的数据分布偏移问题。在 BN 结构出现之前，也有很多模型结构试图解决这个问题，但是都没有获得良好的效果；而在 BN 结构出现之后，很多类似的标准化方法也被挖掘出来，如 Layer Normalization、Instance Normalization、Group Normalization 等，还有人将 BN 结构推广到分布式的训练环境中，这些方法也都获得了不错的效果。

7.2.1 内部协变量偏移

本节介绍网络内部协变量偏移（**Internal Covariate Shift**）问题。前面已经介绍过，在深度学习中最常见的训练方式是随机梯度下降法，数据以 Batch（批）的形式进行训练。每一个 Batch 的数据都不相同，而且它们都只是全体数据的一部分，因此其局部的数据分布有一定的差异。对于输入层来说，由于可以对输入数据进行标准化操作，使 Batch 的数据变为均值为 0、方差为 1，即使一个 Batch 的数据存在一些差异，也不会有特别大的差别；但是由于研究的是深层网络，相似分布的输入经过多层网络的计算后，彼此之间的差异会明显变大，这样不同 Batch 的数据分布就可能有较大的差异。

这里做一个实验，使用 LeNet 对 MNIST 数据集进行图像分类。将 LeNet 倒数第二层的特征保存起来，求出每一个特征的方差，并求出方差平均值。其中模型部分的代码如下：

```
def forward(self, x):
    x = F.relu(F.max_pool2d(self.conv1(x), 2))
    x = F.relu(F.max_pool2d(self.conv2_drop(self.conv2(x)), 2))
```

```
    x = x.view(-1, 4*4*50)
    feat = F.relu(self.fc1(x))
    x = F.dropout(feat, training=self.training)
    x = self.fc2(x)
    return feat, F.log_softmax(x)
```

在训练过程中将统计 feat 的标准差，这里将对每一个 Batch 的特征求平均值，并计算 Batch 之间的方差平均值。令特征向量为 $\boldsymbol{f}$，特征长度为 M，通道 i 的特征向量为 $\boldsymbol{f}_i$，每个 Batch 的数据数量为 N_b，一个训练 Epoch（轮次）有 N 个 Batch，第 j 个 Batch 产生的特征表示为 $\boldsymbol{f}^j$。计算的方法如下：

（1）计算每个 Batch 的平均特征值：$\hat{\boldsymbol{f}} = \frac{1}{N_b}\sum_{i}^{N_b}\boldsymbol{f}$。

（2）计算每一维特征在不同 Batch 的标准差：$\boldsymbol{f}_i^{\text{std}} = \text{std}([\hat{\boldsymbol{f}}^0, \hat{\boldsymbol{f}}^1, \cdots, \hat{\boldsymbol{f}}^N])$。

（3）求出总的均值：$\frac{1}{M}\sum_{i}^{M}\boldsymbol{f}_i^{\text{std}}$。

在实验中每训练完一个 Epoch 之后，会计算总体的差异值。训练后的 LeNet 模型经过计算得到的总体均值在 0.25 左右。这个数值说明不同 Batch 之间确实存在一定的数据分布偏移。

如果在特征 feat 的后面直接加入 BN 层，那么标准差将会直接降低到一个特别小的数值。对应的模型代码如下：

```
def forward(self, x):
    x = F.relu(F.max_pool2d(self.conv1(x), 2))
    x = F.relu(F.max_pool2d(self.conv2_drop(self.conv2(x)), 2))
    x = x.view(-1, 4*4*50)
    feat = F.relu(self.fc1(x))
    # BN层加入位置
    feat = self.bn(feat)
    x = F.dropout(feat, training=self.training)
    x = self.fc2(x)
    return feat, F.log_softmax(x)
```

由于 BN 层具有缓解内部数据偏移的作用，实验发现此时标准差降低到了 0.001 以下，与前面的数值相比，BN 层确实缓解了这种情况。

当然，读者可能会觉得直接加入 BN 层自然会带来很好的效果，那么再做一个实验，将 BN 层加入到第二个卷积层之后。对应的模型代码如下：

```
def forward(self, x):
    x = F.relu(F.max_pool2d(self.conv1(x), 2))
```

```
    x = F.relu(F.max_pool2d(self.conv2_drop(self.bn2(self.conv2(x))), 2))
    x = x.view(-1, 4*4*50)
    feat = F.relu(self.fc1(x))
    x = F.dropout(feat, training=self.training)
    x = self.fc2(x)
    return feat, F.log_softmax(x)
```

经过实验后发现，此时的标准差会在0.14左右，与之前的数值相比有了一定的降低。由此可见，BN层确实能够对内部分布的差异情况起到一定的缓解作用。至于模型的训练收敛速度等问题，读者可以自行实验，并做进一步的观察。

7.2.2 标准化操作

到此为止，还没有介绍BN层的计算步骤，但是从前面的描述来看，BN层的计算与标准化操作有关。已经有研究人员证实，当输入数据被标准化之后，模型的训练速度将被加快。在第5章中介绍过ZCA所完成的工作，那么能不能直接将这样的操作应用到深层模型的中间层呢？下面就来做一个实验。

在这个实验中，不直接使用BN层进行模型训练，而是使用自己实现的方法来尝试。在这个方法中，我们会求出每一个Batch数据的均值和方差，然后让原始数据减去均值并除方差。如果将这个方法应用到卷积层的输出上，则会针对每一个通道单独进行操作；而如果将这个方法应用到全连接层的输出上，那么将针对全体特征进行操作。

对应的模型代码如下：

```
def forward(self, x):
    x = F.relu(F.max_pool2d(self.conv1(x), 2))
    x = F.relu(F.max_pool2d(self.conv2_drop(self.conv2(x)), 2))
    x = x.view(-1, 4*4*50)
    feat = F.relu(self.fc1(x))
    # 均值、方差计算
    mean_feat = torch.mean(feat, dim=0)
    mean_feat = mean_feat.detach()
    std_feat = torch.std(feat, dim=0)
    std_feat = std_feat.detach()
    feat = (feat - mean_feat) / (std_feat + 1e-6)
    x = F.dropout(feat, training=self.training)
    x = self.fc2(x)
    return feat, F.log_softmax(x)
```

从代码中可以看出，在 FC1 层之后加入了标准化操作。同时，在训练过程中还加入了一个新的监控项：FC1 层参数的 2-范数值。关于加入这个监控项的原因将在后面进行介绍。

实验结果如表 7.2 所示，从中可以看出在训练过程中 Batch 之间的方差得到了缩小，这和前面加入 BN 层的效果是一致的。但是这个方法同时带来了一个副作用，那就是随着训练的过程不断进行，FC1 层参数的 2-范数值一直在增大。

表 7.2　FC1 层参数 2-范数值的变化过程

	Epoch = 1	Epoch = 5	Epoch = 10	Epoch = 15	Epoch = 20
Weight（权重）	21.434	24.157	26.197	30.514	31.477
Bias（偏置项）	0.3169	0.3197	0.3215	0.3224	0.3232
Accuracy（准确率）	88.23%	93.06%	95.26%	96.35%	96.76%

从实验结果来看，模型精度的增长速度很慢，而模型参数 Weight 的 2-范数值竟然在不断地变大。虽然在训练过程中参数变化是正常的，但是像这样数值一直在变大的情况并不常见，这无疑给训练亮起了一盏红灯。

通过实验我们发现了归一化存在的一些问题——数值不稳定。为什么会出现这样的情况呢？这时就要从对应的计算方法来分析了。我们用一个简单的公式来表示全连接层，其中只包含两个参数 $\boldsymbol{w}$ 和 $\boldsymbol{b}$：

$$\boldsymbol{y} = \boldsymbol{w}^{\mathrm{T}}\boldsymbol{x} + \boldsymbol{b}$$

当在该层的后面加入标准化的方法后，对于每一个数据项，完整的计算公式变为

$$\hat{\boldsymbol{y}}_i = \frac{\boldsymbol{w}^{\mathrm{T}}\boldsymbol{x}_i + \boldsymbol{b} - \frac{1}{N_b}\sum_i^{N_b}(\boldsymbol{w}^{\mathrm{T}}\boldsymbol{x}_i + \boldsymbol{b})}{\sqrt{\frac{1}{N_b}\sum_i^{N_b}(\boldsymbol{w}^{\mathrm{T}}\boldsymbol{x}_i + \boldsymbol{b} - \frac{1}{N_b}\sum_i^{N_b}(\boldsymbol{w}^{\mathrm{T}}\boldsymbol{x}_i + \boldsymbol{b}))^2}}$$

可以看出，公式中的偏置项 $\boldsymbol{b}$ 可以直接被化简掉：

$$\hat{\boldsymbol{y}}_i = \frac{\boldsymbol{w}^{\mathrm{T}}\boldsymbol{x}_i - \frac{1}{N_b}\sum_i^{N_b}(\boldsymbol{w}^{\mathrm{T}}\boldsymbol{x}_i)}{\sqrt{\frac{1}{N_b}\sum_i^{N_b}(\boldsymbol{w}^{\mathrm{T}}\boldsymbol{x}_i - \frac{1}{N_b}\sum_i^{N_b}(\boldsymbol{w}^{\mathrm{T}}\boldsymbol{x}_i))^2}}$$

如果用 $\boldsymbol{\Delta}_i$ 表示 $\boldsymbol{w}^{\mathrm{T}}\boldsymbol{x}_i - \frac{1}{N_b}\sum_{i}^{N_b}(\boldsymbol{w}^{\mathrm{T}}\boldsymbol{x}_i)$，那么公式就可以变成：

$$\hat{\boldsymbol{y}}_i = \frac{\boldsymbol{\Delta}_i}{\|\boldsymbol{\Delta}\|_2}$$

这样看来，模型在数值上的扩张实际上也被抵消了。当然，上面被抵消的两部分本来就是标准化要做的事情，但是这样抵消之后，模型的参数实际上被抑制了，尤其是偏置项 $\boldsymbol{b}$，即使它收到梯度进行了更新，也不会影响最终的损失，这样模型的参数就无法进入饱和的状态，同样也会不停地朝着某一个方向进行更新。所以，我们就看出了这个实验中存在的现象：即使模型已经收敛，模型的参数也仍然在更新。

在前面的实验中，我们发现了一个十分重要的问题，即标准化操作并没有和反向求导融合在一起。这里将标准化操作用下面的公式表示：

$$\hat{\boldsymbol{x}} = \mathrm{Norm}(\boldsymbol{x}, \boldsymbol{X})$$

式中，$\boldsymbol{x}$ 表示当前的数据，$\boldsymbol{X}$ 表示当前 Batch 的数据。如果对标准化操作求导，则可以得到：

$$\frac{\partial \mathrm{Norm}(\boldsymbol{x}, \boldsymbol{X})}{\partial \boldsymbol{x}}, \quad \frac{\partial \mathrm{Norm}(\boldsymbol{x}, \boldsymbol{X})}{\partial \boldsymbol{X}}$$

在前面的实验中，只使用了第一个求导公式，而没有使用第二个求导公式，于是就遇到了问题：模型参数的更新会被标准化操作抵消。为了解决这个问题，可以让标准化操作也参与到反向求导中来。下面请看实验。

在这个实验中，我们会让标准化操作得到的均值和方差参与到模型的反向求导中，也就是去掉其中的“detach”语句。对应的模型代码如下：

```
def forward(self, x):
    x = F.relu(F.max_pool2d(self.conv1(x), 2))
    x = F.relu(F.max_pool2d(self.conv2_drop(self.conv2(x)), 2))
    x = x.view(-1, 4*4*50)
    feat = F.relu(self.fc1(x))
    mean_feat = torch.mean(feat, dim=0)
    std_feat = torch.std(feat, dim=0)
    feat = (feat - mean_feat) / (std_feat + 1e-6)
    x = F.dropout(feat, training=self.training)
    x = self.fc2(x)
    return feat, F.log_softmax(x)
```

其余的参数设置完全一致，对应的实验结果如表 7.3 所示。

表 7.3　BN 实验结果

	Epoch = 1	Epoch = 5	Epoch = 10	Epoch = 15	Epoch = 20
Weight（权重）	13.112	13.524	13.922	14.244	14.513
Bias（偏置项）	0.5169	0.6225	0.7955	0.9121	1.018
Accuracy（准确率）	97.53%	98.97%	99.15%	99.22%	99.30%

可以看出，模型的收敛速度变得正常了，同时，权重的增长速度也得到了抑制，这个结果与上一个实验相比好看了许多。

虽然这个实验的结果变得好看了许多，但是我们仍然遇到了一个问题：标准化操作会极大地改变数据的分布——虽然它提高了训练的速度，但同时也有可能破坏原始数据的分布。为此，仍然需要寻找一个更好的方法，平衡标准化得到的特征和原始分布特征，而这个方法就是 BN。

7.2.3　BN 层的计算

看完了前面几种方案，下面直接介绍 BN 层的计算过程，分为如下几步。

（1）计算当前 Batch 内特征 $\boldsymbol{x}$ 的均值：$\mu_B \leftarrow \frac{1}{m}\sum_{i=1}^{m} x_i$。

（2）计算当前 Batch 内特征 $\boldsymbol{x}$ 的方差：$\sigma_B^2 \leftarrow \frac{1}{m}\sum_{i=1}^{m}(x_i-\mu_B)^2$。

（3）减去参数 $\boldsymbol{x}$ 的均值，除参数 $\boldsymbol{x}$ 的标准差：$\hat{x}_i \leftarrow \frac{x_i-\mu_B}{\sqrt{\sigma_B^2+\varepsilon}}$。

（4）重新对数值做线性变换：$y_i \leftarrow \gamma\hat{x}_i+\beta$。

我们发现经过这样的处理，数据的归一化和线性变换完成了分离，既实现了归一化，让模型的训练速度得到提升；又加入了可以训练的参数 γ 和 β，让 BN 参与到模型的反向计算中；同时，由于计算过程被拆解成两部分，反向计算变得简单了。

根据第 4 步计算如下三个变量的偏导数：

$$\frac{\partial\text{Loss}}{\partial\hat{x}_i}=\frac{\partial\text{Loss}}{\partial y_i}\cdot\gamma$$

$$\frac{\partial\text{Loss}}{\partial\gamma}=\sum_{i=1}^{m}\frac{\partial\text{Loss}}{\partial y_i}\cdot\hat{x}_i$$

$$\frac{\partial\text{Loss}}{\partial\beta}=\sum_{i=1}^{m}\frac{\partial\text{Loss}}{\partial y_i}$$

接下来计算两个统计量的偏导数：

$$\frac{\partial \hat{x}_i}{\partial \sigma_B^2} = (x_i - \mu_B) \cdot (-\frac{1}{2})(\sigma_B^2 + \varepsilon)^{-\frac{3}{2}}$$

$$\begin{aligned}\frac{\partial \text{Loss}}{\partial \sigma_B^2} &= \sum_{i=1}^{m} \frac{\partial \text{Loss}}{\partial \hat{x}_i} \cdot \frac{\partial \hat{x}_i}{\partial \sigma_B^2} \\ &= \sum_{i=1}^{m} \frac{\partial \text{Loss}}{\partial \hat{x}_i} \cdot (x_i - \mu_B) \cdot (-\frac{1}{2})(\sigma_B^2 + \varepsilon)^{-\frac{3}{2}}\end{aligned}$$

$$\frac{\partial \hat{x}_i}{\partial \mu_B} = \frac{-1}{\sqrt{\sigma_B^2 + \varepsilon}} + \frac{\partial \hat{x}_i}{\partial \sigma_B^2} \cdot \frac{\partial \sigma_B^2}{\partial \mu_B}$$

$$\frac{\partial \sigma_B^2}{\partial \mu_B} = -\frac{2}{m} \sum_{i=1}^{m} (x_i - \mu_B) \cdot \frac{\partial \hat{x}_i}{\partial \mu_B}$$

$$\begin{aligned}\frac{\partial \text{Loss}}{\partial \mu_B} &= \sum_{i=1}^{m} \frac{\partial \text{Loss}}{\partial \hat{x}_i} \cdot \frac{\partial \hat{x}_i}{\partial \mu_B} \\ &= \sum_{i=1}^{m} \frac{\partial \text{Loss}}{\partial \hat{x}_i} [\frac{-1}{\sqrt{\sigma_B^2 + \varepsilon}} + \frac{\partial \hat{x}_i}{\partial \sigma_B^2} \cdot (-\frac{2}{m}) \sum_{i=1}^{m} (x_i - \mu_B)]\end{aligned}$$

最后计算特征的偏导数：

$$\frac{\partial \mu_B}{\partial x_i} = \frac{1}{m}$$

$$\frac{\partial \sigma_B^2}{\partial x_i} = \frac{2}{m}(x_i - \mu_B)$$

$$\begin{aligned}\frac{\partial \text{Loss}}{\partial x} &= \frac{\partial \text{Loss}}{\partial \hat{x}_i} \cdot \frac{\partial \hat{x}_i}{\partial x_i} + \frac{\partial \text{Loss}}{\partial \sigma_B^2} \cdot \frac{\partial \mu_B}{\partial x_i} + \frac{\partial \text{Loss}}{\partial \mu_B} \cdot \frac{\partial \mu_B}{\partial x_i} \\ &= \frac{\partial \text{Loss}}{\partial \hat{x}_i} \cdot \frac{-1}{\sqrt{\sigma_B^2 + \varepsilon}} + \frac{\partial \text{Loss}}{\partial \sigma_B^2} \cdot \frac{2}{m}(x_i - \mu_B) + \frac{\partial \text{Loss}}{\partial \mu_B} \cdot \frac{1}{m}\end{aligned}$$

下面就来看看 BN 层的计算结果。

将前面实验中的标准化改为 BN 层，再做一次实验，模型代码如下：

```
def forward(self, x):
    x = F.relu(F.max_pool2d(self.conv1(x), 2))
    x = F.relu(F.max_pool2d(self.conv2_drop(self.conv2(x)), 2))
    x = x.view(-1, 4*4*50)
    feat = F.relu(self.fc1(x))
    feat = self.bn(feat)
    x = F.dropout(feat, training=self.training)
    x = self.fc2(x)
    return feat, F.log_softmax(x)
```

对应的实验结果如表 7.4 所示。

表 7.4 BN 实验结果

	Epoch = 5	Epoch = 10	Epoch = 15	Epoch = 20
Weight（权重）	13.012	13.402	13.722	14.005
Bias（偏置项）	0.7420	0.9373	1.0633	1.1607
Accuracy（准确率）	99.02%	99.25%	99.37%	99.28%

从实验结果可以看出，模型在 Weight 增大的方面得到了一定的抑制，同时训练速度又得到了一些提升。实际上，在使用 BN 层的时候，是不需要 Bias 这个参数的。

7.2.4 预测时的 BN 操作

前面介绍了 BN 的基本操作，本节将介绍 BN 在预测中的具体计算方法。在训练模型的过程中，我们使用 BN 使模型的训练速度得到提升，但是在预测的过程中，如果再使用同样的方法进行计算，就有可能出现问题。我们知道，训练数据和测试数据总会或多或少存在一些差异，如果在预测时使用自己的数据统计特征进行归一化，那么得到的数据分布就可能与训练时的不同。

为了训练的稳定性，可以把训练数据的统计特征保存下来，将其应用到预测中。具体来说，就是计算全体训练数据的均值和方差并保存下来，在计算时采用无偏的计算方法：

$$
\begin{aligned}
E[\boldsymbol{x}] &\leftarrow E_B[\mu_B] \\
\mathrm{Var}[\boldsymbol{x}] &\leftarrow \frac{m}{m-1} E_B[\sigma_B^2]
\end{aligned}
$$

同时，为了数据计算的稳定性，还可以引入滑动平均的计算方法，加入动量系数，使均值和方差的估计能够更平滑，在预测时也能将平滑系数的因素去除。

7.2.5 Cross-GPU BN

BN 中的归一化要计算每一个 Batch 中数据的均值和方差，因此 Batch 中数据的数量就显得十分重要。根据实践来看，Batch 中数据的数量越大，均值和方差的估计就相对越准确。对于分类问题来说，一般一个 Batch 的样本数量可以达到 32 个左右，这样估计出来的结果也相对准确。但是对于其他问题，比如检测问题（Faster RCNN），单 GPU 的 Batch 样本数量一般为 2 个，这样的数量使得 BN 很难被应用到这个问题当中，因此也限制了 BN 的应用场景。

为了解决这个问题，可以尝试使用增大 Batch 中样本数量的方法，也就是使用跨 GPU 的架构进行训练，此时的 BN 计算也被称为 **Cross-GPU BN**，其来自论文 *MegDet: A Large Mini-Batch Object Detector*[3]。BN 计算的关键在于使用多进程的方法并行计算每一个 GPU 内部的统计量，然后使用跨进程的同步方法对一些数据进行共享计算。现在一般采用 MPI 的原语进行通信，比如使用 NVIDIA 的 NCCL 通信库。假设一共有 N 个 GPU 同时进行计算，每一个 GPU 有 n 个样本，具体的计算过程如下。

（1）对于每一个 Batch B_i，计算对应特征的和：$s_i = \sum\limits_{i=1}^{n} x_i$。

（2）完成跨 GPU 的通信，将所有的 s_i 聚合起来，得到均值：$\mu_B = \frac{1}{\sum\limits_{j=1}^{N} n} \sum\limits_{i=1}^{N} s_i$，并将均值传播到每一个 GPU 上。

（3）使用均值计算每一个 GPU 上的方差和：$v_i = \sum\limits_{i=1}^{n} (x_i - \mu_B)^2$。

（4）完成跨 GPU 的通信，将所有的 v_i 聚合起来，得到总体的方差：$\sigma_B^2 = \frac{1}{\sum\limits_{j=1}^{N} n} \sum\limits_{i=1}^{N} v_i$，并将方差值传播到每一个设备上。

（5）利用得到的均值和方差进行后续计算。

可以看出，通过两轮同步的方式完成了均值和方差的计算。其他计算与前面介绍的一致，采用跨 GPU 的训练方法，BN 的参数 α、β 也会获得相同的梯度，从而使参数值在 GPU 之间保持一致。目前，Cross-GPU BN 在目标检测问题上获得了一定的正向效果。

7.3 总结与提问

本章主要介绍了卷积神经网络中的两个增强网络性能的结构。请读者回答下面的问题：

（1）Dropout 的计算方式是怎样的？为什么要这样计算？

（2）Dropout 在训练与预测时的计算有什么差异？

（3）Batch Normalization 可以解决什么样的问题？

（4）Batch Normalization 在训练与预测时的计算有什么差异？

参考文献

[1] Srivastava N, Hinton G, Krizhevsky A, et al. Dropout: a simple way to prevent neural networks from overfitting[J]. Journal of Machine Learning Research, 2014, 15(1): 1929-1958.

[2] Ioffe S, Szegedy C. Batch normalization: Accelerating deep network training by reducing internal covariate shift[J]. arXiv preprint arXiv: 1502.03167, 2015.

[3] Peng C, Xiao T, Li Z, et al. Megdet: A large mini-batch object detector[C]// Proceedings of the IEEE Conference on Computer Vision and Pattern Recognition, 2018: 6181-6189.

第 8 章

高级网络结构

在前面的章节中，介绍了很多神经网络的组成模块。本章将介绍高级网络结构，它们活跃于当今的应用环境中，并不断地影响着新的模型结构的研发。本章主要介绍 VGG、ResNet 等经典网络的结构、特点及其在公开数据集上的效果。

本章的组织结构是：8.1 节介绍 CIFAR10 数据集；8.2~8.4 节分别介绍 VGG、ResNet、Inception 模型；8.5 节介绍一类进一步简化卷积计算的网络。

8.1 CIFAR10 数据集

本章将使用 CIFAR10 数据集完成低清图像分类模型的训练。CIFAR10 数据集包含 60 000 张 32 × 32 的彩色图像。它和 MNIST 数据集类似，也有 10 个类别，分别是飞机、汽车、鸟、猫、鹿、狗、蛙、马、船、卡车，每一个类别有 6000 张图像。下面给出这 10 个类别的部分示意图，如图 8.1 所示。

图 8.1　CIFAR10 数据集的 10 个类别的部分示意图

从图 8.1 可以看出，CIFAR10 数据集中的图像比 MNIST 数据集复杂，主要体现为以下几点。

- 背景信息变化大。在 CIFAR10 数据集中，同一类别的物体存在于不同的背景下；而在 MNIST 数据集中，所有数字图像的背景都被统一处理成黑色。
- 类别内部差异大。首先，类别的姿态存在一定的差异。比如，对于“汽车”这个类别，有些图像是汽车的正面照，有些是侧面照，有些是背面照；其次，部分物体还存在着遮挡和缺失的问题。这些问题在 MNIST 数据集中都不存在，而在 CIFAR10 数据集中都出现了。

由此可以看出，CIFAR10 数据集所存在的问题解决起来更为困难，我们需要使用更加强大的模型来解决图像分类问题。

8.2 VGG 模型

VGG 模型来自论文 *Very Deep Convolutional Networks for Large-Scale Image Recognition*[1]，是深度学习中经典的卷积神经网络模型。VGG 模型最初被应用在更复杂的 ImageNet 数据集上，并在 2014 年获得 ILSVRC 竞赛第二名，同时在迁移学习上也获得了不错的效果。本节介绍把 VGG 模型应用在 CIFAR10 数据集上。VGG 模型的结构主要有以下几个特点。

- 卷积核有（3, 3）和（1, 1）两种维度，其中（3, 3）的卷积核主要实现局部空间的相关信息汇总，同时设定 stride = 1, padding = 1，以便在进行卷积操作时，保持特征的空间维度不会被改变；而（1, 1）的卷积核主要实现单一像素点位置的通道信息汇总，它实际上相当于对每一个位置不同通道的特征信息进行了一个小的全连接操作，这样在进行卷积运算时，图像的空间维度也不会发生变化。
- 最大池化的核维度为（2, 2），用于汇集空间维度的特征信息。每一次图像维度发生变化后，模型都会在接下来的卷积操作中将图像的通道数量增加 1 倍。
- 在经过 5 组“卷积—最大池化”计算之后，特征的空间维度都缩小为原始图像宽度、高度的 1/32，此时模型会把所有通道的特征转换成向量，并使用全连接层处理接下来的信息。在 VGG 网络中共有 3 个全连接层。

VGG 网络共有 6 种模型结构，网络的层数从 11 层到 19 层，一般称为 VGG-11、VGG-13、VGG-16、VGG-19，其中 VGG-11 有两种，VGG-16 有两种。VGG 网络模型结构图如图 8.2 所示，这里输入图像的大小为 224×224。

ConvNet Configuration					
A	A-LRN	B	C	D	E
11 weight layer	11 weight layer	13 weight layer	16 weight layer	16 weight layer	19 weight layer
input (224 × 224 RGB image)					
conv3-64	conv3-64 **LRN**	conv3-64 **conv3-64**	conv3-64 conv3-64	conv3-64 conv3-64	conv3-64 conv3-64
Max Pooling					
conv3-128	conv3-128	conv3-128 **conv3-128**	conv3-128 conv3-128	conv3-128 conv3-128	conv3-128 conv3-128
Max Pooling					
conv3-256 conv3-256	conv3-256 conv3-256	conv3-256 conv3-256	conv3-256 conv3-256 **conv1-256**	conv3-256 conv3-256 **conv3-256**	conv3-256 conv3-256 conv3-256 **conv3-256**
Max Pooling					
conv3-512 conv3-512	conv3-512 conv3-512	conv3-512 conv3-512	conv3-512 conv3-512 **conv1-512**	conv3-512 conv3-512 **conv3-512**	conv3-512 conv3-512 conv3-512 **conv3-512**
Max Pooling					
conv3-512 conv3-512	conv3-512 conv3-512	conv3-512 conv3-512	conv3-512 conv3-512 **conv1-512**	conv3-512 conv3-512 **conv3-512**	conv3-512 conv3-512 conv3-512 **conv3-512**
Max Pooling					
FC-4096					
FC-4096					
FC-1000					
Softmax					

图 8.2　VGG 网络模型结构图

随着对模型结构研究的深入，VGG 模型的表现已经不那么令人瞩目了，但是它的很多特点却都被后来的模型保留下来。

首先是卷积核变小了。实际上，在 VGG 模型之前已经有一些模型开始尝试小卷积核了，VGG 模型只是成功案例中的一个。那么小卷积核有什么优点呢？该论文中主要提出了两个优点。

- 参数数量变少。过去一个维度为（7, 7）的卷积核需要 49 个参数，而现在可以用 3 个（3, 3）的卷积核来替代，两者感受野的范围是相同的，但后者只有 27 个参数，参数数量减少了。
- 非线性层增加。过去（7, 7）的卷积层只有一个非线性层与其相配，现在是 3 个（3, 3）的卷积层配有 3 个非线性层。非线性层虽然不会增加模型的参数，但会增加模型的复杂度，这样模型的表现力反而有了提高。

该论文中还提出了 VGG 模型的收敛速度比之前的 AlexNet 要快些，这实际上和每一层的参数数量相关。本书 5.3 节、5.4 节曾分析过 CNN 模型参数方差的假设——对于某一层网络，假设这层的输入维度为 N_l，输出维度为 N_{l+1}，

那么该层网络中每个参数的方差应该被控制在

$$\frac{2}{N_l + N_{l+1}}$$

左右，这相当于给该层网络添加了一个无形的正则项。如果输入和输出的维度比较大，那么参数的理想方差就需要被限定得更小，所以参数可以取值的范围就比较小，那个无形的正则项的威力就会更强，优化起来更受限制；如果输入和输出的维度比较小，那么每个参数的理想方差就会相对大一些，可以取值的范围就比较大，那个无形的正则项的作用将减弱，优化起来也相对容易些。从这个角度看，对于优化来说，减少每一层网络的参数数量是有意义的。

其次是卷积层参数数量的变化规律。在“VGG 哲学”中，卷积层的操作不应该改变输入数据的维度，这里的维度主要指特征图的宽度和高度。对于（3, 3）的卷积核，VGG 网络卷积层的 padding 值为 1，同时 stride 值被设为 1。这样经过卷积层变换后，宽度、高度没有发生变化。这和之前的卷积层设计思路有些不同。此外，每一次池化操作后，特征图的宽度、高度各缩小一半，通道层的数量会增加 1 倍。这样的设计对于不同维度的特征图来说，适配起来比较容易。一些通过卷积减小维度的模型，对于不同的输入维度，卷积池化后的输出维度各不一样，所以模型不容易适配更多的场景；而现在只有 Pooling 层改变宽度、高度维度，整体模型的维度计算就方便了很多。于是，该论文中提到，对于维度为 256 和 384 不等的输入，模型不需要根据不同的输入维度设计不同的网络结构，使用同样的结构或者直接加深网络深度就可以适配。

此外，该论文中也提到了（1, 1）维度的卷积核。这种卷积核也不会改变特征图的宽度、高度，只会在通道层做聚合，这样又可以进一步增加模型的非线性层，在增加模型复杂性的同时减少了后续模型层的参数数量。

以上就是 VGG 网络在架构上的特点。接下来就在 CIFAR10 数据集上训练这个 10 分类的 VGG 模型。我们同样使用 PyTorch 进行实现。下面是模型的主体结构代码。

```
class VGG(nn.Module):
    def __init__(self, features):
        super(VGG, self).__init__()
        self.features = features
        self.classifier = nn.Sequential(
```

```
            nn.Dropout(),
            nn.Linear(512, 512),
            nn.ReLU(True),
            nn.Dropout(),
            nn.Linear(512, 512),
            nn.ReLU(True),
            nn.Linear(512, 10),
        )
        for m in self.modules():
            if isinstance(m, nn.Conv2d):
                n = m.kernel_size[0] * m.kernel_size[1] * m.out_channels
                m.weight.data.normal_(0, math.sqrt(2. / n))
                m.bias.data.zero_()

    def forward(self, x):
        x = self.features(x)
        x = x.view(x.size(0), -1)
        x = self.classifier(x)
        return x
```

这段代码主要展示了全连接层部分的计算，而卷积层部分则在下面的代码中实现。

```
def make_layers(cfg):
    channels = [64, 128, 256, 512, 512]
    in_channels = 3
    layers = []
    for c, d in zip(channels, cfg):
        for i in range(d):
            conv2d = nn.Conv2d(in_channels, c, kernel_size=3, padding=1)
            layers += [conv2d, nn.ReLU(inplace=True)]
            in_channels = c
        layers += [nn.MaxPool2d(kernel_size=2, stride=2)]
    return nn.Sequential(*layers)
```

关于模型结构的配置与最终的调用，在下面的代码中实现。

```
cfg={
  'A':[1,1,2,2,2],
  'B':[2,2,2,2,2],
  'C':[2,2,3,3,3],
  'E':[2,2,4,4,4]
}
def vgg11():
```

```
    """VGG 11-layer model (configuration "A")"""
    return VGG(make_layers(cfg['A']))

def vgg13():
    """VGG 13-layer model (configuration "B")"""
    return VGG(make_layers(cfg['B']))

def vgg16():
    """VGG 16-layer model (configuration "D")"""
    return VGG(make_layers(cfg['D']))

def vgg19():
    """VGG 19-layer model (configuration "E")"""
    return VGG(make_layers(cfg['E']))
```

最终的 VGG 网络评测结果如表 8.1 所示。

表 8.1　VGG 网络评测结果

	VGG-11	VGG-13	VGG-16	VGG-19
准确率	91.35%	92.74%	92.63%	92.18%

可以看出，VGG 模型较好地完成了 CIFAR10 数据集的训练。由于这个数据集的训练难度比 MNIST 数据集大，我们无法得到接近 100% 的准确率，但是 VGG 模型依然得到了不错的结果。

8.3 ResNet

本节将介绍另一个深刻影响深度学习网络发展的模型——**ResNet**（残差网络）。该模型来自论文 *Deep Residual Learning for Image Recognition*[2]。2015 年问世的 ResNet 模型完全颠覆了很多研究人员对深层模型的理解。大家曾认为模型的深度是存在极限的，就像人脑一样，虽然神经元存在层级关系，但层级的总数一定是有界的。而 ResNet 模型向大家展示的模型结构似乎是无界的：模型的深度达到上千层也不会出现训练上的问题。ResNet 模型的核心思想是把 CNN 模型中的乘法关系转变成加法关系，让模型有了点加性模型的味道。在 ResNet 模型之前，也有其他网络提出了类似的思想，比如 **Highway-Network**[3]。Highway-Network 同样具有加法的特点，但并不是纯粹的加法，而是为相加的两项增加了对应的权重。它的网络结构的思想和 LSTM 有些相似，这里就不赘述了。

8.3.1　ResNet 核心结构

ResNet 模型的核心模块称为 ResNet 块，其中最常见的一种形式是由两组卷积构成的。假设块的输入为 $\boldsymbol{x}$，输出为 $\boldsymbol{z}$，由卷积、BN 和 ReLU 组成的计算为函数 F，那么 ResNet 块的计算公式为

$$\boldsymbol{z} = \mathrm{ReLU}(F(F(\boldsymbol{x})) + \boldsymbol{x})$$

对应的 ResNet 块结构如图 8.3 所示。

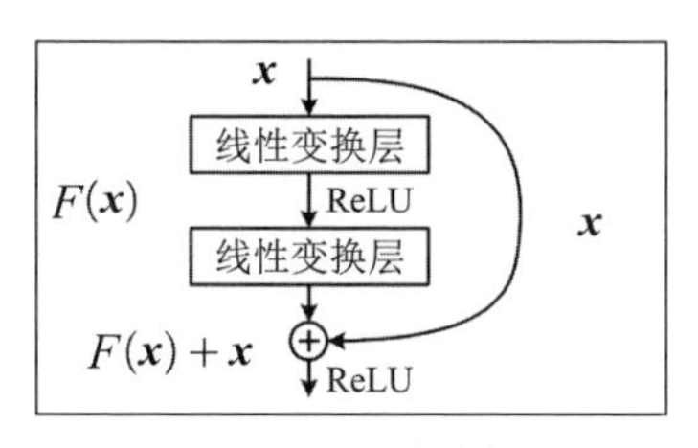

图 8.3　ResNet 块结构

可以看出，与之前的网络（如 VGG）不同的是，ResNet 在计算完卷积层之后，又将输入和输出相加，在计算图上，这相当于把输入直接和最终的运算子相连，因此这种连接结构也被称为“**Skip Connection**”。

为了解释这个差异，该论文中举了一个例子。假设已经有了一个较浅的模型，此时的目标是训练一个较深的模型来超过这个模型。理论上，如果能够找到一种优秀的优化算法和足够多的数据，那么这个较深的模型应该比那个较浅的模型具有更强的能力。如果抛开优化和可能的过拟合问题不管，这个理论还是可以成立的。就算较深的模型不能超越较浅的模型，那么它至少可以做到与较浅的模型具有同样的表达能力。

如果把较深的模型分成“与较浅的模型相同的部分”（第一部分）和“与较浅的模型相比多出来的部分”（第二部分），那么只要保持第一部分的参数完全相同，同时让第二部分“失效”，原样传递数据而不做任何处理，较深的模型就至少可以与较浅的模型效果一样，不会变弱。这些“失效”的模型部分被称作“**Identity Mapping**”，它们的输入和输出完全一样。

那么，对于现在的模型来说，如果遇到这样的问题，模型要如何学习这些“Identity Mapping”呢？过去的模型结构采用自上而下的方式构建，因此层与层之间的关系近似于乘法关系，下一层的输出是上一层的输入和卷积相乘得到的。想要学习这样的“Identity Mapping”，还是有点困难的，因为有卷积层和非线性层的存在，学到一个不改变输入的网络并不容易，这需要优化过程的配合。

于是，ResNet 模型对上面的问题做了一些改变。既然要学习“Identity Mapping”，那么能不能把过去的乘法关系转变为加法关系？说到加法，对机器学习有所了解的读者可能会想到 **Gradient Boosting Machine** 这样的模型结构，如常见的模型形式——Gradient Boosting Decision Tree，每一轮新构建的树都是在前几轮的残差上建立的。当模型结构变成了上面公式中提到的结构之后，我们发现如果希望模型的输入和输出接近，那么只要确保 $F(F(\boldsymbol{x})) = 0$ 就可以了。相对来说，这个难度就变小了，只需要让卷积核的参数等于 0 即可。根据前面介绍的模型参数的特点，这种均值为 0 的参数是相对容易学习的，这样训练难度就大大降低了。这样一来，即使是非常深的网络也可以训练，这也验证了将乘法关系改为加法关系后可以显著提升模型训练效果。

除了上面有关“学习 Identity Mapping”的分析，从反向计算的角度，也可以对 ResNet 块的结构做出分析。在此之前，绝大多数网络结构是链式结构，每一个网络层都有唯一的输入和输出，这种严格依赖的关系使得模型在反向计算时只能沿着一个方向进行，越靠近输入的网络层梯度越依赖后面各层的梯度计算，如果后面的梯度较小，那么传递过来的梯度将难以对模型产生影响，而且随着模型层数的增加，这种情况会越发严重。因此，我们需要思考将损失的梯度快速传递给前面网络层的方法。

而 ResNet 块结构则可以很好地解决这个问题。除了原本链式的网络结构，还可以使用 Skip Connection 传递梯度。通过这条快速通道，可以很快地将损失传递到对应的参数上，这样就使得各个网络层都可以得到较为高质量的梯度信息。

前面我们已经了解了一个块的结构，在这个块中，特征的空间维度并没有发生变化，添加 Skip Connection 相对容易；然而，在实际的网络结构中，模型的空间维度需要不断地缩小，同时模型的通道数也会增加。因此，需要加入一些额外的网络层来确保空间维度变化后同样可以实现 Skip Connection。所以，在每一个阶段开始时，ResNet 块都会给输入特征加入一个额外的网络层，使得在特征相加时二者的空间维度和通道数相同。假设块的输入维度为（C_{in}, H, W），输出维度为（$C_{\text{out}}, \frac{H}{2}, \frac{W}{2}$），ResNet 通常采用卷积核为（1, 1）、stride = 2 的卷积操作，然后连接 Skip Connection 结构。

8.3.2　ResNet 结构与实验

ResNet 模型结构同样有多种形式，如图 8.4 所示，输入图像的大小为 224×224。

层名称	输出大小	18层	34层	50层	101层	152层
卷积块1	112×112	7×7, 64, 步幅 2				
卷积块2	56×56	3×3 最大池化，步幅 2				
		[3×3, 64; 3×3, 64]×2	[3×3, 64; 3×3, 64]×3	[1×1, 64; 3×3, 64; 1×1, 256]×3	[1×1, 64; 3×3, 64; 1×1, 256]×3	[1×1, 64; 3×3, 64; 1×1, 256]×3
卷积块3	28×28	[3×3, 128; 3×3, 128]×2	[3×3, 128; 3×3, 128]×4	[1×1, 128; 3×3, 128; 1×1, 512]×4	[1×1, 128; 3×3, 128; 1×1, 512]×4	[1×1, 128; 3×3, 128; 1×1, 512]×8
卷积块4	14×14	[3×3, 256; 3×3, 256]×2	[3×3, 256; 3×3, 256]×6	[1×1, 256; 3×3, 256; 1×1, 1024]×6	[1×1, 256; 3×3, 256; 1×1, 1024]×23	[1×1, 256; 3×3, 256; 1×1, 1024]×36
卷积块5	7×7	[3×3, 512; 3×3, 512]×2	[3×3, 512; 3×3, 512]×3	[1×1, 512; 3×3, 512; 1×1, 2048]×3	[1×1, 512; 3×3, 512; 1×1, 2048]×3	[1×1, 512; 3×3, 512; 1×1, 2048]×3
	1×1	平均池化，1000-d FC, Softmax				
浮点数计算量		1.8×10^9	3.6×10^9	3.8×10^9	7.6×10^9	11.3×10^9

图 8.4　ResNet 结构图

从图 8.4 中可以看出，这里给出了 5 种 ResNet 结构：18 层、34 层、50 层、101 层和 152 层。这些网络的层数虽然差距很大，但是它们却具有类似的组织结构。从图中的输出大小可以看出，整个网络分成了 6 个部分，其中前 5 个部分主要由卷积操作组成，每一个阶段都会将特征的空间维度缩小 4 倍，网络之间的差异主要体现在每一个阶段内卷积层的数量上。

我们以 18 层为例分析模型的结构。

- 在第一阶段模型首先采用核为（7, 7）的卷积操作，输出通道数为 64，stride = 2，然后在第二阶段的开始采用核为（3, 3）的最大池化操作，此时也设定 stride = 2。
- 接下来就是重复的 ResNet 块计算了。每个中括号中包含的是一个 ResNet 块要计算的内容，其中“(3, 3)，64”表示卷积核为（3, 3）、输出的通道数为 64，在每个 ResNet 块的结尾会加入一个 Skip Connection 结构。
- 经过 5 个阶段的卷积计算后，最终完成了平均池化（Average Pooling）计算，将图像的空间维度特征完全汇集起来；最后采用全连接层和 Softmax 函数计算，得到模型对类别概率的估计。

ResNet 模型和 VGG 模型的网络结构对比如图 8.5 所示。

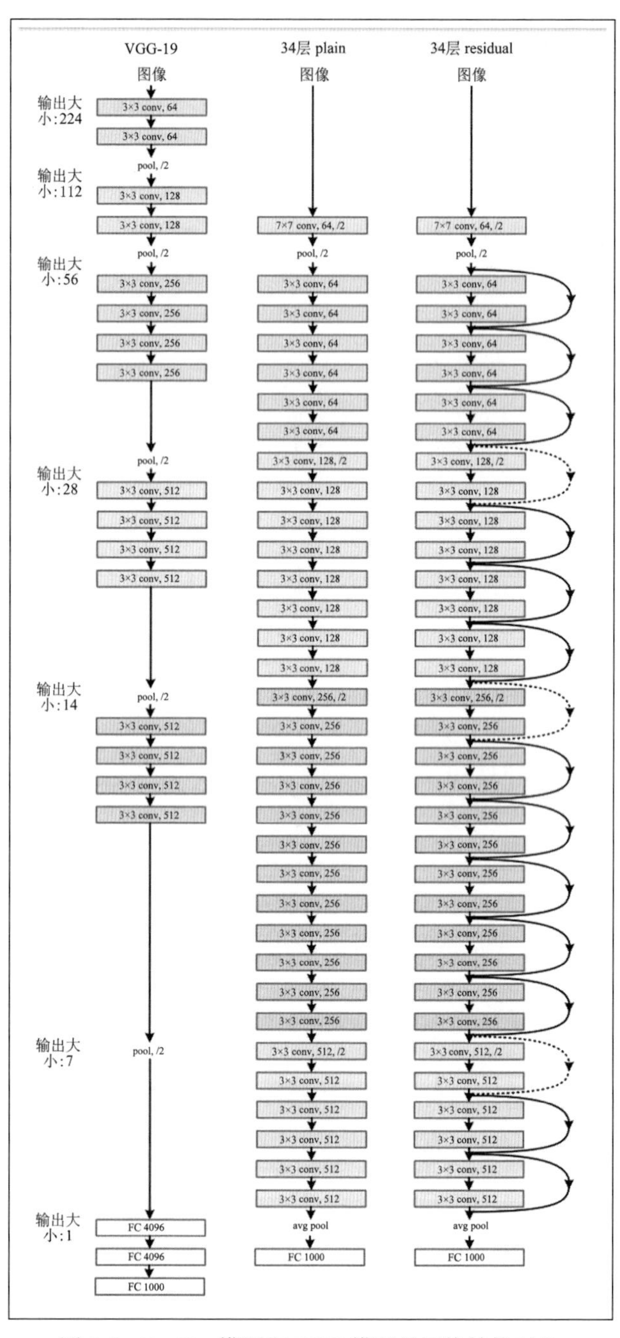

图 8.5 ResNet 模型和 VGG 模型的网络结构对比

将 ResNet 模型和 VGG 模型的网络结构进行对比，可以发现二者的一些相似之处。首先，模型主要都采用了（3, 3）和（1, 1）的卷积核，并且二者的网络都比较深，说明网络都使用了“小卷积核 + 深层模型”的思路；其次，模型的卷积层计算部分都是将图像的空间维度缩小了 32 倍。

但是在其他方面，两个网络有着很大的不同。ResNet 模型使用“平均池化 + 全连接层”的方式处理卷积层汇集得到的信息，这种方式可以极大地减少网络模型的参数数量；ResNet 模型的深度远比 VGG 模型要深得多，由于 Skip Connection 的存在，梯度的传导要比 VGG 模型更为容易。

下面就使用 ResNet 模型在 CIFAR10 数据集上进行实验。CIFAR10 数据集的图像维度为 32 × 32，比 ImageNet 数据集的图像维度小很多，因此要对网络做一定的消减。基于 CIFAR10 数据集的 ResNet 模型结构如表 8.2 所示。

表 8.2　基于 CIFAR10 数据集的 ResNet 模型结构

	20 层	**32 层**	**44 层**	**56 层**	**110 层**	**1202 层**
conv1	3×3, 16	3×3, 16	3×3, 16	3×3, 16	3×3, 16	3×3, 16
conv2	[3×3, 16]×3	[3×3, 16]×5	[3×3, 16]×7	[3×3, 16]×9	[3×3, 16]×18	[3×3, 16]×200
conv3	[3×3, 32]×3	[3×3, 32]×5	[3×3, 32]×7	[3×3, 32]×9	[3×3, 32]×18	[3×3, 32]×200
conv4	[3×3, 64]×3	[3×3, 64]×5	[3×3, 64]×7	[3×3, 64]×9	[3×3, 64]×18	[3×3, 64]×200
avg pool						
linear	64→10	64→10	64→10	64→10	64→10	64→10

由于不同的模型结构存在一定的相似性，我们可以开发一个统一的网络框架，并复用这个框架。首先是 ResNet 块结构，对应的代码如下：

```
class BasicBlock(nn.Module):
    def __init__(self, in_planes, planes, stride=1):
        super(BasicBlock, self).__init__()
        self.conv1 = nn.Conv2d(in_planes, planes, kernel_size=3, stride=
stride, padding=1, bias=False)
        self.bn1 = nn.BatchNorm2d(planes)
        self.conv2 = nn.Conv2d(planes, planes, kernel_size=3, stride=1,
padding=1, bias=False)
        self.bn2 = nn.BatchNorm2d(planes)

        if stride != 1 or in_planes != planes:
            self.shortcut = LambdaLayer(lambda x:
                F.pad(x[:, :, ::2, ::2], (0, 0, 0, 0, planes//4, planes
//4), "constant", 0))
```

```
    def forward(self, x):
        out = F.relu(self.bn1(self.conv1(x)))
        out = self.bn2(self.conv2(out))
        out += self.shortcut(x)
        out = F.relu(out)
        return out
```

接下来使用这个结构构建出ResNet模型，对应的代码如下：

```
class ResNet(nn.Module):
  def __init__(self, block, num_blocks, num_classes=10):
    super(ResNet, self).__init__()
    self.in_planes = 16

    self.conv1 = nn.Conv2d(3, 16, kernel_size=3, stride=1, padding=1,
bias=False)
    self.bn1 = nn.BatchNorm2d(16)
    self.layer1 = self._make_layer(block, 16, num_blocks[0], stride=1)
    self.layer2 = self._make_layer(block, 32, num_blocks[1], stride=2)
    self.layer3 = self._make_layer(block, 64, num_blocks[2], stride=2)
    self.linear = nn.Linear(64, num_classes)

    self.apply(_weights_init)

  def _make_layer(self, block, planes, num_blocks, stride):
    strides = [stride] + [1]*(num_blocks-1)
    layers = []
    for stride in strides:
      layers.append(block(self.in_planes, planes, stride))
      self.in_planes = planes * block.expansion

    return nn.Sequential(*layers)

  def forward(self, x):
    out = F.relu(self.bn1(self.conv1(x)))
    out = self.layer1(out)
    out = self.layer2(out)
    out = self.layer3(out)
    out = F.avg_pool2d(out, out.size()[3])
    out = out.view(out.size(0), -1)
    out = self.linear(out)
    return out
```

可以看出，网络首先进行的是卷积和 BN 操作，然后是 3 个阶段的网络计算，每个阶段对应的块数量则作为参数进行传递。各种层数网络的构建代码如下：

```
def resnet20():
    return ResNet(BasicBlock, [3, 3, 3])
def resnet32():
    return ResNet(BasicBlock, [5, 5, 5])
def resnet44():
    return ResNet(BasicBlock, [7, 7, 7])
def resnet56():
    return ResNet(BasicBlock, [9, 9, 9])
def resnet110():
    return ResNet(BasicBlock, [18, 18, 18])
def resnet1202():
    return ResNet(BasicBlock, [200, 200, 200])
```

ResNet 模型的训练方式与 VGG 模型的训练方式类似，ResNet 模型在 CIFAR10 数据集上的测试结果，即 6 种模型结构对应的测试准确率如表 8.3 所示。

表 8.3 ResNet 模型在 CIFAR10 数据集上的测试结果

	20 层	32 层	44 层	56 层	110 层	1202 层
准确率	91.77%	92.74%	93.27%	93.43%	93.77%	94.26%

8.3.3 Pre-Activation 的 ResNet 结构

前面介绍了 ResNet 模型的基本结构，实际上，ResNet 模型还有其他的块结构。总体来说，网络结构可以用下面的公式表示：

$$\boldsymbol{y}_l = h(\boldsymbol{x}_l) + F(\boldsymbol{x}_l, \boldsymbol{W}_l)$$

$$\boldsymbol{x}_{l+1} = f(\boldsymbol{y}_l)$$

式中，h 表示 Skip Connection 的函数，f 表示激活函数。如果这两个函数都是 Identity Mapping，那么网络就可以直接表示为

$$\boldsymbol{x}_{l+1} = \boldsymbol{x}_l + F(\boldsymbol{x}_l, \boldsymbol{W}_l)$$

对于一个 L 层的网络，假设每一层的结构都完全相同，那么网络的输出值可以表示为

$$
\begin{aligned}
\boldsymbol{x}_L &= \boldsymbol{x}_{L-1} + F(\boldsymbol{x}_{L-1}, \boldsymbol{W}_{L-1}) \\
&= \boldsymbol{x}_{L-2} + F(\boldsymbol{x}_{L-2}, \boldsymbol{W}_{L-2}) + F(\boldsymbol{x}_{L-1}, \boldsymbol{W}_{L-1}) \\
&= \boldsymbol{x}_l + F(\boldsymbol{x}_l, \boldsymbol{W}_l) + \cdots + F(\boldsymbol{x}_{L-1}, \boldsymbol{W}_{L-1}) \\
&= \boldsymbol{x}_l + \sum_{i=l}^{L-1} F(\boldsymbol{x}_i, \boldsymbol{W}_i)
\end{aligned}
$$

可以看出，在这种假设下，前面的多层网络特征可以被直接传递到后面的网络中。同样地，如果对其进行反向计算，则可以得到：

$$
\begin{aligned}
\frac{\partial L}{\partial \boldsymbol{x}_l} &= \frac{\partial L}{\partial \boldsymbol{x}_L} \cdot \frac{\partial \boldsymbol{x}_L}{\partial \boldsymbol{x}_l} \\
&= \frac{\partial L}{\partial \boldsymbol{x}_L}\left[1 + \sum_{i=l}^{L-1} \frac{\partial F(\boldsymbol{x}_i, \boldsymbol{W}_i)}{\partial \boldsymbol{x}_l}\right]
\end{aligned}
$$

可以看出，由于 1 的存在，模型前部的偏导数可以被直接传递到后部，这样模型的梯度值就能得到保证。一般来说，公式后面的连加项很难直接将“1”这一项抵消掉，因此很难出现梯度消失的问题。

基于这样的考虑，我们可以对 ResNet 模型的结构做一些调整，使得 Skip Connection 真的像上面的公式一样能够不经过任何处理，直接将信息传递过去。于是，出现了 ResNet 模型的改进版——也被称为 Pre-Activation 的 ResNet 模型。改进版的块结构移动了激活函数的位置，同时改变了 BN 的顺序，它们的结构对比如图 8.6 所示。其中，左边为 8.3.2 节介绍的结构，右边为改进版的块结构。

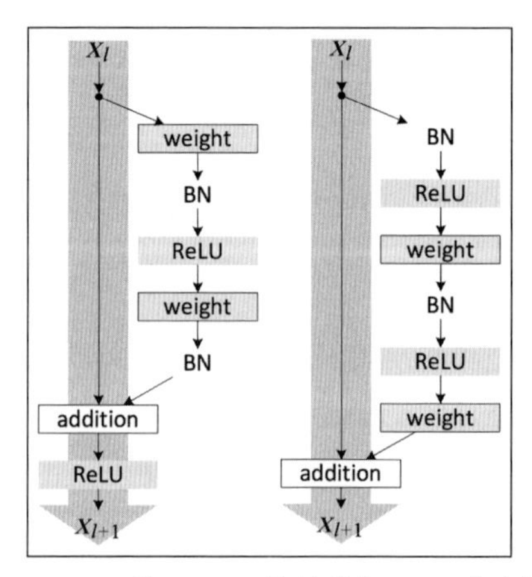

图 8.6 Pre-Activation 的 ResNet 块结构与 8.3.2 节介绍的结构对比

这个新的网络结构具有更好的性质，它可以更好地传递特征与梯度信息，不会受到 ReLU 层的阻挡，也不必担心 ReLU 层可能造成的问题。另外，由于 ResNet 模型需要将两部分的特征相加，相加之后的数值不易满足原本对均值、方差的设定，而当将 BN 层放到块的最前面后，原本因为相加造成的内部协变量偏移问题会得到缓解。使用这个新的网络结构进行实验，对应的代码如下：

```
class BasicBlock(nn.Module):
    def __init__(self, in_planes, planes, stride=1):
        super(BasicBlock, self).__init__()
        self.bn1 = nn.BatchNorm2d(planes)
        self.conv1 = nn.Conv2d(in_planes, planes, kernel_size=3, stride=
stride, padding=1, bias=False)
        self.bn2 = nn.BatchNorm2d(planes)
        self.conv2 = nn.Conv2d(planes, planes, kernel_size=3, stride=1,
padding=1, bias=False)

        self.shortcut = nn.Sequential()
        if stride != 1 or in_planes != planes:
            self.shortcut = nn.Sequential(
                nn.Conv2d(in_planes, planes, kernel_size=1, stride=stride,
 bias=False),
                nn.BatchNorm2d(planes)
            )
    def forward(self, x):
        out = self.conv1(F.relu(self.bn1(x)))
        out = self.conv2(F.relu(self.bn2(out)))
        out += self.shortcut(x)
        return out
```

8.3.4 ResNet 结构分析

从模型的实际表现来看，更深层的模型并不会带来等量的精度提升，即使深度增加了几倍，所带来的精度的提升也比较有限。这个现象和 ResNet 模型论文中的解释十分相近：更深层的网络可能只学到了 Identity Mapping，或者说是 0 残差，而不是真正的进一步的特征变换。论文 *Residual Networks Behave Like Ensembles of Relatively Shallow Networks*[4] 从另一个角度分析了 ResNet 模型的结构特点，相信这些内容会使读者对 ResNet 模型有更加深刻的认识。

ResNet 模型中最精华的部分就是它的 Skip Connection。这个结构使得前一层网络的特征信息/数值信息可以不经过任何计算，被直接传递到下一层，这在之前的网络中实属少见。如果只看某一个 ResNet 块，则只能发现其中的加法特征，但是如果将多个块综合起来看，模型的结构将变得非常复杂。

如果用函数 F 表示 ResNet 模型中由“卷积—Batch Normalization—非线性计算（ReLU）”组成的操作集合，使用 Pre-Activation 的方式进行构建，那么一个块中的计算就可以由下面的公式表示：

$$
\begin{aligned}
\boldsymbol{X}_{t+1} &= \boldsymbol{X}_t + F_t(\boldsymbol{X}_t) \\
\boldsymbol{X}_{t+2} &= \boldsymbol{X}_{t+1} + F_{t+1}(\boldsymbol{X}_{t+1}) \\
&= \boldsymbol{X}_t + F_t(\boldsymbol{X}_t) + F_{t+1}(\boldsymbol{X}_t + F_t(\boldsymbol{X}_t)) \\
\boldsymbol{X}_{t+3} &= \boldsymbol{X}_{t+2} + F_{t+2}(\boldsymbol{X}_{t+2}) \\
&= \boldsymbol{X}_{t+1} + F_{t+1}(\boldsymbol{X}_{t+1}) + F_{t+2}(\boldsymbol{X}_{t+1} + F_{t+1}(\boldsymbol{X}_{t+1})) \\
&= \boldsymbol{X}_t + F_t(\boldsymbol{X}_t) + F_{t+1}(\boldsymbol{X}_t + F_t(\boldsymbol{X}_t)) + \\
&\quad F_{t+2}(\boldsymbol{X}_t + F_t(\boldsymbol{X}_t) + F_{t+1}(\boldsymbol{X}_t + F_t(\boldsymbol{X}_t)))
\end{aligned}
$$

从模型上直观地看，每多出一个 ResNet 块，模型就将多出 1 倍数量的从输入到输出的**路径**（Path），这也让最终层里参与加法计算的项目多出了 1 倍。这种把多个路径结果加到一起的计算形式和**集成算法**（Ensemble）的形式有点相近。将上面三个公式的展开形式以图形绘制出来，如图 8.7 所示。

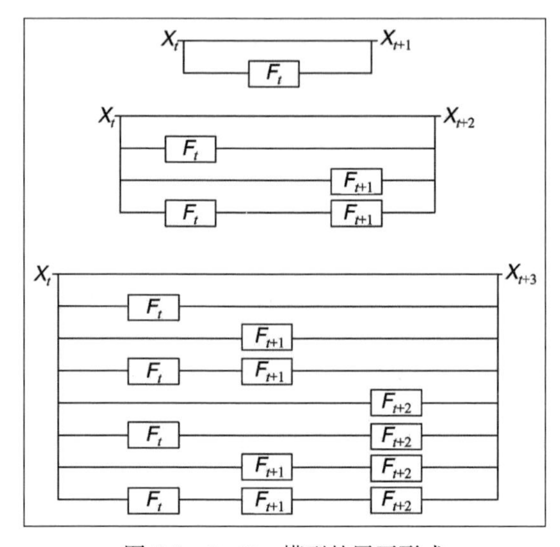

图 8.7　ResNet 模型的展开形式

观察展开后的 ResNet 模型，还会发现两个特点：

- ResNet 模型中各条路径之间的权重存在着一定的依赖关系。除了 ResNet 模型，还有一些网络结构也是多路径的，其中的一部分是权重独立的，也有很多是权重依赖的，但是像 ResNet 模型这样各条路径之间的权重相互依赖的形式确实不多见。
- ResNet 模型中各条路径的长度有很大的不同。从上面的计算可以看出，每增加一个块，路径的数量就会加倍，那么关于某条指定长度的路径的数量就可以计算出来。如果有 L 个块，那么出现最多的路径长度应该是 2^L。

除 ResNet 模型的结构和 Ensemble 类似之外，它的性质是不是也和 Ensemble 类似呢？该论文中提到了三个与之相关的实验，实验的对象是 ResNet-110 模型，在实验之前模型已经训练完成。

在第一个实验中，将一次删除模型中的一个块，只保留原始的 Skip Connection，然后观察模型经过这样的破坏后还能不能保持接近原始的精度。通过实验发现，模型确实能够保持类似的精度，这样的效果就和 Ensemble 的效果十分一致了。由于每删除一个块，就有一半的路径遭到破坏，也就是说，去掉了 Ensemble 中一半的模型，这说明各条路径之间并不存在十分强的相关性。

在第二个实验中，将随机删除多个块，并观测模型的测试精度。通过实验发现，随着块被删除，模型的精度在缓慢下降，而不是极速下降的。这一点也和 Ensemble 的效果类似。

在第三个实验中，将随机交换相同维度的块的顺序。实际上，这个实验和第二个实验类似，只不过采用的是另一种破坏网络的方式。在这个实验中，ResNet 的表现与第二个实验类似，随着交换的块数量增多，模型的精度在缓慢下降，而不是极速下降的。

通过实验可以看出，ResNet 的成功在于它构建了一个强大的“团队”，而不是培养一个“特种兵”。经过进一步的研究，该论文作者还发现模型的效果主要是由一些较浅层的路径构成的，其层数一般小于 20。它们在所有路径中的占比并不算大，但是它们产生的梯度却远高于其他深层的路径，这也印证了 ResNet 模型本质上更像是一些浅层模型的集合。

8.4 Inception

Inception 也是一个十分经典的网络模型。Inception 模型经过了很多版本的迭代，从最早的 Inception v1，到 Inception v4，再到 Inception-ResNet v2，其中模型的演化被不断地融入新的思考和其他模型的精华，这也使得它被很多人所熟知。本节就来介绍 Inception 的概念及 Inception-ResNet 模型，内容参考自论文 *Rethinking the Inception Architecture for Computer Vision*[5] 和 *Inception-v4, Inception-ResNet and the Impact of Residual Connections on Learning*[6]。

在设计深层网络时，需要重点考虑的一个点就是避免出现**特征表示瓶颈**（Representational Bottleneck）。由于模型需要以逐层的形式对特征进行转换，并最终得到一个用于完成特定任务的特征表示，将不可避免地要对特征进行压缩。由于很多事物的原始表示方式存在一定的冗余性，比如图像信息，像素与像素之间本身就存在着一定的相关性，在进行特征转换时，就需要将这些相关的冗余信息压缩处理掉。但是在深度学习中，由于无法直接控制特征转换的具体操作，我们并不了解这些转换将对原始信息做哪些处理。这就会产生一个问题：需要顾及每一层模型产出的信息量，并以此来决定网络输出的维度。如果设定的输出维度过小，那么处理后的特征就会产生信息损失，后续的模型就无法得到最好的效果。

其实在 VGG 模型中我们见过这个问题的处理方法，就是当空间维度缩小时，增加模型的通道数量。Inception 模型也做了类似的处理，只不过它采用多路径的方法，也就是构建多条路径用不同的卷积核处理输入特征，这样输入数据就能够得到充分的处理，将处理之后的特征再拼接起来就是转换后的最终结果了。常见的 Inception 模块示意图如图 8.8 所示。

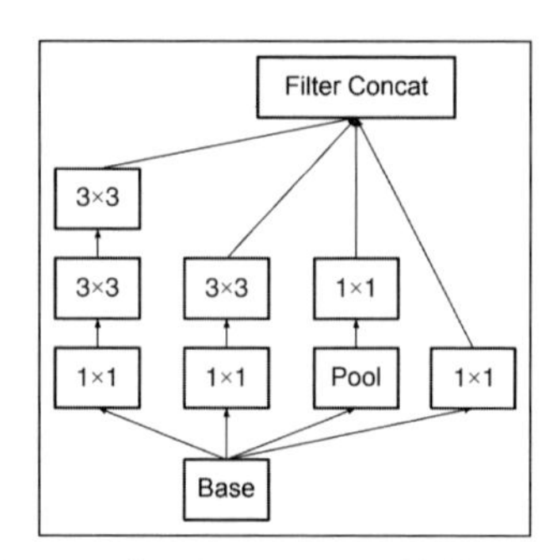

图 8.8　常见的 Inception 模块示意图

除前面提到的避免出现特征表示瓶颈之外，Inception 模块还有一个优点，就是它可以直接把不同操作得到的特征结合在一起，有的分支做池化操作，有的分支做 stride>1 的卷积操作，这样在同一个网络模块内就可以同时见到处理深度不同的特征，并将这些特征合并在一起。实际上，在 VGG 这类链式模型中，特征往往是从简单、低级的特征不断地向抽象、高级的特征转换的，一般网络层不会同时具有低级和高级两种特征，而 Inception 模块则可以融合不同层级的特征，这样的特征融合则更有利于我们进行后续的工作。

此外，Inception 模块还有其他结构形式，比如将它与 ResNet 模型的 Skip Connection 结构融合，可以得到图 8.9 所示的形式。

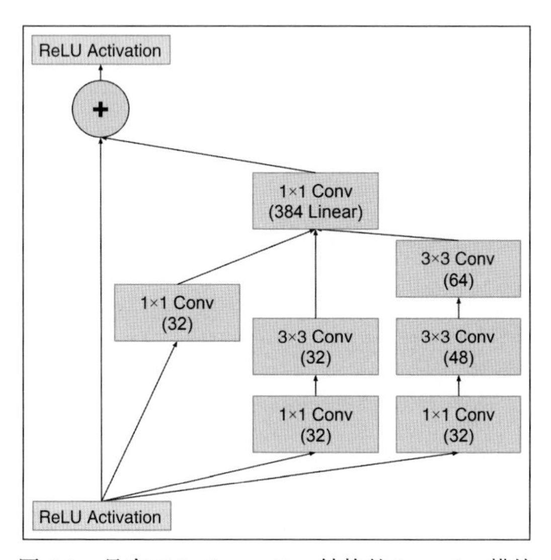

图 8.9　具有 Skip Connection 结构的 Inception 模块

以上介绍的就是 Inception 模型的主要特点。实际上，这些特点还被应用在其他模型中，并得到了很好的效果。

8.5　通道分解的网络

在前面的章节中，主要从宏观层面介绍了经典的网络结构，而接下来的内容则显得更加“微观”。如果说网络结构发展的前几次创新都是在外部结构上进行探索的，那么这一次的微创新则聚焦于模型内部。

在计算过程中，模型面对的数据通常是一个三维的张量（Tensor），它有三个维度：通道（Channel）、高度（Height）、宽度（Width）。这三个维度统一起来形成了我们要分析处理的数据。在卷积操作流行之前，神经网络的主要运算方式是全连接（在前面的章节中介绍过）。如果比较卷积操作和全连接操作，则可以发现下面的规律。

- 在每一次的全连接操作中，一般都将三个维度转换成一维向量，最终输出的每一个元素都要受所有特征共同的影响。
- 在卷积操作中，每一个输出的元素与输入的一个子区域相关，这个子区域包含了对应区域所有通道的特征。

卷积层和全连接层特征转换示意图如图 8.10 所示。

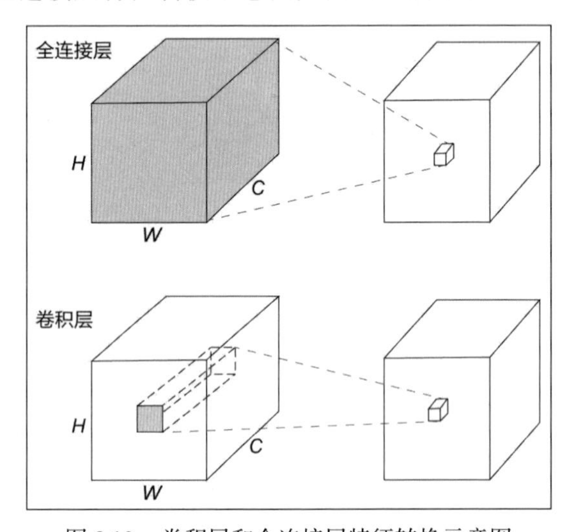

图 8.10　卷积层和全连接层特征转换示意图

从图 8.10 中可以清晰地看出，全连接层假设每一个输出都和全体输入数据有关，这种对相关性的强假设显然不适合解决所有的问题，同时它还会带来大量的参数，并有可能造成过拟合。而卷积层则显得保守了许多，只假设输出和一小部分输入数据相关，而且这种假设与图像数据的局部相关性十分契合。于是我们发现，卷积利用数据本身的特性，修改了输入和输出关系的假设。那么能不能进一步修改呢？比如设计出比卷积计算更小的操作，本节就来介绍这样的操作。

为什么要关注更小的操作呢？这其实和 VGG 网络带来的结构设计思想有关。在 VGG 网络中，我们抛弃了曾经的大卷积核，转而使用更小的卷积核，因为可以使用更深层的网络，用多个网络层堆叠的方式模拟出一个更大卷积核的卷积操作，两者在理论感受野上是相同的。而更小的网络在训练方面有着更大的优势，它有参数更少和更容易训练的优点。因此，本着同样的想法，希望能够找到更细粒度的操作，通过细粒度操作的组合来提高模型计算效率，甚至提高模型效果。

8.5.1 通道的局部性

前面我们看到，由于数据的局部相关性，用卷积操作代替了全连接的大部分工作，使得模型在抽取大量有用特征的同时，还能保证模型参数的精简。于是，在高度和宽度两个维度上，局部性得到了有效的验证。这时就会产生一个问题——通道信息是否也具有局部性？换句话说，在处理通道时，是不是也可以像处理高度、宽度一样，不把所有的信息都考虑在内，如图 8.11 所示，利用通道的局部性在通道维度上再做一次缩减？

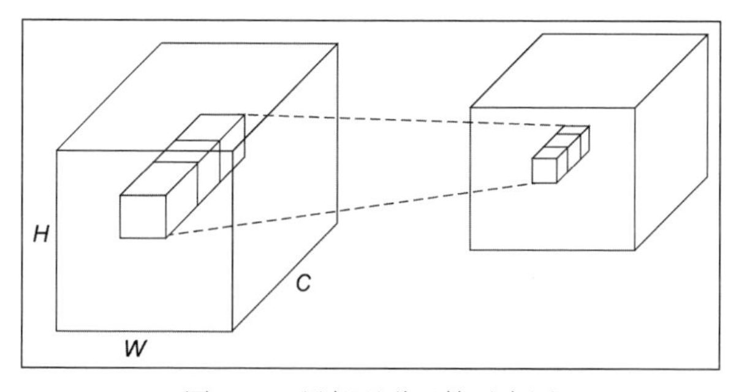

图 8.11 局部通道运算示意图

当然可以，两大经典模型——ResNet 和 Inception（GoogLeNet）的后代——**ResNext 和 Xception** 两个模型，就是从这个角度入手分析局部通道运算带来的效果的。在前面的章节中已经介绍过 ResNet 和 Inception 结构，下面介绍它们的变化形式。

在 ResNext 模型中，论文作者提出了 **Cardinality** 概念，它表示通道分成的组。假如有这样一个 ResNet 模型结构，其示意图如图 8.12 所示。

此时中间卷积核为（3, 3）的卷积操作是经典的结构，所有的通道信息都将参与特征计算，这相当于把通道划分成一个组。如果想将通道分成多个组，那么在计算过程中，我们会使用类似于 Inception 模型的结构构建多个分支。但是与 Inception 模型不同的是，每一个分支的通道数量都非常少，这些分支最终会合并（Concatenate）或者加和（Sum），得到组合后的输出特征。ResNext 块结构示意图如图 8.13 所示。

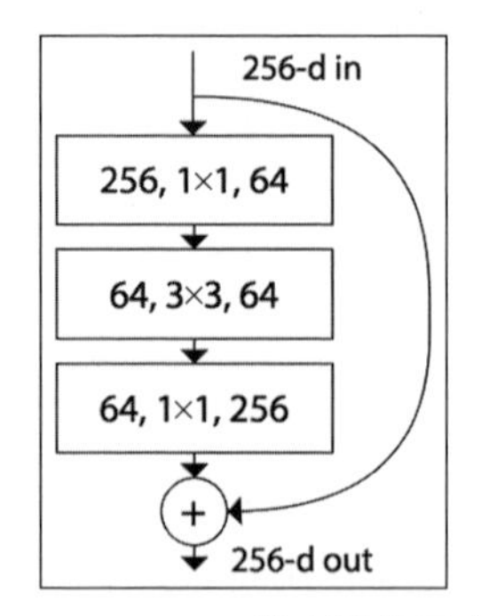

图 8.12　ResNet 模型结构示意图

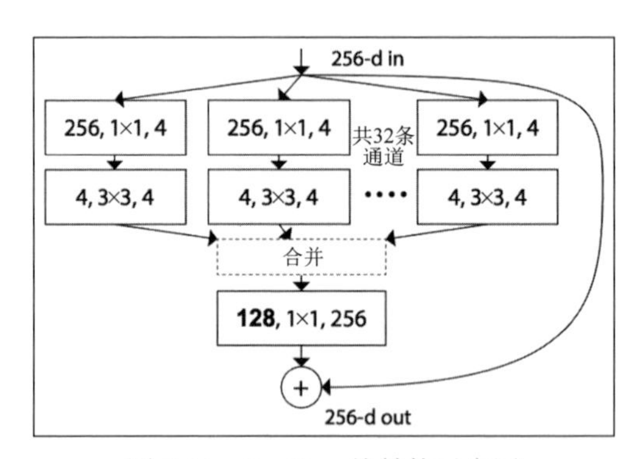

图 8.13　ResNext 块结构示意图

对于 Xception 模型，论文作者提出了 **Depth-wise Separable Convolution** 结构。也就是说，在做卷积计算时，每一个通道内的数据单独进行计算。即：如果有 N 维通道输出，那么 Cardinality 就等于 N。

两个模型的其他方面各有异同，但改进思路却十分一致，都是对通道下手，把卷积改为分组卷积的。这样的计算方法和此前的卷积操作相比，在参数数量和计算量上都有了显著的下降。假设要完成一个卷积操作，输入为 $[C_{\text{in}}, H, W]$，卷积核维度为（K, K），输出为 $[C_{\text{out}}, H, W]$，那么常规的卷积计算所需的计算量为

$$C_{\text{out}} \times H \times W \times (C_{\text{in}} \times K \times K)$$

也就是说，对于每一个输出值，它是由 $C_{\text{in}} \times K \times K$ 个输入和参数相乘后相加得到的。如果将卷积操作拆解为一个 Depthwise 卷积操作和一个卷积核为

1×1 的卷积操作，那么第一步计算的计算量为

$$C_{\text{in}} \times H \times W \times (K \times K)$$

也就是说，输出的通道数与输入的通道数相同，每一个输出值只需要一个卷积核内的输入和参数进行乘加即可得到。第二步计算的计算量为

$$C_{\text{out}} \times H \times W \times C_{\text{in}}$$

也就是说，每一个空间位置的多通道特征被组织为一个向量，然后各自进行一个全连接操作。如果 $C_{\text{in}} = C_{\text{out}}$，那么使用 Depthwise 卷积操作和 1×1 卷积操作的计算量为

$$C_{\text{out}} \times H \times W \times (C_{\text{in}} + K \times K)$$

可以看出，计算量确实有了明显的下降。

8.5.2 ShuffleNet

前面提到了卷积相比于全连接的优点，那么分组卷积相比于卷积的优点是不是类似的呢？看上去是的。与全连接操作把所有的信息都考虑在内类似，卷积操作把所有的通道信息都考虑在内，可能是一种信息浪费。我们知道，不同的卷积参数会产生不同的卷积效果，因此在不同的通道中，最终的输出结果也有所不同。但是卷积参数比较有限，产生的输出结构难免会有一定的相关性，因此将这些相关的特征放在一起考虑，有时并不一定会产生更好的效果，反而可能会造成一定程度的过拟合。因此，在通道维度上做局部化考量也是一个不错的思路。

但随之而来的一个问题是——通道毕竟不同于高度和宽度，后两者有明确的物理意义上的局部性，而通道的局部性却是人为想象出来的。此外，如果将通道隔离，那么通道之间将不再有信息的交流，对于空间维度来说，实际上多层的卷积操作还是会让信息随空间方向传播的。如果不同通道的信息被隔离，那么模型的效果势必会受到影响。该如何解决通道信息隔离的问题呢？为了解决这个问题，ShuffleNet 模型做出了一定的尝试。图 8.14 来自 ShuffleNet 模型的论文，可以从图 8.14（b）中看出，在完成一次分组卷积之后，通道的顺序会发生一定的变化。该论文作者并没有让相近的几个通道一直做信息的汇集，而是不断地交换相邻的通道，从某种意义上看，这样得到的通道融合会更加均匀，模型效果也会变得更好。

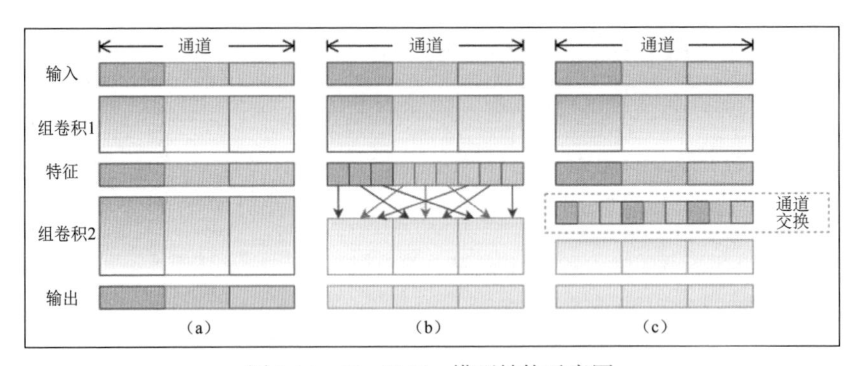

图 8.14　ShuffleNet 模型结构示意图

8.5.3　SENet

了解了上面介绍的内容，我们要认真地思考一个问题：如何更好地处理通道这个维度？显然，完全孤立各个通道和把所有通道信息都考虑在内是走了两个极端，那么中间的状态是什么？SENet 模型同样对通道做了处理，它采用了“**Squeeze-Excitation**”的方法。SENet 模型结构示意图如图 8.15 所示。

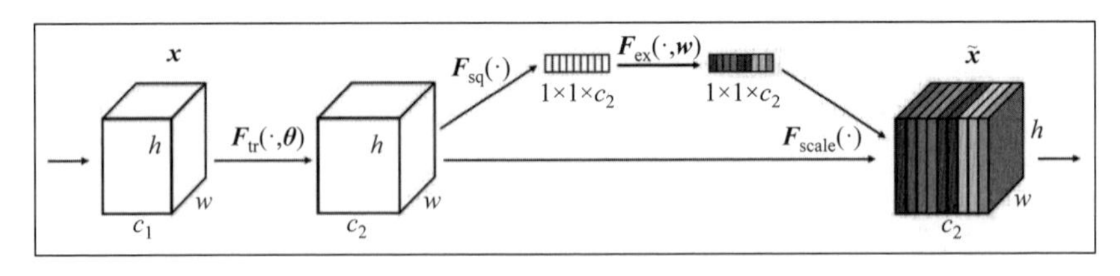

图 8.15　SENet 模型结构示意图

SENet 模型结构中包含了两个主要操作。

- Squeeze 操作：将每个通道信息都压缩成一个标量，相当于使用等同于图像空间维度的池化核的平均池化操作，这个数值代表了通道的基本信息，然后模型会对这些通道的汇总信息进行全连接操作，得到各个通道的权重。
- Excitation 操作：把这些权重赋给每一个通道，通过这种给通道加权的方式，使每一个通道的权重得到了调整。

这种方法通过轻量级的通道与通道之间的交互来定义通道的重要程度。它的结构和注意力结构有些类似，通过计算通道权重，使每一个通道的重要性被重新定义，于是可以加强模型更关注的部分，减弱模型忽略的部分。这样模型的特征又多了一种转换手段，模型的效果也会得到进一步提升。

8.6 总结与提问

本章主要介绍了 CNN 模型的各种网络结构。请读者回答以下问题：

（1）VGG 模型的网络结构是怎样的？它有什么特点？

（2）ResNet 模型的网络结构是怎样的？它有什么特点？

（3）Inception 模型的网络结构有什么特点？

（4）分组卷积的特点是什么？

参考文献

[1] Simonyan K, Zisserman A. Very deep convolutional networks for large-scale image recognition[C]// in International Conference on Learning Representations, May 2015.

[2] He K, Zhang X, Ren S, et al. Deep residual learning for image recognition[C]// Proceedings of the IEEE conference on computer vision and pattern recognition, 2016: 770-778.

[3] Chollet F. Xception: Deep learning with depthwise separable convolutions[C]// Proceedings of the IEEE conference on computer vision and pattern recognition, 2017: 1251-1258.

[4] Veit A, Wilber M J, Belongie S. Residual networks behave like ensembles of relatively shallow networks[C]// Advances in neural information processing systems, 2016: 550-558.

[5] Szegedy C, Vanhoucke V, Ioffe S, et al. Rethinking the inception architecture for computer vision[C]// Proceedings of the IEEE conference on computer vision and pattern recognition, 2016: 2818-2826.

[6] Szegedy C, Ioffe S, Vanhoucke V, et al. Inception-v4, inception-resnet and the impact of residual connections on learning[C]// Thirty-first AAAI conference on artificial intelligence, 2017.

[7] Krizhevsky A, Sutskever I, Hinton G E. ImageNet classification with deep convolutional neural networks[C]// International Conference on Neural Information Processing Systems. Curran Associates Inc. 2012: 1097-1105.

第 9 章

网络可视化

经过前面的介绍，我们发现深层模型在结构上比以往的模型更为复杂，训练过程更不容易控制，模型的原理也更缺乏解释性，这些都给我们深入研究模型带来一定的挑战。本章将介绍一些与网络可视化相关的内容，它们可以帮助我们更好地理解模型，从而有针对性地改进模型。

本章的组织结构是：9.1 节介绍模型优化路径的简单可视化；9.2 节介绍卷积神经网络的可视化；9.3 节介绍图像风格转换。

9.1 模型优化路径的简单可视化

前面章节介绍了很多优化算法的内容，虽然我们对优化已经有了一定的了解，但是对于一个复杂的深层模型的优化问题来说，这些内容还不够直观。那么，有没有更加直观的方式可以深入模型优化的内部呢？答案是肯定的。

论文 *Qualitatively Characterizing Neural Network Optimization Problems*[1] 从一个十分有趣的角度展示了复杂的优化问题背后简单的一面。虽然深层模型的参数难以优化，但是这篇文章中的实验结果却告诉我们，在某些优化问题中，找到局部最优点并不是一件困难的事情。

已经有很多科研人员通过各种方式证明了一件事情——随着模型的层数和参数数量的增加，模型参数的优化曲面变得十分复杂，但这对于获得高质量的模型并没有造成很大的困难。对于经典的优化理论来说，这个现象并不是很友好，因为随着模型越来越复杂，模型的局部最优点变多，想要找到全局最优点变得十分困难。不光是全局最优点很难找到，在优化曲面中还存在一些**鞍点**（Saddle Point），或者一些梯度很小的“平原带”。一旦参数值进入了这些区域，模型的目标损失值可能会停止不动，这时就很难判断模型的状态——是已经接近局部最优点，即将完成收敛，还是进入了“平原带”，没有了梯度？这让训练的难度增加了不少。

幸运的是，科研人员也利用各种抽象的模型证明了一点：随着模型复杂度的上升，局部最优点的目标函数值和全局最优点的函数值的差距在不断缩小。这样即使模型参数收敛到一个局部最优值上，模型的表现也依然很好。不必像经典的凸优化理论那样追求全局最优，这对于奋战在模型训练第一线的广大科研人员来说简直就是一个福音。

该论文又带来了另外一个福音——实际上，从起始点到局部最优点的路也不总是崎岖难行的。这一点该如何证明呢？在前面的章节中，本书作者精心挑选了一些简单的问题，它们的优化曲面可以被轻松地画出来，但是对于参数数量达到几十万甚至上百万的深层模型来说，直接将优化曲面画出来基本是不可能的。为了解决这个问题，该论文的作者带来了一种特殊的优化曲面的可视化方法。

想要理解这个问题，只能从某个切面入手。如果一个模型已经训练完成，那么在优化曲面上就有了两个有意义的点——一个是优化的起始点，一个是优化的终点。我们知道两点可以连成一条线段，也知道两点之间线段最短。那么，能不能把从优化起始点到终点这条路径上的目标函数值画出来？因为通过观察这条路径，至少可以知道：这条线段上的道路好不好“走”？优化算法有没有可能是通过这条路径到达终点的呢？

从这个角度想，这个问题就变得有意思了。如果深层模型真的难以训练，在优化曲面上到处都是陷阱，到处都是不够优秀的局部最优点和鞍点，那么起始点和终点之间一定充满了障碍；如果深层模型并没有难以训练，那么也许这两点之间一片坦途，即使十分简单的优化算法也可以完成优化。

思路有了，下面就该看看这个问题该如何解决了。这里使用 MNIST 数据集进行训练。这个数据集比较简单，当然，所得到的结果也更符合该论文中给出的结论。下面给出 LeNet 模型的代码。

```
class Net(nn.Module):
    def __init__(self):
        super(Net, self).__init__()
        self.conv1 = nn.Conv2d(1, 32, 5)
        self.conv2 = nn.Conv2d(32, 64, 5)
        self.pool1 = nn.MaxPool2d(2)
        self.pool2 = nn.MaxPool2d(2)
        self.fc1 = nn.Linear(64*4*4, 512)
        self.fc2 = nn.Linear(512, 10)
```

```
    def forward(self, x):
        x = self.conv1(x)
        x = F.relu(x)
        x = self.pool1(x)
        x = self.conv2(x)
        x = F.relu(x)
        x = self.pool2(x)
        batch_size = x.shape[0]
        x = x.view([batch_size, -1])
        x = self.fc1(x)
        x = F.relu(x)
        x = self.fc2(x)
        return F.log_softmax(x)
```

下面是模型训练和绘制损失曲线的代码。

```
def draw_loss(args, model, optimizer, train_loader, test_loader):
    init_params = {}
    for key in model.state_dict():
        init_params[key] = model.state_dict()[key].clone()
    for epoch in range(1):
        train(epoch, model, train_loader, optimizer)
        test(model, test_loader)
    opt_params = {}
    for key in model.state_dict():
        opt_params[key] = model.state_dict()[key].clone()

    loses = []
    for i in range(101):
        mod_params = {}
        for key in init_params:
            mod_params[key] = (init_params[key] * (100 - i) + opt_params
[key] * i) / 100
        model.load_state_dict(mod_params)
        loss_val = test(model, test_loader)
        loses.append(loss_val)
    plt.plot(loses)
    plt.show()
```

从代码中可以看出，绘制曲线的过程分为两部分。第一部分是模型训练，在训练前先将模型初始化时的参数保存起来。这里为了演示效果，只进行了一轮训练，在训练结束后同样将模型参数保存起来。

第二部分是绘制曲线。我们将绘制 101 个不同参数的模型在以训练数据为输入的条件下的目标损失值，每一个模型的参数都是由前面保存的两组参数依照某种比例组合而成的。于是，这些模型的参数组成了一条连接首尾两个模型参数的路径。当完成模型参数的修改后，就可以进行模型测试，得到全新参数的损失值。当得到所有的损失值后，就可以将其绘制成图形。图 9.1 所示的就是这条路径上的目标函数值形成的函数图形。

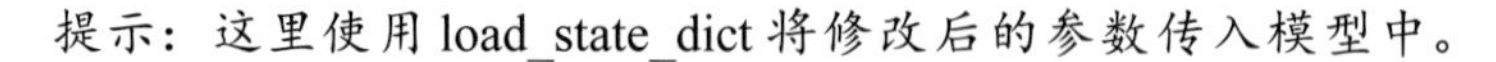
提示：这里使用 load_state_dict 将修改后的参数传入模型中。

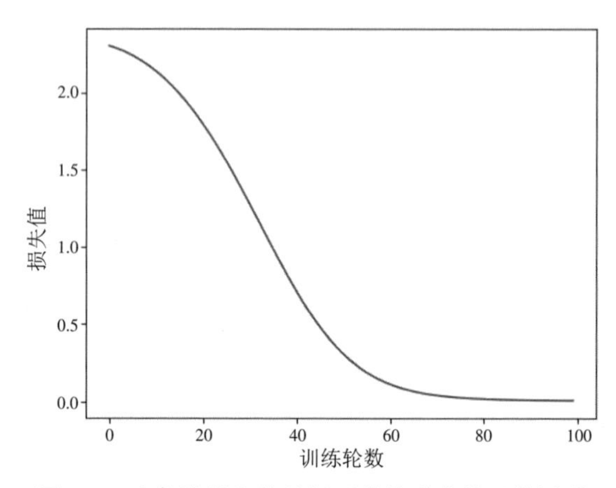

图 9.1　这条路径上的目标函数值形成的函数图形

图 9.1 中的横轴表示参数路径上的位置，0 表示测试参数完全由初始化参数组成，100 表示测试参数完全由最优参数组成；纵轴表示损失值。从结果可以看出，在起始点和终点之间确实一片坦途，优化算法只要一路向前即可到达目标，完全不需要任何套路。这可能和我们想象中的百转千回到达目标的画面不太一样。

此外，还有一篇论文 *An Empirical Analysis of Deep Network Loss Surface*[2]，它基于上面提到的论文，又做了很多有趣的实验，请各位读者自行阅读。

9.2　卷积神经网络的可视化

在前面的章节中，我们对卷积神经网络的结构已经有了足够的了解，虽然无法把这个像黑盒一样的东西完全摸清楚，但是多多少少对它的外部结构也有了一定的认识。本节将进一步探究卷积神经网络的内部世界，介绍更多有关网络原理的知识。

模型究竟完成了哪些操作？在模型的眼中，每一个特征的重要性是怎样的？对于浅层网络，尤其是只有一层的网络，上面的问题非常好回答。我们知道模型输入的特征和分布，也知道输出的特征和分布（这里特指监督学习），模型的目标就是把输入空间的数据映射到输出空间，而且确保映射的结果是正确的。由于计算过程相对简单，这个映射是很容易分析的。

如果将浅层网络换成深层网络，上面的问题就变得复杂了。因为深度学习涉及特征转换的两个部分——构建特征表示和从特征到结果的映射。那么，对于现在的深层网络来说，哪些层是在构建特征？哪些层是在把特征转换到结果？在 CNN 模型发展的初期，科研人员倾向于把这个分界点设立在卷积层和全连接层的交界处——卷积层负责收集特征信息，全连接层只负责特征的处理。

于是，新问题产生了：卷积层将图像中的哪些信息转换成了特征？这些特征是如何表达图像的？每一层之间的特征是如何传递的？为了理解网络层表示的特征，需要使用两个概念：线性变换与**反卷积**（Deconvolution）。线性变换相对容易理解，可以将卷积操作理解为线性变换，网络层的输入特征值与模型参数相乘得到的结果称为**激活值**（Activation）。如果激活值比较大，那么就说明输入与参数相近，这样的输入能够使模型得到更大的特征值。这样的特征值也正是我们要关注的。

有了比较大的激活值后，能不能找到产生这些激活值的输入特征值呢？这就要用到反卷积操作了。

9.2.1　神经网络的梯度

反卷积，听上去像是一个新名词，但实际上我们已经见过它了。卷积神经网络中的反卷积和图像处理中的反卷积还是有一点不同的，这里的反卷积其实是指卷积操作的反向计算。实际上，它的英文名称还有很多，比如 Back Convolution、Transposed Convolution 等。关于前向、反向的计算，可以参考第 4 章中对卷积层的计算推导内容，这里就不赘述了。

在本节之前，介绍的都是对模型的参数计算梯度，本节要介绍的是对输入数据求梯度。这个“求梯度”是什么意思？我们知道负梯度表示函数值下降最快的方向，为了使函数值（也就是损失值 Loss）尽可能小，我们希望梯度尽可能小。但是如果某个参数的梯度非常大，能说明什么呢？说明当前函数参数的变动对函数造成的影响非常大。

比如有这样一个函数：$y = w_1 \times x_1 + w_2 \times x_2$，我们要利用函数值 y 进行后续计算，得到函数的损失值 Loss，那么损失值对每一个参数的偏导数可以表示为

$$\frac{\partial \text{Loss}}{\partial x_1} = \frac{\partial \text{Loss}}{\partial y} \times w_1$$

$$\frac{\partial \text{Loss}}{\partial x_2} = \frac{\partial \text{Loss}}{\partial y} \times w_2$$

$$\frac{\partial \text{Loss}}{\partial w_1} = \frac{\partial \text{Loss}}{\partial y} \times x_1$$

$$\frac{\partial \text{Loss}}{\partial w_2} = \frac{\partial \text{Loss}}{\partial y} \times x_2$$

我们根据上面的公式进行分析：

- 如果 w_1 非常大，而 w_2 非常小，那么 x_1 的梯度就会远大于 x_2 的梯度。对 x_1 做点小改动，它会对最终结果产生比较大的影响；而对 x_2 做点小改动，对应的影响就没有那么严重了。
- 如果 x_1 非常大，而 x_2 非常小，那么 w_1 的梯度就会远大于 w_2 的梯度。对 w_1 做点小改动，它会对最终结果产生比较大的影响；而对 w_2 做点小改动，对应的影响就没有那么严重了。

可以想想，对最终结果产生比较大的影响意味着什么？这里以人脸识别系统为例，与上面的公式进行对应：

- 公式中那些对最终结果影响比较大的因子，往往对应着人脸中富有关键特征的地方，如果这些地方发生了变化，用于识别这个人的关键信息就变动了，换言之，就是有可能认错人。
- 公式中那些对最终结果影响比较小的因子，往往对应着一些不太重要的地方，比如背景——不论变成蓝色、红色还是白色，都能认出这个人。

由此可以得出一个推论：梯度大的因子就是当前模型和数据组成的整体的关键因子！对于 w，它就是当前输入数据的关键参数；对于 x，它就是当前模型参数的关键输入。因此，如果能够找到对于某一个模型、某一个特定输入梯度比较大的输入因子和参数因子，就能知道输入的哪些部分是模型最关心的，模型的哪些部分是输入最关心的。

上面提到的思想来自论文 *Visualizing and Understanding Convolutional Networks*[3]，它在观测模型学到的特征时主要采用了如下步骤。

（1）使用输入数据前向计算到某个网络层处，得到对应层次的激活特征。

（2）找出当前激活特征的最大值，将这个位置的梯度设置为对应的激活值，并将其他位置的梯度设置为 0。

（3）反向计算得到对应输入数据的梯度，将其绘制出来。

该论文中给出的网络模型可视化结构图如图 9.2 所示。

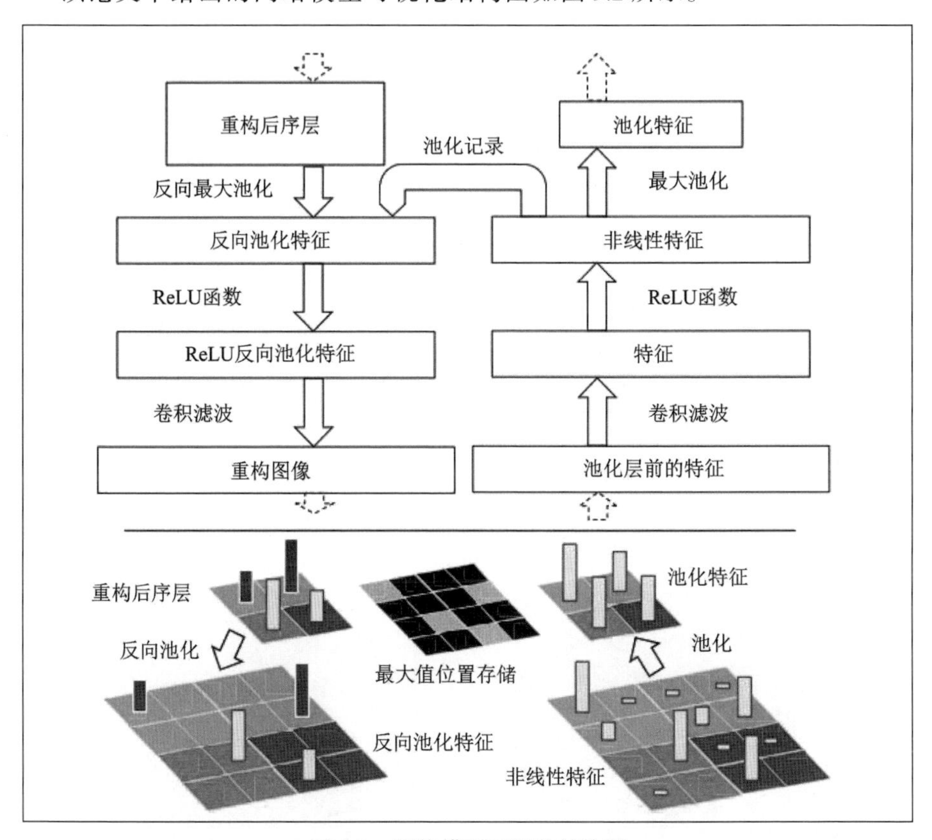

图 9.2 网络模型可视化结构图

从图 9.2 中可以看出，为了实现模型反卷积，该论文的作者进行了反向的最大池化、卷积操作。对于最大池化操作，记录了选择的位置，并在反向计算时将对应的位置传回梯度；对于卷积操作，使用反卷积操作进行计算，而实际上这两个操作就是原始操作对应的反向计算操作。最后将得到的原始图像转换成方便观察的形式，就可以观察模型的效果了。

9.2.2 可视化实践

本节介绍模型可视化的实现方法。根据前面的分析，我们直接使用输入图像的反向梯度作为输出的结果。这里对模型的结构注入**钩子函数**（Hook Function），这个函数会在指定的位置进行计算。我们将在反向传播时保存想要的梯度信息，代码如下：

```
def hook_layers(self):
    def hook_function(module, grad_in, grad_out):
        # 将梯度保存到外部变量中
        gradients = grad_in[0]

    # 为输入层注入钩子函数
    first_layer = list(self.model.features._modules.items())[0][1]
    first_layer.register_backward_hook(hook_function)
```

在代码中，我们选择了模型的第一层，然后给这一层注入钩子函数，这个函数会将模型输入的梯度保存下来。不同于前面介绍的方法，这里将直接完成正常的前向、反向计算，而不是只完成部分模型的计算，因此就不需要对梯度进行额外的操作了。获得梯度后，就可以将梯度图显示出来。我们使用 VGG 网络对一张猫狗图像（如图 9.3 所示）进行分析，可以得到如图 9.4 所示的可视化结果。可以看出，猫和狗的区域明显获得了更大的梯度值。除此之外，仍然有其他区域获得了一些梯度信息，这与这些区域的纹理信息有关，具体的模型效果请读者去挖掘、体会。

图 9.3　原始图像

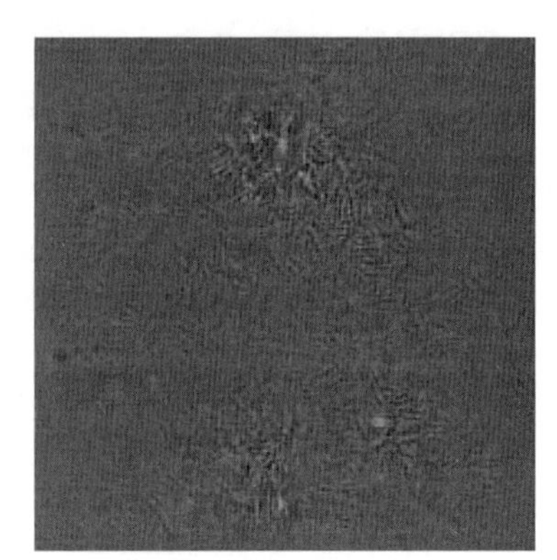

图 9.4　可视化结果

至此，我们就完成了模型可视化分析的工作。当然，除了前面介绍的方法，还有很多其他可视化方法，希望读者能够自行探索。

9.3 图像风格转换

随着神经网络的不断发展，越来越多的人开始研究神经网络的功效——神经网络究竟是如何提取出想要的特征，并最终得到想要的结果的呢？此外，还有人开始研究其他更为有趣的问题，本节介绍的就是其中之一——能否使用神经网络完成对图像部分特征的提取和转换？

下面介绍图像风格转换的方法，该方法来自论文 *Image Style Transfer Using Convolutional Neural Networks*[4]。

图像风格转换是图像处理中的一个经典问题，我们通常认为图像的信息有其内部逻辑，每一张图像都是由其**内容特征和风格特征**组合得到的。

- 内容特征主要表示图像中实体的主要信息。比如图像中有房子，内容特征就是描述房子的特征。
- 风格特征则是实体描述方式的特征，我们可以用素描的方式表示房子，也可以用颜料绘制房子，还可以用照相机拍摄房子。如果考虑到图像之外的领域，那么“房子”这两个字也是一种描述房子的方式。可见，对于同一个实体，可以有很多种不同的方式进行描述。

图像风格转换的目的，就是在保持主要实体不变的情况下对图像风格进行转换。从特征的角度来说，就是在保持内容特征不变的约束下，将风格特征转换成我们想要的形式。

以图 9.5 为例，这是一张用照相机拍摄的风景图，从图中可以看出其中包含了一些房屋和一条小河，这些都是图像中的实体信息。

图 9.5 图像风格转换前的效果

我们可以尝试对图像的风格进行转换，比如转换成印象派的风格——模仿梵高的经典作品《星空》（*The Starry Night*）的神韵。图像风格转换后的效果如图 9.6 所示。可以看出，图像模仿了《星空》的神韵，同时也保持了原始图像的实体语义。

图 9.6 图像风格转换后的效果

在了解了图像风格转换这个问题后，现在介绍使用神经网络求解这个问题的方法。前面提到，可以将图像的特征分解为内容特征和风格特征，下面就顺着这样的思路来介绍算法。

9.3.1 内容目标函数和风格目标函数

算法的核心思想是使用一个训练好的神经网络，比如 VGG 网络，生成一张风格转换后的图像。这个思想来源于机器学习的泛化性质。前面提到，我们希望分类网络能够将同一个类别下的实体识别为一个类别，而不管实体的形态如何。对于卷积神经网络来说，我们希望它能具备一些变换的不变性，比如旋转平移的不变性，类别内实体识别的泛化性质也属于我们期望的一个性质。那么图像风格转换问题就和分类问题有一点不同了。

在分类问题中，我们希望使用一批同类别的图像数据训练出一个具有泛化性质的模型；而在图像风格转换问题中，我们希望使用一个已经训练完成的模型和一张给定的图像，生成一张内容一致的图像。根据前面的描述，我们知道这张待生成的图像经过模型处理后也应该属于相同的类别，那么据此进行推断，在模型的计算过程中，待生成的图像和原始图像一定拥有相似甚至相同的中间特征。

基于这个思想，我们给出衡量两张图像内容的特征差异。令 $\boldsymbol{p}$ 表示原始图像，$\boldsymbol{x}$ 表示待生成的图像，神经网络的某一层的层数为 l，用 P^l 表示原始图像经过神经网络处理后第 l 层的输出特征，用 F^l 表示待生成图像经过神经网络处理后第 l 层的输出特征。在使用卷积神经网络进行特征转换时，第 l 层的输出特征为 $[N_l, H_l, W_l]$。为了后续表示方便，对空间特征进行压缩，将特征转换为一个二维的特征 $[N_l, M_l]$，$M_l = H_l \times W_l$。于是，可以设定一个目标函数 $\mathcal{L}_{\text{content}}$ 来表示两张图像在特征上的差异：

$$\mathcal{L}_{\text{ content}}(\boldsymbol{p}, \boldsymbol{x}, l) = \frac{1}{2}\sum_{i,j}\left(F_{ij}^l - P_{ij}^l\right)^2$$

式中，i, j 表示特征的下标；F_{ij}^l 表示第 l 层特征某个下标的特征值。这就是我们设定的第一个目标。实际上，我们已经可以使用这个目标函数进行优化了，只是目标的主体是图像而不是模型参数。对应的梯度计算公式如下：

$$\frac{\partial \mathcal{L}_{\text{ content}}}{\partial F_{ij}^l} = \begin{cases} \left(F^l - P^l\right)_{ij}, & F_{ij}^l > 0 \\ 0, & F_{ij}^l < 0 \end{cases}$$

接下来介绍风格特征部分的目标函数。实际上，相比于内容特征，风格特征显得更为抽象，我们很难将这种特征很清楚地描述出来，但是可以借助数学的力量将其近似表示出来，这个表示的思想来自高阶特征。

高阶特征向来都是充满神秘色彩的特征。我们知道泰勒展开公式，若函数 $f(x)$ 在包含 x_0 的某个闭区间 $[a, b]$ 上具有 n 阶导数，且在开区间 (a, b) 上具有 $n+1$ 阶导数，那么对于闭区间 $[a, b]$ 上的任意一点 x，下面公式成立：

$$f(x) = \frac{f\left(x_0\right)}{0!} + \frac{f'\left(x_0\right)}{1!}\left(x - x_0\right) + \frac{f''\left(x_0\right)}{2!}\left(x - x_0\right)^2 + \cdots + \frac{f^{(n)}\left(x_0\right)}{n!}\left(x - x_0\right)^n + R_n(x)$$

在这个公式中，我们看到了一个高阶项 $R_n(x)$，它是公式中的一个无穷小变量，虽然渺小但是有存在的必要。与函数中的高阶项类似，图像也具有一些“高阶特征”，那就是图像的高频信息，这些高频信息包含了图像的细节，细节通常用于表示图像的一些独特的特征。我们可以认为图像的风格特征与高频信息存在某些联系，高频信息表示图像的细节，但又不会影响图像的识别结果。当然，如果图像的风格十分明显，那么它也不能被完全视为存在感很低的信息。因此，结合上面的信息可以得出推论：

- 高频信息表示图像的细节，对于图像风格转换问题，风格信息可以算是中高频信息。
- 图像中的高频信息和函数近似中的高阶分量存在一些相近的特性。

为此，可以考虑这样一个方案：用高阶特征表示风格特征。这个方案实际上就是算法中提供的方案。前面已经使用了图像在模型中的转换特征 F_{ij}^l，我们可以把 N_l 个通道看作 N_l 个分离的特征，每个特征向量的长度为 M_l，那么就可以构建一个二阶的特征矩阵，称为 **Gram 矩阵**。它计算了每一组特征间的内积，计算公式如下：

$$G_{ij}^l = \sum_k F_{ik}^l F_{jk}^l$$

我们的目标就是让待生成图像特征的 Gram 矩阵和风格特征的 Gram 矩阵尽可能相同，于是风格目标函数就可以被定义为

$$E_l = \frac{1}{4N_l^2 M_l^2} \sum_{i,j} \left(G_{ij}^l - A_{ij}^l\right)^2$$

梯度的计算公式如下：

$$\frac{\partial E_l}{\partial F_{ij}^l} = \begin{cases} \dfrac{1}{2N_l^2 M_l^2} \left(\left(\boldsymbol{F}^l\right)^{\mathrm{T}} \left(\boldsymbol{G}^l - \boldsymbol{A}^l\right)\right)_{ji}, & F_{ij}^l > 0 \\ 0, & F_{ij}^l < 0 \end{cases}$$

这样我们就得到了两个目标函数——内容目标函数和风格目标函数，其中内容目标函数通过比较一阶的网络输出特征得到，而风格目标函数通过比较二阶的网络输出特征得到。

9.3.2 风格转换网络

在得到了两个目标函数后，接下来就可以定义完整的风格转换网络了。前面只提到了两个目标函数，但是并没有提到在网络的哪个层次使用函数。实际上，可以在多个网络层使用这两个函数，并将这两个函数以一定的比例融合起来。完整的风格转换网络如图 9.7 所示。

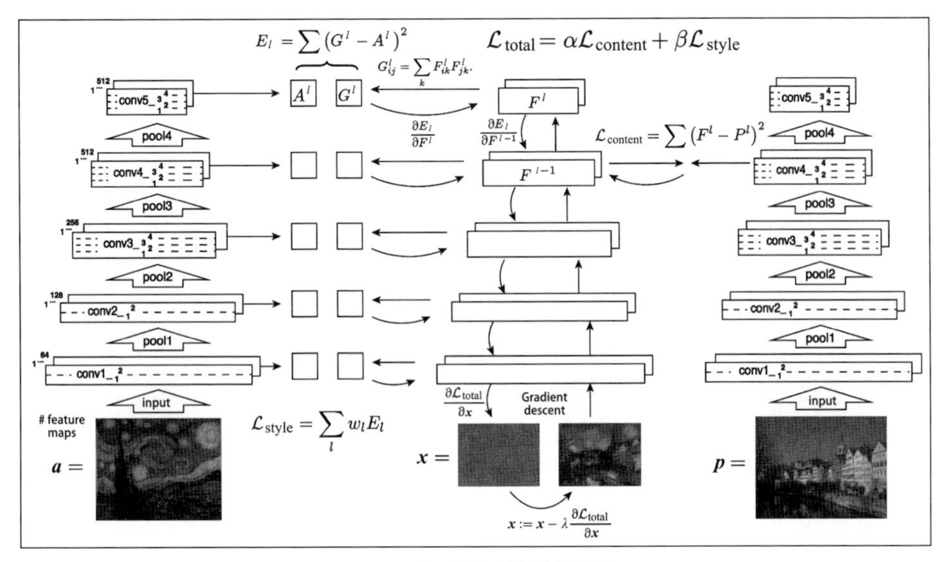

图 9.7 完整的风格转换网络

从图 9.7 中可以看出，输入图像有三张：风格图像、待生成图像和内容图像。我们将使用同一个训练好的模型对图像进行处理，提取出它们在不同层次上的特征。这三张图像的特征将被用于计算目标函数。对于风格目标，将选择 5 个网络层的特征进行特征差异的计算，并加权融合，得出整体的风格差异目标值；而对于内容目标，只选择其中的一个网络层作为比较的目标。完整的目标函数公式为

$$\mathcal{L}_{\text{total}} = \alpha\mathcal{L}_{\text{content}} + \beta\mathcal{L}_{\text{style}}$$

式中，α、β 为两个目标函数的权重，对这两个权重的选择会直接影响最终生成的图像效果。

模型结构的设计和对这两个权重的选择都会影响最终生成的图像效果。

- 选择不同的网络层进行比较，对模型的效果会产生影响。对于内容目标来说，网络层越深，越远离内容图像，留给待生成图像的空间越大，待生成图像就越有机会和内容图像产生差异；而网络层越浅，待生成图像就会与内容图像越接近。而对于风格目标来说，由于风格比较抽象，我们可以选择多个网络层作为比较的对象，使两者的风格更为贴近。我们可以通过控制内容目标中计算差异的网络层来改变网络的效果。
- 对于两个目标函数的权重，当 α/β 的值比较大时，待生成图像将会更注

重内容的一致性；反之，则会更注重风格的一致性。我们可以根据最终的目标调整这个比值。

在了解了网络结构之后，下面介绍网络的训练过程。

（1）随机生成一张与内容图像和风格图像的尺寸相同的图像。

（2）使用前面提到的目标函数进行反复迭代优化。

（3）待目标函数收敛后，就可以得到风格转换后的图像了。

上面介绍的方法需要同时输入内容图像和风格图像，经过反复迭代优化得到新风格图像。这种方法可以合成不同风格的图像，但是生成图像的代价比较大，因为它需要经过很多轮迭代优化，需要花费比较多的时间。为了提高风格转换的效率，可以借鉴论文 *Perceptual Losses for Real-Time Style Transfer and Super-Resolution*[5] 中的方法，训练一个全新的卷积神经网络来进行风格转换。这种风格转换网络的结构如图 9.8 所示。

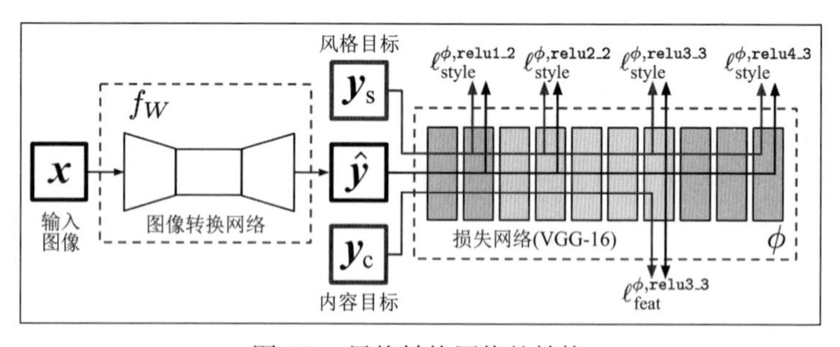

图 9.8　风格转换网络的结构

从图 9.8 中可以看出，输入图像 $\boldsymbol{x}$ 将进入一个专门处理图像转换的网络中，这个网络由卷积操作组成。首先，卷积层会将图像的空间信息聚合起来，图像的空间维度会变小；然后，使用反卷积操作将特征的空间维度恢复到原始图像大小。这个过程就完成了图像风格的转换，生成的图像为 $\hat{\boldsymbol{y}}$。

接下来，将所生成的图像 $\hat{\boldsymbol{y}}$ 和风格图像 $\boldsymbol{y}_s$、内容图像 $\boldsymbol{y}_c$ 一起传入另一个训练好的卷积神经网络中，在图 9.8 中它被称为损失网络。在模型提取出对应的特征后，就可以像前面一个模型的计算过程那样，将三张图像对应的内容目标和风格目标计算出来进行比较，得到图像转换网络的目标函数。在图 9.8 中，模型提取出四个网络层的风格目标和一个网络层的内容目标作为比较的特征。

可以看出，这种方法和前一种方法有些不同。首先，这种方法不需要在生成图像时进行多轮迭代优化，只需要使用网络进行一次前向计算就可以得到想要的图像；其次，当需要保持内容部分一致时，图 9.8 中的 $\boldsymbol{x}$ 和 $\boldsymbol{y}_{\mathrm{c}}$ 相同。实际上，在转换输入图像时并不知道风格图像的存在，因此图像转换网络的功能受到了限制，它只能完成特定风格的转换。

通过前面的算法，我们了解到神经网络在学习过程中得到的参数，确实可以帮助发现图像中一些更为抽象的信息。随着对神经网络研究的不断深入，我们将会发现更多的特性。

9.4 总结与提问

本章介绍了与网络可视化相关的方法。请读者回答下面的问题：

（1）如何观测模型优化时的曲面？

（2）反卷积的原理是什么？

（3）图像风格转换的实现方式是什么？

参考文献

[1] Goodfellow I J, Vinyals O, Saxe A M. Qualitatively characterizing neural network optimization problems[J]. arXiv preprint arXiv:1412.6544, 2014.

[2] Im D J, Tao M, Branson K. An Empirical Analysis of Deep Network Loss Surfaces[J]. arXiv preprint arXiv:1612.04010, 2016.

[3] Zeiler M D, Fergus R. Visualizing and Understanding Convolutional Networks[C]// European conference on computer vision. Springer Cham, 2014: 818-833.

[4] Gatys L A, Ecker A S, Bethge M. Image Style Transfer Using Convolutional Neural Networks[C]// IEEE Conference on Computer Vision and Pattern Recognition (CVPR). IEEE, 2016.

[5] Johnson J, Alahi A, Fei-Fei L. Perceptual losses for real-time style transfer and super-resolution[C]// European conference on computer vision. Springer, Cham, 2016: 694-711.

第10章

物体检测

在前面的章节中介绍了图像分类算法，本章将介绍基于图像的物体检测算法。实际上，物体检测包含两部分：发现物体的位置和发现物体的类别。前面介绍的分类问题相当于在已知物体位置的前提下判断物体的类别，因此，物体检测问题实际上是在前面的问题基础上增加了难度。当然，对于图像来说，物体位置和类别本身存在一定的相关性。明确了物体位置会帮助判断类别，明确了物体类别也会帮助定位位置，很多模型都借鉴了这方面的思想。

本章的组织结构是：10.1 节介绍物体检测的评价指标；10.2 节和 10.3 节介绍两个经典的物体检测模型。

10.1 物体检测的评价指标

本节先介绍物体检测问题的具体形式。一般来说，物体检测的输入是一张图像，输出是待检测物体对应的区域描述和物体类别。以图 10.1 为例，图中包含两个实体——猫和狗。我们可以用包含实体的最小矩形表示它们的范围，于是我们的目标就是预测出这些实体的坐标值，同时给出这两个位置的预测值。

图 10.1　物体检测示意图

模型要同时预测物体的位置和类别，因此需要一个统一的评价指标来衡量模型在两个问题上的综合表现。这里令模型预测得到的结果为$\{x_i, y_i, w_i, h_i, \text{conf}_i, \text{cls}_i\}_{i=1}^{N}$，其中包含 N 个检测出的物体，每个物体有六个输出值，分别为检测框左上角的 x 轴和 y 轴坐标值、检测框的宽度和高度、检测框的置信度和检测框内的类别值。目标值的结果与模型预测结果类似，但是有一些不同，它不包含检测框的置信度，同时一般物体的数量会少很多。物体检测在评价过程中包含两个步骤。

（1）NMS（Non-Maximum Suppression，非极大抑制），去掉一些位置相近的检测框。

（2）MAP，计算在给定 **IoU**（Intersection of Union）或者分段 IoU 的情况下预测的准确率。

下面介绍这两个步骤的详细计算过程。

10.1.1 NMS

前面提到非极大抑制的目标是去掉一些位置相近的检测框，尽可能确保每一个物体只有一个检测框与之相对应，以提高物体检测的准确率。这时，我们就要考虑一种机制——保留那些预测最好的检测框，而去掉其他检测框。在计算机视觉算法中，常见的一种方法就是非极大抑制。一般来说，我们要检测的物体附近会产生很多检测框，只要保存预测效果最好的检测框就可以了，至于那些预测效果不够好的检测框，则可以去掉。

由于需要在算法效果和运行时间上进行平衡，通常 NMS 都采用了贪心的方法。我们每次找到一个识别置信度最高的检测框，然后将与该检测框重合度很高的其他检测框去掉。这样反复迭代就可以完成 NMS 的计算，最终选出的检测框都具有置信度高和相互之间重合度低的特点。

在 NMS 中一个核心的参数是 IoU 的阈值，它衡量了两个检测框的重合度。IoU 计算两个检测框相交区域和整体覆盖区域的比值，假设一个检测框的覆盖区域为 A，另一个检测框的覆盖区域为 B，那么对应的计算公式为

$$\text{IoU}(A, B) = \frac{A \cap B}{A + B - A \cap B}$$

当两个检测框完全重合时，IoU 值为 1，反之则为 0。在实际中，我们需要根据任务设定一个合理的阈值来清除多余的检测框。

我们通过一个例子来展示 NMS 的效果。假设有三个检测框：

```
[0, 10, 100, 110, 0.9]
[15, 20, 110, 120, 0.7]
[75, 75, 95, 95, 0.8]
```

其中，每一行数据表示一个检测框，前四维表示检测框的左上角和右下角的坐标位置，最后一维表示检测框的概率值。我们将 IoU 的阈值设定为 0.5。首先将三个检测框按照概率值进行排序，可以得到：

```
[0, 10, 100, 110, 0.9]
[75, 75, 95, 95, 0.8]
[15, 20, 110, 120, 0.7]
```

我们先选出第一个检测框为最终的检测框，然后让剩下的两个检测框和这个检测框进行比较，计算出它们的 IoU 值——IoU_1、IoU_2，分别得到：

$$\mathrm{IoU}_1 = \frac{400}{10000 + 400 - 400} = 0.04$$

$$\mathrm{IoU}_2 = \frac{7650}{10000 + 9500 - 7650} \approx 0.6456$$

可以看出，最后一个检测框的 IoU 值超过了限制，于是我们将这个检测框去掉。

在第二轮迭代时，由于只剩下一个检测框，就直接将其选中，最终得到两个检测框。NMS 效果示意图如图 10.2 所示。

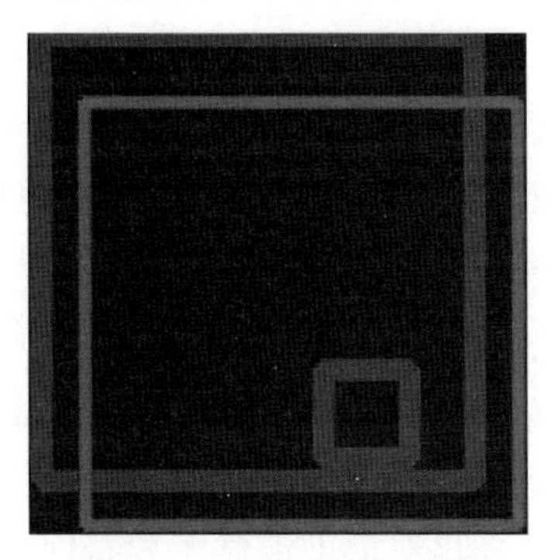

图 10.2　NMS 效果示意图

NMS 帮助我们解决了选取检测框的问题，但是它仍然存在一些缺陷。比如对于一些相互重叠的物体，有时 NMS 会因为阈值的原因删除其中的一个检测框。于是，研究人员针对 NMS 算法提出了一些改进方案，这里不再赘述。

10.1.2 MAP

得到最终的检测框后，我们需要和图像上真实的物体边框进行比较，得到对模型预测的评价值。由于实际物体的位置可能存在一定的偏移，比如实际物体在点 $(y_1, x_1), (y_2, x_2)$ 包围的矩阵中，$(y_1 + t, x_1 + t), (y_2 + t, x_2 + t)$ 还能不能表示同一个物体呢？如果 t 比较小，则通常可以认为两个物体的边框是近似的；如果框内的识别物体是一样的，则也可以认为检测结果是正确的，因为它在可以容忍的误差内得到相同的结果。那么，如何制定误差的标准呢？一种简单的方法就是设定一个 IoU 值，当 IoU 值大于某个值时，就可以认为检测框处于误差之内，可以接受。

有了上面的分析，就可以实现一种最简单的计算方法。我们把模型预测、经过 NMS 计算得到的结果称为检测框 pred，将物体的真实位置称为目标框 label，计算过程如下：

对 pred 中的每一个检测框，找到和自己 IoU 最大的目标框 label，判断二者的类别是否一致并记录，得到一个类别判断序列 correct，其中类别相同为 1，类别不同为 0，序列的平均值为模型的准确率。

这种方法虽然可以计算出一个评价结果，但是它仍然存在一些问题。在实际的问题中，不同类别的识别难度也有差别，每一类物体都拥有一个检测的概率和阈值。为了更好地衡量不同类别的物体在不同阈值下的识别效果，可以统计物体的识别结果，然后计算在不同阈值下的准确率，这就是**平均准确率**（Average Precision，AP）的计算思想。

当我们拥有图像中某个类别的检测框的两个属性序列时（识别是否是正确的序列 correct 和检测框的置信度 conf），可以按照置信度对序列进行排序，这样排在前面的是置信度高的检测框，排在后面的是置信度低的检测框。接下来，就可以用上面的两个序列计算检测框的准确率和召回率。

由于已经将检测框按照置信度排列，从序列开始到序列的任意一个位置都可以表示为在某个阈值下过滤出的高置信度检测框子序列，对于每一个这样的检测框集合都可以计算出对应的准确率和召回率，其中准确率为子序列中的准确率，也就是识别正确的数量除总数量；而召回率为子序列中识别正确的数量占总目标框的数量。这部分的计算过程如图 10.3 所示。

在得到了给定召回率下的准确率之后，我们就要计算 AP，即计算不同召回率下的总体准确情况。AP 的计算方法有两种，其中一种简单的方法是等比例采样不同召回率下的准确率，并将这些准确率进行平均。这种方法使用在 Pascal VOC2007 数据集中。具体的方法是找出召回率从 0 到 1、间隔为 0.1 的 11 个点的准确率，并将这 11 个值的平均值求出来。

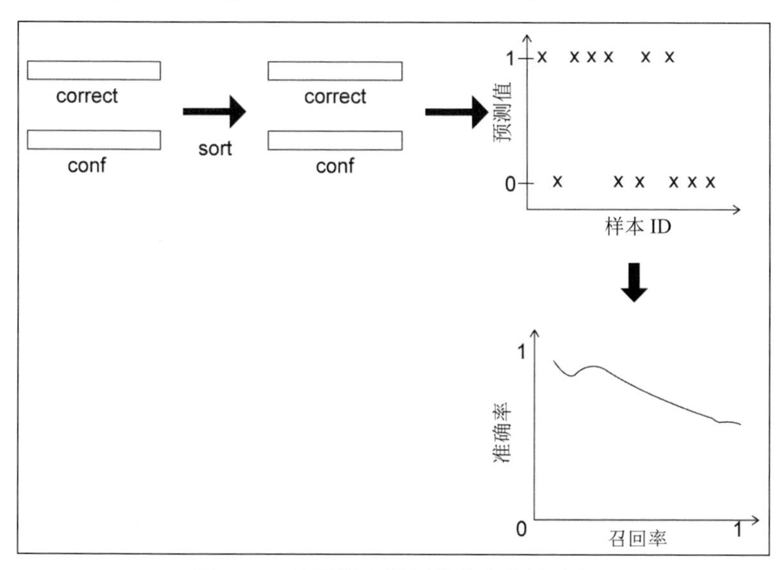

图 10.3 计算指定类别的准确率的过程

另一种方法则是将每一个召回率下的准确率都计算出来，并求出它们的平均准确率。使用这种方法求出的平均准确率指标更为稳定，但是求解方法也稍显复杂。其实现代码如下：

```
def compute_ap(recall, precision):
    mrec = np.concatenate(([0.], recall, [1.]))
    mpre = np.concatenate(([0.], precision, [0.]))
    # 平均准确率数值
    for i in range(mpre.size - 1, 0, -1):
        mpre[i - 1] = np.maximum(mpre[i - 1], mpre[i])
    # 计算召回率-准确率曲线下方的面积
    i = np.where(mrec[1:] != mrec[:-1])[0]
    ap = np.sum((mrec[i + 1] - mrec[i]) * mpre[i + 1])
    return ap
```

图 10.4 展示了两种计算方法的示意图，从图中可以看出，第二种方法实际上是在求召回率–准确率曲线下方的面积。

在实际应用中，由于数据量比较有限，有时求出的召回率–准确率曲线与我们的直觉有差别。通常，我们认为当召回率降低时，准确率不应该随之降低，但在实际中这种情况有可能出现。因此，我们会使用平滑的方法，以确保低召回率下的准确率不低于高召回率下的准确率。

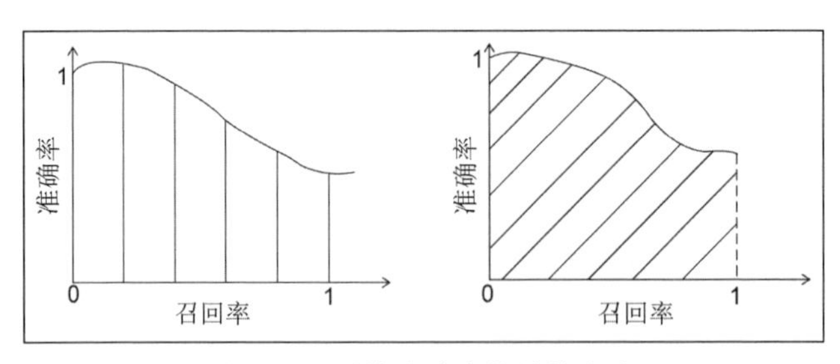

图 10.4　平均准确率的计算方法

在求出了平均准确率之后，再将所有类别的准确率融合起来，进行平均计算，就得到最终的 MAP 值。这个 MAP 值是某个 IoU 阈值下的计算值。在实际中，还可以计算不同 IoU 下的 MAP 值再进行融合，从而得到更加全面的准确率。

除了 MAP 这个相对宏观的指标，有时我们还会关注模型中更为细小的问题。为此，我们还可以求出很多相关的指标，比如对物体的检测框大小进行划分，可以把检测物体分为三个档次：

- 大小在 32 × 32 以下的被认为是小（small）物体。
- 大小在 32 × 32 和 96 × 96 之间的被认为是中等（median）物体。
- 大小在 96 × 96 以上的被认为是大（large）物体。

于是，我们就可以将原本的 MAP 指标拆解成 $\text{MAP}_{\text{small}}$、$\text{MAP}_{\text{median}}$、$\text{MAP}_{\text{large}}$ 三个指标，并对这三个指标分别进行分析。

除此之外，我们还可以计算不同 IoU 下的 MAP 值，其计算方法是修改判断检测正确的阈值。除使用准确率进行评价外，还可以使用**平均召回率**（Average Recall，AR）这样的指标来衡量，这里就不再赘述了。

10.2　YOLOv3：一阶段检测算法

10.1 节介绍了物体检测的评价方法，从本节开始将介绍物体检测的一些经典算法。从这些年来的计算发展演进来看，物体检测算法可以分为两个大类：**Anchor based** 和 **Non-Anchor based**，其中 Anchor based 属于主流算法，而 Non-Anchor based 正在不断发展并展现出它的效果。

要介绍 Anchor based 算法，就要先回顾早期的物体检测算法。最早的物体检测算法实际上借鉴了分类算法，我们知道分类模型能够根据给定的输入得到对应的输出，而检测模型是要找出物体所在的位置的，于是可以将物体检测问题进行转换：能不能遍历物体所有可能的位置，去计算每一个位置是否有可能存在某种物体？

基于这个思想，我们可以遍历所有尺度、所有位置的检测框，并预测在该检测框内识别出的物体类别。但这样的方法所需的计算量非常大。在实际中，由于可以提前知晓物体的部分属性，往往不需要真的遍历所有的检测框。假设物体在图像中的大小范围为 50×50 到 100×100，那么只需要遍历这些检测框即可，这样计算量就得到了一定的减少。

实际上，如果真的将这里面的每一个检测框都遍历一遍，计算量还是太大了。以上面的例子为例，如果我们要查找从 50×50 到 100×100 的所有尺寸的检测框，那么共需要查找 51×51 种不同的检测框，每种检测框还要铺满整张图像，那么这个计算量其实是非常大的。为了解决这个问题，我们通常希望利用分类模型的泛化性来减少计算量。比如，我们只检查其中几个经典的检测框的大小，如 $50 \times 50, 75 \times 50, 50 \times 75, 50 \times 100, 100 \times 50, 75 \times 100, 100 \times 75$ 等，将其他尺寸的物体都近似到这几种尺寸上来，这些有代表性的检测框要么包含了物体的主要部分，要么将物体完整包含并拥有物体的部分环境信息，因此，我们仍然有机会在这些尺寸下计算出物体类别。

到这里，实际上我们已经看到了 Anchor 的雏形，所谓的 Anchor 就是那些具有代表性的检测框。我们不让模型去学习任意大小检测框的分类问题，而是去学习一些经典框大小的分类问题，这样问题的计算量就得到了控制，算法也可以得到有效应用。但是前面介绍的算法和经典的 Anchor 算法还有一个差别，我们已经知道物体检测不但要检测出物体的类别，还要检测出物体的位置，这些有代表性的检测框虽然可以检测出物体的类别，但是无法得到物体的准确位置，因此还差一个关键的步骤，那就是计算这些代表框和真实框的差别。于是，在模型计算时，除了要计算代表框内的物体类别，还要计算代表框和真实框的偏移量——代表框是偏大还是偏小？应该如何调整检测框才能贴合真正的物体？结合这一部分，我们就可以得到一个完整的检测算法。

Anchor based 算法的演进过程如图 10.5 所示。

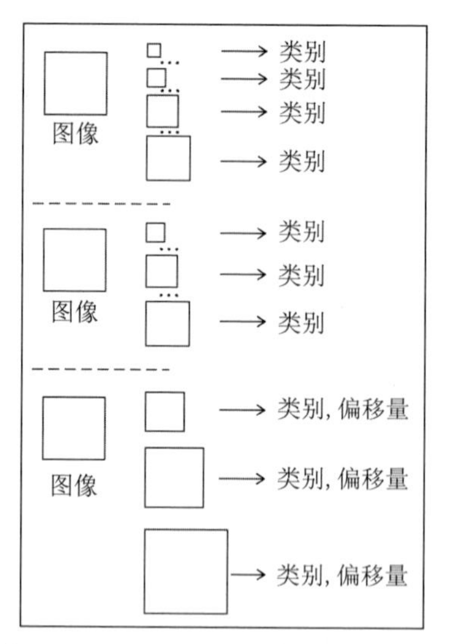

图 10.5　Anchor based 算法的演进过程

实际上，我们提到的最终方案就是本节将要介绍的算法——**YOLO**（You Only Look Once）[1]~[3] 的主要思想。YOLO 采用了**一阶段**（One-Stage）的方法进行计算，我们将直接根据代表框得到对应的类别和坐标偏移量。

在了解了 YOLO 算法的核心思想后，我们就来介绍算法的具体实现。这里以 YOLOv3 为准，YOLOv3 网络的整体结构图如图 10.6 所示。

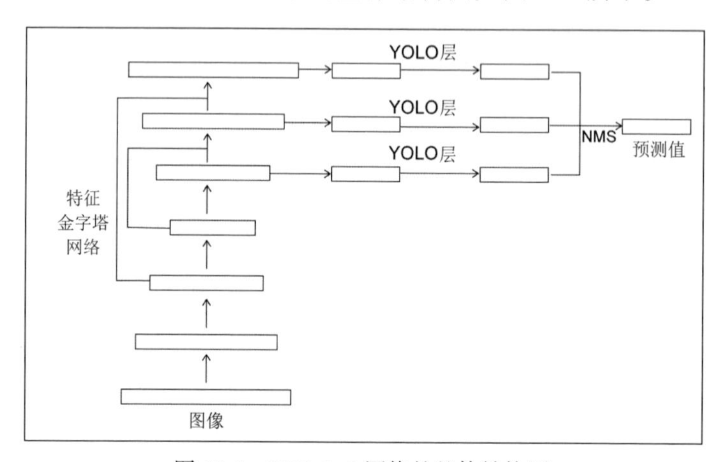

图 10.6　YOLOv3 网络的整体结构图

YOLOv3 网络结构主要分为两个部分。

- 特征金字塔网络（Feature Pyramid Network，FPN）：用于构建图像的多尺度特征。
- YOLO 层：从前面的多尺度特征中识别有效的检测框。

下面进行详细介绍。

10.2.1 特征金字塔网络

从特征金字塔网络的整体结构来看，网络结构分成两个部分。

- 空间信息聚合部分：随着网络不断深入，图像的特征在空间维度下不断聚合，不同层级产生了不同聚合程度的特征，这里可以简单理解为低级特征和高级特征。
- 多尺度特征融合部分：图像的高级特征和低级特征融合，得到了结合各个尺度和阶段的特征，并将这些特征传入提取检测框和检测物体的模块。

从网络的空间维度来看，整个网络呈现一个 U 字的形状。通过这样的网络结构，我们能够更好地汇集不同尺度下的特征信息，这对于识别不同大小的物体来说是十分重要的。这个网络也被称为**特征金字塔网络**，其最早出现在论文 *Feature Pyramid Networks for Object Detection* 中。

在特征金字塔网络出现之前，实际上在网络设计方面已经有一些类似的思想，比如 **SPP（Spatial Pyramid Pooling）网络**。图 10.7 展示了 4 种特征融合方法。

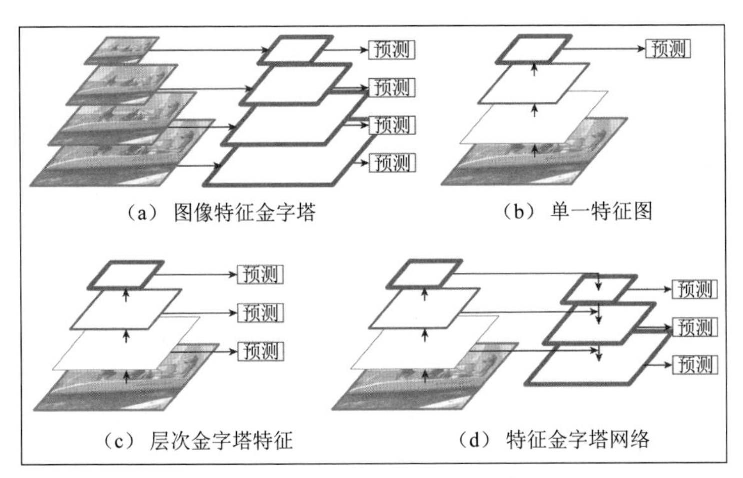

图 10.7 4 种特征融合方法

- 图（a）展示了基于特征金字塔的模型结构，这是曾经常见的识别方法。在识别物体时，我们会将图像缩放到不同的尺度，然后模型会分别处理这些不同尺度的图像，得到它们的预测结果。这种方法通过多次模型计算分别得到了多个尺度图像的特征信息，并分别应用这些信息完成对应尺度图像的识别与检测。
- 图（b）展示了分类模型最常见的结构。我们会对给定的某一尺度的图像进行处理，随着空间特征的不断聚合，逐层得到不同尺度下的图像特征，并使用最终的特征给出预测结果。
- 图（c）展示了分类模型的改进方案，在这种方案下，我们同样使用一张图像逐层提取空间特征信息，并分别使用各层的特征分别进行结果的预测。但是随着特征提取的进行，高层特征和低层特征分别存在于不同的特征层中，单一特征层无法融合多个层级的信息，在特征表示方面就会存在缺陷。
- 图（d）的特征金字塔网络模型加入了额外的网络结构，当完成高层特征计算之后，将进行基层网络的计算，将高层特征和低层特征融合起来，通过特征融合的方法减轻特征分离对性能带来的伤害。随着不同尺度特征的融合，多个特征的信息都可以包含在同一个特征层中，这样在预测时丰富的特征就能带来更好的性能。

在实际应用中，图（d）这种特征融合方法会显著提升模型的准确率，其中的道理也十分容易理解。实际上，对于小物体来说，由于它所占据的像素比较少，拥有的信息也比较少，单纯地通过这些信息较难准确地识别出物体。在实际中，我们还需要借助物体附近的环境，这通常被称为上下文。如果模型需要结合上下文信息，就需要使用到更多的高层空间特征，而不是仅仅使用与小物体相关的低层空间特征。特征金字塔网络结合了高低层的空间特征，这样在识别小物体时它的特征将更为有利。

10.2.2 YOLO 层和损失函数

在目标检测网络中，最独特的部分就是输出检测结果的模块，在 YOLOv3 网络中，这部分对应的就是 YOLO 层。由于现阶段无法构建出真正的端到端检测模型，从 YOLO 网络输出到真正的检测结果还需要一些规则计算。下面就来介绍这部分的计算流程。

YOLO 的输出层共分为 3 个部分，这 3 个部分分别对应着 3 个不同的检测尺度。一般来说，它们对应着 3 组不同大小的检测框，比如官方给出的同一维度的检测框大小为：$10 \times 13, 16 \times 30, 33 \times 23$。3 个尺度的输出计算方式是一致的，我们以其中的任意一个输出尺度为例，对于任意一张图像，其输出的维度为 $C \times H \times W$，其中 C 中的每一维代表了检测结果的一部分信息，而 H、W 维度上的每一个位置都表示了图像空间在这一区域附近的检测信息。

通道的维度由 3 个部分组成：对坐标偏移的估计、在检测框位置存在物体的概率和在检测框位置各类别的识别概率。为了更好地检测出每一个区域的物体，每一个输出层都包含了 3 个 Anchor 的检测值。假设检测的类别数为 C，通道的总数量为 $3 \times (4 + 1 + C)$，那么当我们得到模型的输出，并拥有了检测的目标值之后，接下来的工作就是计算二者之间的差异。由于在训练时知道目标的真实位置与类别，我们可以将其转换成与模型输出类似的结构，然后分别计算 3 个部分的损失函数。

- Anchor 的 4 个坐标偏移的损失函数为均方误差（Mean Square Error，MSE）损失，其计算过程为预测值与目标值差的平方。
- 检测框是否存在目标的损失函数为二分类交叉熵（Binary Cross Entropy，BCE）损失。
- 类别识别的损失函数为交叉熵（Cross Entropy，CE）损失。

在了解了上面这些信息后，在训练过程中我们想要了解的问题是：真实的检测信息是如何被转换到模型输出结构的？我们知道真实的检测信息结构如下：

$$< C, x, y, h, w >$$

式中，C 表示检测框的类别，x, y 表示检测框中心点的坐标，h, w 表示检测框的高度、宽度。令真实检测结果的维度为 $[N, 5]$，N 表示真实检测框的数量，而一个尺度的模型预测得到的结果维度为 $[3 \times (4 + 1 + C), H, W]$。也就是说，我们要将真实结果的维度转换为模型预测的维度。以下就是转换的具体过程。

（1）确定真实检测框的位置。我们将其分为两个步骤，第一步是确定检测框的中心点落在预测特征空间的哪个位置。我们可以根据中心点和特征缩放的比例找到预测结果的位置，如果真实的坐标为 (x, y)，而当前网络输出层将原始图像缩小为 $\frac{1}{k}$ 的尺度，那么这个检测框对应的特征输出位置就是 $(\lfloor \frac{x}{k} + 0.5 \rfloor, \lfloor \frac{y}{k} + 0.5 \rfloor)$；第二步是计算检测框应该落在哪一个 Anchor 上。由于每一个位置拥有 3 个 Anchor，可以计算在当前位置每一个 Anchor 与真实检测框的 IoU 值，选出 IoU 值最大的那个作为目标 Anchor。同时，将其他 Anchor 设为未命中物体。当然，还需要满足一个前提——这个 IoU 值一定要大于某个阈值，否则会因为两者的差距过大而不会成为合法的检测框。

（2）如果上一步骤中某个 Anchor 被选定为某个真实物体的检测框，那么接下来就来确定 Anchor 与真实检测框的坐标差异。对于中心点的差异，将坐标值直接相减即可得到；而对于高度、宽度的差异，还需要对差异值取对数。假设真实检测框的坐标为 (x,y,h,w)，其中 x,y 表示检测框中心点的坐标，h,w 表示检测框的高度、宽度，而 Anchor 的坐标为 (A_x,A_y,A_h,A_w)，其含义与前面的坐标类似，再定义图像高度、宽度方向的尺度缩放比例分别为 scale_x 和 scale_y，那么计算得到的偏移值为

$$d_x=\frac{x-A_x}{\text{scale}_x},d_y=\frac{y-A_y}{\text{scale}_y}$$

$$d_h=\log\frac{h}{A_h},d_w=\log\frac{w}{A_w}$$

将这 4 个值和模型预测的 4 个坐标偏移值进行比对。

生成目标检测格式的过程如图 10.8 所示。

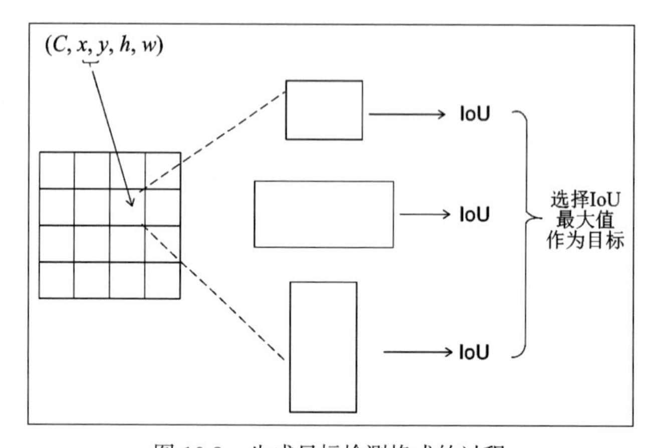

图 10.8　生成目标检测格式的过程

经过上面的计算，我们就得到了每一个预测的空间位置是否有物体的结果，对于每一个位置都能得到这个结果。而剩下的两个部分——检测框偏移量和类别信息，只会在存在检测物体的区域进行计算，这样就得到了最终的目标函数结果。公式如下，其中 i,j 表示预测的每一个坐标值，det 表示所有

命中真实检测框的 Anchor。在实际中，三部分损失还会分配不同的权重。

$$\text{Loss} = \sum_{i,j}(\text{BCE} \cdot \text{Loss}(i,j)) + \sum_{d \in \text{det}}(\text{MSE} \cdot \text{Loss}(d)) + \text{CE} \cdot \text{Loss}(d)$$

至此，YOLO 的完整计算流程就介绍完了。可以看出，YOLO 的模型计算过程相对比较清晰、简单，模型计算时间比较短，但是模型也存在一些问题。我们要对每一个位置都预测出物体的偏移量和类别信息，这部分信息实际上是没用的。另外，模型的物体检测框信息和物体类别信息实际上是相关的，但是在 YOLO 中我们直接得到了两个部分的预测结果，并没有利用其中的一部分信息预测另一部分信息。在后面的方法中，我们会看到对这个问题的改进方法。总体来说，YOLO 是一种非常优秀的一阶段检测算法，它在保持高速检测物体的同时还获得了不错的检测效果。

10.3　Faster RCNN：两阶段检测算法

本节介绍另一种物体检测算法——**Faster RCNN**[4]。实际上，这种算法的诞生时间比 YOLO 还要早些。Faster RCNN 是一种典型的**两阶段**（Two-Stage）算法，所谓的两阶段是指整个模型被划分为两个阶段：检测框预测阶段和物体类别预测阶段。前面已经提到，物体的检测框信息和类别信息实际上是相互关联的，如果我们能先计算出其中一部分信息，然后使用这部分信息得到另一部分信息，那么是不是就有可能得到更好的最终结果呢？Faster RCNN 的主要思想就是这样的。

既然 Faster RCNN 采用了两阶段算法，那么它的模型结构也就分成了两个部分。我们可以将模型分成两个主要部分：**Region Proposal Network**（RPN）和后续的 **Classification** 与 **Bounding Box Regression**（C-BBR）。其中，RPN 使用 Anchor 获取物体的检测框，而后面的部分则使用检测框内的特征完成了分类和检测框改进的工作。

由于模型的整体结构比较复杂，我们将其分为两个部分进行介绍。首先是 RPN 部分，其主要结构如图 10.9 所示。图中的矩形框表示模型的网络结构，有下画线的变量表示这部分网络的输入/输出项。

模型的输入部分由 Input_data 组成，它包含 3 个部分：data、gt_boxes 和 im_info。其中，data 由图像信息组成，每一张图像都包含 RGB 3 个通道的信息；gt_boxes 的结构与 YOLO 网络中的结构相同，每一个真实检测框都包含坐标和类别 5 个维度的信息；im_info 中包含了原始图像的高度、宽度信息。

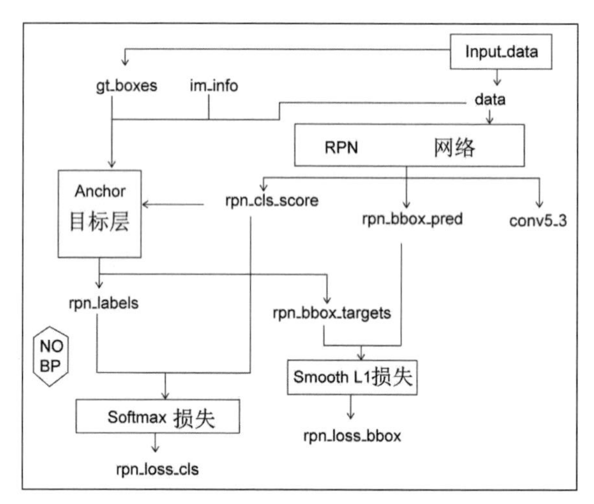

图 10.9　Faster RCNN 模型的 RPN 部分的主要结构图

接下来，将对图像信息 data 进行处理，也就是经过 RPN 网络的计算，得到 3 个部分的结果：rpn_cls_score、rpn_bbox_pred 和 conv5_3，其中最后一个输出项暂时不考虑，rpn_cls_score 表示 RPN 网络中每一个空间位置的 Anchor 存在物体的概率，rpn_bbox_pred 表示网络中每一个 Anchor 的坐标偏移量。这部分的模型结构与 YOLO 网络类似，经过多层卷积神经网络计算后，我们就可以得到这几个结果。

从另外一条路线上看，3 个部分的输入将进入 Anchor 目标层网络结构中，得到真实的 Anchor 标签 rpn_labels 和真实检测框对应 Anchor 的偏移量 rpn_bbox_targets 两个结果。这个网络结构的功能和前面在 YOLO 网络中从真实检测框结构转换到模型预测结构的功能类似，经过这个结构的计算，我们就可以得到每一个 Anchor 是否对应一个真实的检测框和检测框的偏移量的结果。

最后，计算 RPN 网络输出的损失。这里包括两个部分的损失：是否存在物体的损失（Smooth L1 损失）和物体检测偏移量的损失（Softmax 损失）。我们在 YOLO 模型的部分已经介绍过这两个部分，这里不再赘述。

至此，就介绍完了 RPN 网络部分的主要结构，这部分网络结构更像 YOLO 网络结构的一个子部分。

在模型第一部分（RPN）的计算中，得到了 3 个中间结果：rpn_cls_ score、rpn_bbox_pred 和 conv5_3，在模型的第二部分（C-BBR）中，我们将把这 3 个中间结果的信息作为输入，传入第二个子网络中。C-BBR 模型的结构图如图 10.10 所示，图中的示意与图 10.9 相同。

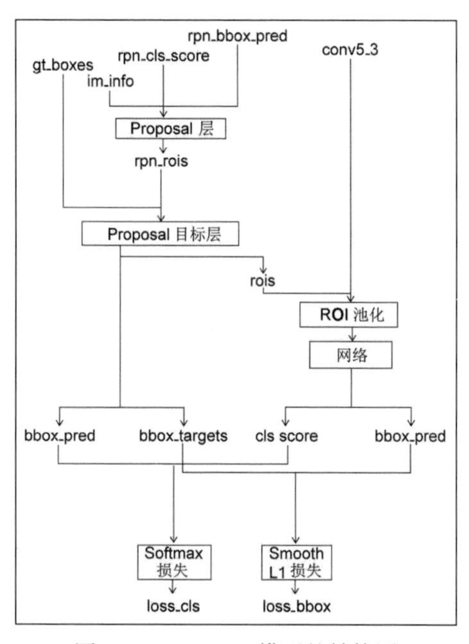

图 10.10　C-BBR 模型的结构图

从图 10.10 可以看出，模型的第二部分同样包含几个主要的步骤。首先，模型的 Proposal 层会使用前面得到的信息——Anchor 是否检测到物体和检测框的偏移量，得到预测出包含物体的检测框的坐标。这一步和 YOLO 网络的最后一步类似，但是在 Faster RCNN 中，我们不会得到类别信息。在接下来的步骤中，我们将只处理这些检测框。Proposal 目标层将取出这些检测框的类别信息和真实的坐标，得到作为真实结果的 bbox_pred、bbox_targets 和作为后续输入的 rois。

rois 保存了每一个检测框的坐标，接下来我们只要使用这个检测框取得对应区域（Region Of Interest，ROI）的特征，就可以继续完成后面的工作了。如果用最直观的方法来理解，我们可以从原始图像上获取这些区域的图像，然后从头开始使用分类网络完成这个分类工作，但是这样会带来较多重复的计算量。为了减少计算量，这里将复用前面模型计算的结果，直接从变量 conv5_3 出发，从这个输出特征变量中按照空间比例将 ROI 坐标对应的特征区域提取出来，然后继续处理完成分类和检测框微调的计算工作。

当然，这个提取工作还是存在一些细节上的问题的。原始图像中的物体检测框在大小上存在一定的差异，而在使用分类网络时，每一个物体的输入维度必须相同，否则计算所需的网络参数将不能很好地共享，计算过程也不能很好地并行进行。那么该如何将这些大小不同的检测框映射到相同的维度呢？在 Faster RCNN 中，要使用 ROI 池化方法进行处理。

ROI 池化的核心思想是将不同大小的特征区域通过池化操作转换为相同尺度的特征。具体来说，它分为如下几步。

（1）圈定 ROI 的区域范围，得到 ROI 在特征中的范围。前面得到的检测框的坐标值是适用于原始图像的，而这里要应用的特征是经过尺度缩小得到的，因此需要对检测框的范围做相应的缩小，这样就可以在特征中划定对应的范围。

（2）划定输入和输出的对应关系。现在我们已经知道 ROI 圈定的特征维度为 $[C, H_{\mathrm{IN}}, W_{\mathrm{IN}}]$，而 ROI 池化输出的维度为 $[C, H_{\mathrm{OUT}}, W_{\mathrm{OUT}}]$，只有将圈定的特征维度转换为统一大小的维度，才有可能进行后面的计算。这里使用池化的方式进行处理，找出输入与输出的对应关系。这个池化与我们常见的池化并不相同，我们常见的池化需要指定池化的核维度大小等信息，而这里需要根据具体的转换参数设定这些参数。假设输入和输出的维度完全一致，那么池化实际上不会进行任何操作；如果输入的维度是输出维度的 2 倍，那么相当于进行了一个维度为 2 的最大池化操作。在实际中，还可以将一个维度较小的特征转换为维度更大的特征。

（3）当划定好输入和输出的对应关系后，剩下的工作就是执行最大池化操作。

ROI 池化的计算过程如图 10.11 所示，图中展示了上面介绍的 3 个步骤。

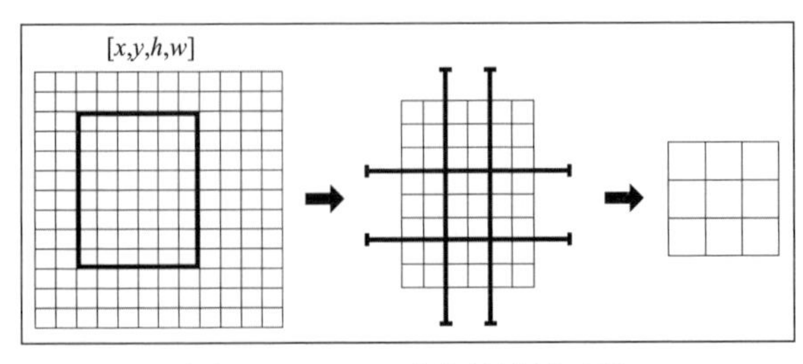

图 10.11　ROI 池化的计算过程

完成最大池化操作后，模型剩下的内容就比较简单了。只要使用这个转换后的特征进行后续的模型计算（卷积、池化等前面已经介绍的网络结构），就可以得到最终的分类结果和检测框调整结果。得到预测结果后，可以计算这部分网络的损失函数，包括分类的损失函数和检测框坐标的损失函数，它们的计算过程与 YOLO 网络中的计算过程类似。

Faster RCNN 算法结构如图 10.12 所示。

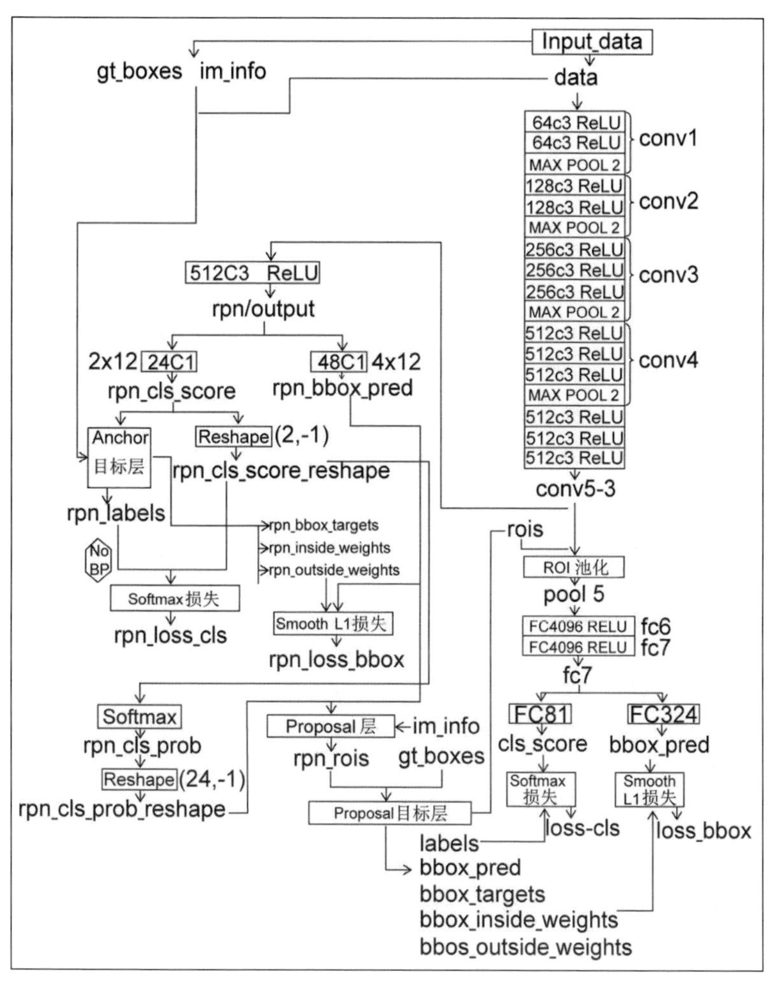

图 10.12　Faster RCNN 算法结构图

这里 Faster RCNN 使用了预训练的 VGG 网络进行特征提取，原始图像在经过模型处理后，对特征在空间维度上完成了一定的缩减，这一点与前面

YOLO 网络中的 FPN 有些不同。此外，图 10.12 中还包含了更多模型的细节信息，请读者自行查阅分析。

通过前面的介绍，我们已经了解了两阶段算法的一个优点，那就是模型的预测过程是分阶段的——先完成检测工作，再完成分类工作，这样分类工作就可以借助检测的信息。实际上，这里还有另一个优点，那就是采用两阶段算法更容易应对物体尺度变化的问题。

我们知道世界上的物体有大有小，在同一张图像中，有的物体会占据很大的区域，而有的物体的存在感很弱。对应到识别问题上，小物体由于范围较小，并不需要很深的网络进行识别，而大物体由于范围较大，往往需要较大的感受野才能获得完整的特征，当将不同尺度的物体放在一起识别时，往往会在识别路径上产生冲突。但是，这个问题在我们常见的分类问题中并不是一个很大的问题，因为不论这个物体在真实世界中的大小如何，都会被初始化成相同大小的图像。

因此，对于两阶段的模型来说，由于会将不同大小的物体转换成相同大小的特征，我们更容易解决物体原始大小差异的问题。而这个问题对于一阶段算法来说则是一个不小的麻烦，这也是我们看到在 YOLO 模型中 9 个 Anchor 会分成 3 个组，不同尺度的 Anchor 会被映射到不同的特征输出上的原因。在实际中，两阶段算法一般会比一阶段算法拥有更好的效果。当然，两阶段的模型预测时间也比一阶段的长，在实际应用中，我们要根据具体的情况选择合适的模型结构。

10.4 总结与提问

本章主要介绍了物体检测的算法与模型。请读者尝试回答下面的问题：

（1）物体检测问题和物体识别问题的区别与联系是什么？

（2）物体检测算法的评价方法是什么？

（3）NMS 算法的计算方式是什么？

（4）YOLO 模型的结构是怎样的？

（5）Faster RCNN 模型的结构是怎样的？

参考文献

[1] Redmon J, Divvala S, Girchick R, et al. You only look once: Unified, real-time object detection[C]// Proceedings of the IEEE conference on computer vision and pattern recognition. 2016: 779-788.

[2] Remon J, Farhadi A. YOLO9000: better, faster, stronger[C]// Proceedings of the IEEE conference on computer vision and pattern recognition. 2017: 7263-7271.

[3] Redmon J, Farhadi A. YOLOv3: An Incremental Improvement[J]. arXiv preprint arXiv: 1804.02767, 2018.

[4] Ren S, He K, Girshick R, et al. Faster R-CNN: Towards Real-Time Object Detection with Region Proposal Networks[J]. IEEE Transactions on Pattern Analysis & Machine Intelligence, 2015, 39(6): 1137-1149.

第11章

词嵌入

在前面的章节中，我们使用卷积神经网络将一些更为原始的特征——图像特征转换为新的特征表示，这些新的特征能够更好地帮助我们完成工作，比如分类与检测。本章介绍如何对更抽象的事物进行特征表示。第 1 章曾提到如何进行中文词语的特征表示，当时并没有构建出一个很好的特征向量，本章将使用另外一种方法来解决特征构建这个问题，这种方法就是**词嵌入**（Word Embedding）[1]。

本章的组织结构是：11.1 节回顾 One-Hot 编码的问题；11.2~11.4 节介绍 Word2Vec 算法的思想和实现细节；11.5 节介绍 Word2Vec 可视化的效果。

11.1 One-Hot 编码的缺点

我们先回顾第 1 章中提到的那个问题——如何表示中文词语的特征？本章将中文替换为英文，介绍英文词语的表示。前面提到了 One-Hot 编码，这种编码主要存在两个问题。

首先分析第一个问题。第 1 章中提到，当以欧氏距离作为词向量之间关系的衡量方式时，我们发现 One-Hot 编码的特征表示方法并不能很好地表示词语之间的关系。在实际的词语空间中，每一对词的关系并不完全相同，有些词的关系比较密切，是同义或者近义的关系，有些词则是反义的关系，有些词则完全不相关。这些不同的关系很难使用 One-Hot 编码的方式得到，因为 One-Hot 编码中每一对词向量之间的距离是相同的。这也是我们希望寻找另一种更好的特征表示法的原因。

第 1 章对深度学习的介绍并不深入，所以我们的思维倾向于特征工程式的思维——利用人的智慧定义一些特征，并隐含地构建一个特征空间，通常这个特征空间拥有良好的性质。当我们了解了深度学习之后，发现深度学习中的游戏规则并不是这样的。在深度学习的世界中，特征是不用显式定义的。也就是说，我们并不需要直接考虑特征空间及对应的性质，只需要通过损失函数描述任务的目标，特征和特征空间就会在完成目标的过程中自动构建起来。

因此，深度学习的思想把我们从定义特征的苦海中解救出来，但是我们仍然需要面对一个问题——如何定义损失？只要损失函数和网络结构等问题能够得到良好的解决，就可以绕开定义特征和特征空间的工作，并得到很好的结果。因此，对于表示词语特征的问题，同样可以使用这样的方法，直接定义损失。我们可以将空间应该满足的特征定义为损失函数。例如，让近义词的特征表示无限接近，让反义词的特征表示无限远离，这就是一种定义。当然，实际上这样的定义很难操作，因为在完成这件事情之前，还需要一个完整的近义词、反义词的标注，虽然已经有人为我们完成了这个工作，但是在实际的词语集合中，大量的词语之间是没有关系的，我们很难用这种方法刻画它们的关系。因此，我们还需要寻找另一种定义损失的方法。

One-Hot 编码的第二个问题就是它的维度。由于在 One-Hot 编码的空间中，每一个维度只能表示一个词是否存在，于是空间的整体维度将变得非常高。同时由于这个空间的每一维只存在 0、1 两个值，它和与它相同维度的实数或整数空间相比，显得十分渺小。这说明直接采用多维向量存储、计算这些 One-Hot 编码的元素会比较低效，因此，我们需要采用一些特殊的方法提高空间内元素的存储、计算效率。

综上所述，我们发现了 One-Hot 编码存在的两个问题，并希望使用深度学习——或者说表征学习的方式将词语的特征空间构建出来，我们需要定义一个合理的损失函数，并设定一个不那么夸张的特征维度。使用深度学习的方式构建词语特征的算法也被称为**词嵌入**（Word Embedding）。

11.2 分布式表征

下面我们要做的就是定义损失函数。词嵌入算法属于自然语言处理中的一个重要部分，而研究语言处理自然少不了对语言进行研究。很多人都对语言的特性和本质做了深入的研究，也得出了很多有意义的结论。本节将使用一个十分重要的结论——**分布式表征**（Distributed Representation）。

什么是分布式表征呢？人们发现，想理解语言中的任意一个词，则需要将这个抽象的词对应到具体的事物上才能明白它的含义。而当用词语组成语句之后，词语与词语之间的组合就使得每一个词与其他词产生了不同。以“学习”这个词为例，有一些与之搭配的其他词；而“飞机”这个词，又会有它自己固定的搭配。如果单独看这两个词，实际上并不能区分它们，虽然我们对这两个词有了特定的搭配，但对于一个没有学习过汉语的人来说，如果一开始就将这两个词相互交换讲授给他，这个人也可以掌握自己的独门语言。但是如果把这两个词放在语境中，就会发现和它们搭配的词实际上是不同的。我们可以说“好好学习”，但是一定不会说“好好飞机”；同样，我们会说“坐飞机”，但是不会说“坐学习”。这些词语搭配就让我们把这两个词区别开来。分布式表征的思想告诉我们，一个词的含义是由和它搭配的词得到的。

利用分布式表征还可以识别近义词，如果两个词的含义相近，那么与它们搭配的词一般也是相近的。比如“想”和“希望”，我们可以用这两个词造出相同的句子：

我**想**把这本书推荐给更多的人

我**希望**把这本书推荐给更多的人

除概念相近的词语之外，类型相似的词语也会存在一些相似性。以食物为例，我们可以说“我喜欢吃（某种食物）”。所以，利用分布式表征实际上可以找到很多词语的相似特性。既然每个词的含义都可以由它附近的词表示，那么两者也存在一些共现的性质，我们也就可以使用该性质进行建模。本节要介绍的方法叫作 **Skip-Gram**，它通过构建从中心词到邻近词的条件概率表示词语之间的关系。所谓的中心词就是目标词。对应的公式为

$$P(w_{\mathrm{n}}|w_{\mathrm{c}})$$

式中，w_{c} 表示中心词，w_{n} 表示邻近词。由于平时常见的语料天然带有这种词语共现的特性，我们可以直接使用它们训练模型。既然认为语料本身是合理的，那么就可以使用最大似然法，让所设计的概率模型能够以最大的概率表示语料中的信息。对应的公式为

$$J(\theta)=-\frac{1}{T}\sum_{t}^{T}\sum_{j\in(-m,m)}\log P(w_{t+j}|w_t)$$

该公式直接使用了求负对数似然的方法，其中，T 表示所有要计算的中

心词位置，m 表示附近邻域。我们的目标是最小化这个损失函数。如果要更为形象化地解释，假设 $m=1$，那么对于下面这句话：

I like apple

我们要计算的概率值就变成如图 11.1 所示的形式。

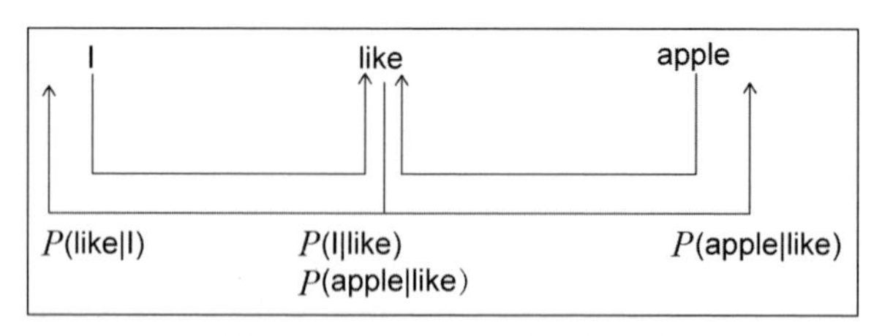

图 11.1　最大似然法计算示例

接下来，我们就要形象化地表示条件概率了。我们发现条件概率：

$$P(w_\mathrm{n}|w_\mathrm{c})$$

是一个离散的概率分布，对于一个词 w_c，可能与之共现词的数量等于词汇表 V 中的数量。那么对于每一个数据来说，我们可以认为它服从多项分布。也就是说，我们将使用分类的方式选择这个邻近词的概率。假设每一个词经过模型计算后得到的数值为 y_n，那么每一个词的概率就可以用 Softmax 函数表示：

$$P(w_\mathrm{n}|w_\mathrm{c})=\frac{\exp(y_n)}{\sum\limits_{i=1}^{|V|}\exp(y_n)}$$

Softmax 函数的一个功能就是将任意的数值压缩成一个多分类的概率分布，用在这里刚好合适。最后介绍模型的结构，这里为每一个词直接构建两个向量——其中一个称为中心词向量，当词语的作用是中心词时，就使用中心词向量；另一个称为邻近词向量，当词语的作用是邻近词时，就使用邻近词向量。我们直接用中心词向量和候选的邻近词向量做内积，就可以得到一个输出的数值：

$$\boldsymbol{y}_n=\boldsymbol{u}_n^\mathrm{T}\boldsymbol{v}_\mathrm{c}$$

我们知道，当所有向量的长度相同时，内积的大小可以被用来衡量向量间的相似程度——两个向量越相似，内积的值就越大。这说明我们希望相似的向量拥有更大的内积。由于词语本身是一个抽象的概念，无法像图像那样拥有原始的特征信息，我们不需要像卷积神经网络那样逐层聚集特征，而是直接使用一个特征向量表示，这也是 Word2Vec 名字的含义体现。由于要压缩特征空间的维度，我们也可以对特征长度进行限定，选择一个合适的特征长度。

将上面这些内容聚集在一起，就得到了完整的损失函数：

$$J(\theta) = -\frac{1}{T}\sum_{t}^{T}\sum_{n\in(t-m,t+m)}\log\frac{\exp(\boldsymbol{u}_n^{\mathrm{T}}\boldsymbol{v}_t)}{\sum\limits_{i=1}^{|V|}\exp(\boldsymbol{u}_i^{\mathrm{T}}\boldsymbol{v}_t)}$$

知道了损失函数，下面介绍损失函数的求导公式。计算损失函数对于中心向量的梯度：

$$\begin{aligned}
&\frac{\partial}{\partial \boldsymbol{v}_{\mathrm{c}}}\log\frac{\exp(\boldsymbol{u}_n^{\mathrm{T}}\boldsymbol{v}_{\mathrm{c}})}{\sum\limits_{i=1}^{|V|}\exp(\boldsymbol{u}_i^{\mathrm{T}}\boldsymbol{v}_{\mathrm{c}})}\\
&=\frac{\partial}{\partial \boldsymbol{v}_{\mathrm{c}}}[\log\exp(\boldsymbol{u}_n^{\mathrm{T}}\boldsymbol{v}_{\mathrm{c}})-\log\sum_{i=1}^{|V|}\exp(\boldsymbol{u}_i^{\mathrm{T}}\boldsymbol{v}_{\mathrm{c}})]\\
&=\frac{\partial}{\partial \boldsymbol{v}_{\mathrm{c}}}\boldsymbol{u}_n^{\mathrm{T}}\boldsymbol{v}_{\mathrm{c}}-\frac{1}{\sum\limits_{j=1}^{|V|}\exp(\boldsymbol{u}_j^{\mathrm{T}}\boldsymbol{v}_{\mathrm{c}})}\frac{\partial}{\partial \boldsymbol{v}_{\mathrm{c}}}\sum_{i=1}^{|V|}\exp(\boldsymbol{u}_i^{\mathrm{T}}\boldsymbol{v}_{\mathrm{c}})\\
&=\boldsymbol{u}_n-\frac{1}{\sum\limits_{j=1}^{|V|}\exp(\boldsymbol{u}_j^{\mathrm{T}}\boldsymbol{v}_{\mathrm{c}})}\sum_{i=1}^{|V|}\frac{\partial}{\partial \boldsymbol{v}_{\mathrm{c}}}\exp(\boldsymbol{u}_i^{\mathrm{T}}\boldsymbol{v}_{\mathrm{c}})\\
&=\boldsymbol{u}_n-\frac{1}{\sum\limits_{j=1}^{|V|}\exp(\boldsymbol{u}_j^{\mathrm{T}}\boldsymbol{v}_{\mathrm{c}})}\sum_{i=1}^{|V|}\exp(\boldsymbol{u}_i^{\mathrm{T}}\boldsymbol{v}_{\mathrm{c}})\frac{\partial}{\partial \boldsymbol{v}_{\mathrm{c}}}\boldsymbol{u}_i^{\mathrm{T}}\boldsymbol{v}_{\mathrm{c}}\\
&=\boldsymbol{u}_n-\sum_{i=1}^{|V|}\frac{\exp(\boldsymbol{u}_i^{\mathrm{T}}\boldsymbol{v}_{\mathrm{c}})}{\sum\limits_{j=1}^{|V|}\exp(\boldsymbol{u}_j^{\mathrm{T}}\boldsymbol{v}_{\mathrm{c}})}\boldsymbol{u}_i\\
&=\boldsymbol{u}_n-\sum_{i-1}^{|V|}P(\boldsymbol{u}_i|\boldsymbol{v}_{\mathrm{c}})\boldsymbol{u}_i
\end{aligned}$$

当梯度为 0 时，可以得到：

$$\boldsymbol{u}_n = \sum_{i=1}^{|V|} P(\boldsymbol{u}_i|\boldsymbol{v}_\text{c})\boldsymbol{u}_i$$

我们可以给出公式成立的一个解——$P(\boldsymbol{u}_n|\boldsymbol{v}_\text{c}) = 1$，这相当于中心词只能和这个邻近词搭配。邻近词向量的求导方法与此类似，这里就不再赘述了，读者可以自行进行推导。在计算出梯度值之后，就可以使用梯度下降法进行优化更新了。

11.3 负采样

前面介绍了 Skip-Gram 方法的损失函数及优化方法，下面介绍它存在的问题。在上面的公式中，除了要计算中心词对应的梯度，还要计算所有邻近词对应的梯度。一般来说，词汇总量是比较大的，这样大规模的词汇量使得求导运算要消耗很长的时间。更重要的是，大多数词汇之间并没有直接的相关性，它们之间的条件概率实际上并没有计算的意义，因此这些计算本身就是不必要的，最好能将其去掉。

为了解决上面提到的问题，我们将采用**负采样**（Negative Sampling）的方法对损失函数进行修改，使其变得更加高效。第 3 章曾介绍过 Softmax 函数，也介绍过另外一个与 Softmax 近似的函数——二分类交叉熵损失函数。在这个损失函数中，我们将一个 N 分类的问题转换成 N 个二分类问题，每一个二分类问题都可以用 Logistic 损失函数表示，那么新的损失函数就可以写作最大化相邻的词向量条件概率加上最小化其他词向量的条件概率。对应的损失函数如下：

$$J(\theta) = -\frac{1}{T}\sum_{t}^{T}\sum_{n\in(t-m,t+m)}[\log\sigma(\boldsymbol{u}_n^\text{T}\boldsymbol{v}_t) + \sum_{i\in|V|-\{n\}}\log\sigma(-\boldsymbol{u}_i^\text{T}\boldsymbol{v}_t)]$$

经过这样的分解，我们发现邻近词向量和其他未被选中的词向量得到了分离。接下来，就可以使用负采样的方法，近似得到这些未选中词向量的损失函数值。例如，可以随机选出其中 K 个词作为代表，这样损失函数就变成了如下形式：

$$J(\theta) = -\frac{1}{T}\sum_{t}^{T}\sum_{n\in(t-m,t+m)}[\log\sigma(\boldsymbol{u}_n^\text{T}\boldsymbol{v}_t) + \sum_{j=1,i\sim P(w)}^{K}\log\sigma(-\boldsymbol{u}_i^\text{T}\boldsymbol{v}_t)]$$

从公式中可以看出，在选择负采样词语时，我们将随机选择 K 个词，这 K 个词来自分布 $P(w)$。具体的随机选择方法有很多不同的形式，通常推荐的方法为词语的**一元模型**（Unigram）。也就是说，以词语在语料中出现的次数作为因子，得到词语出现的频率。计算公式为

$$P(w_i) = \frac{U(w_i)^{\frac{3}{4}}}{\sum_j U(w_j)^{\frac{3}{4}}}$$

其中，$U(w)$ 表示对应词语在语料中出现的次数。这样每一次计算时，我们就不会因为负例而消耗太多时间。

11.4 SGNS 实现

前面介绍的 Word2Vec 算法使用了 Skip-Gram 和 Negative Sampling 方法，因此我们可以使用这 4 个单词的首字母组成这两个方法的缩写——**SGNS**。下面介绍它的具体实现。

想要完成模型的训练，首先需要完成训练数据的准备工作。我们平时接触到的词语都是以字符的形式存储在计算机中的，而在机器学习中我们不能直接使用字符进行训练，而是需要将其转换成可以表示的其他形式。这里先给每一个词赋予一个唯一的数字，如果有 $|V|$ 个词，就对这些词赋值得到 $0 \sim |V|-1$ 这些整数。因此，我们需要事先得到一个词典，其中包含所有词语和数字的对应关系，然后将文本语料转换成数字的形式。虽然数字形式的文本对人类来说难以阅读，但是只要反向映射回去，就能恢复原本的语料。这实际上说明文本语料的信息并没有损失，甚至可以说，这就是一种满足某种语法的“语言”。

除了前面提到的工作，我们还需要记录每一个词在文本语料中出现的次数。这可以在后续负采样时使用。上面提到的这些工作可以称为预处理。对应的代码如下。首先是构建词典部分的代码。

```
def build(filepath, max_vocab=20000):
    wc = {unk: 1}
    with codecs.open(filepath, 'r', encoding='utf-8') as file:
        for line in file:
            step += 1
            line = line.strip()
```

```
            if not line:
                continue
            sent = line.split()
            for word in sent:
                wc[word] = wc.get(word, 0) + 1
    print("")
    idx2word = [self.unk] + sorted(wc, key=wc.get, reverse=True)[:
max_vocab - 1]
    word2idx = {idx2word[idx]: idx for idx, _ in enumerate(idx2word)}
    vocab = set([word for word in word2idx])
    pickle.dump(wc, open(os.path.join(data_dir, 'wc.dat'), 'wb'))
    pickle.dump(vocab, open(os.path.join(data_dir, 'vocab.dat'), 'wb'))
    pickle.dump(idx2word, open(os.path.join(data_dir, 'idx2word.dat'),
'wb'))
    pickle.dump(word2idx, open(os.path.join(data_dir, 'word2idx.dat'),
'wb'))
```

由于处理的是英文文本语料，我们可以使用空格完成简单的分词工作，并建立词语到数字的映射。接下来是利用词典将文本语料转换为数字形式部分的代码。

```
def convert(filepath):
    data = []
    with codecs.open(filepath, 'r', encoding='utf-8') as file:
        for line in file:
            line = line.strip()
            if not line:
                continue
            sent = []
            for word in line.split():
                if word in vocab:
                    sent.append(word)
                else:
                    sent.append(unk)
            for i in range(len(sent)):
                iword, owords = skipgram(sent, i)
                data.append((word2idx[iword], [word2idx[oword] for oword
in owords]))
    pickle.dump(data, open(os.path.join(data_dir, 'train.dat'), 'wb'))
```

在代码中，根据 Skip-Gram 方法对邻近词的定义找到每一个词的邻近词，并将其组成训练数据对，这样我们就将文本语料数据处理成一条条由中心词和邻近词组成的训练数据集。接下来构建模型，对应的代码如下：

```
class Word2Vec(Bundler):
    def __init__(self, vocab_size=20000, embedding_size=300, padding_idx
=0):
        super(Word2Vec, self).__init__()
        self.vocab_size = vocab_size
        self.embedding_size = embedding_size
        self.ivectors=nn.Embedding(self.vocab_size, self.embedding_size,
padding_idx=padding_idx)
        self.ovectors=nn.Embedding(self.vocab_size, self.embedding_size,
padding_idx=padding_idx)
        self.ivectors.weight = nn.Parameter(t.cat([t.zeros(1, self.
embedding_size), FT(self.vocab_size - 1, self.embedding_size).uniform_
(-0.5 / self.embedding_size, 0.5 / self.embedding_size)]))
        self.ovectors.weight = nn.Parameter(t.cat([t.zeros(1, self.
embedding_size), FT(self.vocab_size - 1, self.embedding_size).uniform_
(-0.5 / self.embedding_size, 0.5 / self.embedding_size)]))
        self.ivectors.weight.requires_grad = True
        self.ovectors.weight.requires_grad = True

    def forward(self, data):
        return self.forward_i(data)

    def forward_i(self, data):
        v = LongTensor(data)
        v = v.cuda() if self.ivectors.weight.is_cuda else v
        return self.ivectors(v)

    def forward_o(self, data):
        v = LongTensor(data)
        v = v.cuda() if self.ovectors.weight.is_cuda else v
        return self.ovectors(v)
```

可以看出，代码主要定义了中心词向量和邻近词向量两个部分。下面是SGNS 部分的代码。

```
class SGNS(nn.Module):
    def __init__(self, embedding, vocab_size=20000, n_negs=20, weights=
None):
        super(SGNS, self).__init__()
        self.embedding = embedding
        self.vocab_size = vocab_size
        self.n_negs = n_negs
        self.weights = None
```

```
        if weights is not None:
            wf = np.power(weights, 0.75)
            wf = wf / wf.sum()
            self.weights = FT(wf)

    def forward(self, iword, owords):
        batch_size = iword.size()[0]
        context_size = owords.size()[1]
        if self.weights is not None:
            nwords = t.multinomial(self.weights, batch_size *
context_size * self.n_negs, replacement=True).view(batch_size, -1)
        else:
            nwords = FloatTensor(batch_size, context_size * self.n_negs).
uniform_(0, self.vocab_size - 1).long()
        ivectors = self.embedding.forward_i(iword).unsqueeze(2)
        ovectors = self.embedding.forward_o(owords)
        nvectors = self.embedding.forward_o(nwords).neg()
        oloss=t.bmm(ovectors,ivectors).squeeze().sigmoid().log().mean(1)
        nloss = t.bmm(nvectors, ivectors).squeeze().sigmoid().log().view
(-1, context_size, self.n_negs).sum(2).mean(1)
        return -(oloss + nloss).mean()
```

最后是模型训练部分，这部分的代码如下：

```
def train(args):
  idx2word = pickle.load(open(os.path.join(args.data_dir,'idx2word.dat'),
 'rb'))
  wc = pickle.load(open(os.path.join(args.data_dir, 'wc.dat'), 'rb'))
  wf = np.array([wc[word] for word in idx2word])
  wf = wf / wf.sum()
  vocab_size = len(idx2word)
  weights = wf if args.weights else None
  model = Word2Vec(vocab_size=vocab_size, embedding_size=args.e_dim)
  sgns = SGNS(embedding=model, vocab_size=vocab_size, n_negs=args.n_negs,
 weights=weights)
  optim = Adam(sgns.parameters())
  for epoch in range(1, args.epoch + 1):
    dataset = PermutedSubsampledCorpus(os.path.join(args.data_dir, 'train
.dat'))
    dataloader = DataLoader(dataset, batch_size=args.mb, shuffle=True)
    for iword, owords in dataloader:
      loss = sgns(iword, owords)
      optim.zero_grad()
      loss.backward()
```

```
        optim.step()
    idx2vec = model.ivectors.weight.data.cpu().numpy()
```

可以看出，这部分的代码和之前图像分类的代码类似，我们最终会将中心词向量保存起来。唯一有区别的就是训练数据集。在 PyTorch 中，我们需要为数据集提供一个数据装载器（DataLoader），这个装载器可以实现数据的随机取出及数据预处理等操作。其中，我们需要实现一个基础的数据集（Dataset），并使用装载器进行装载，这样就可以轻松完成上面提到的工作。在上面的训练代码中，我们已经介绍了 dataset 和 dataloader 组合的代码，接下来介绍数据集的构建方法。

在 PyTorch 中，一个数据集需要实现两个接口：__len__ 和 __item__。这两个接口分别用于对外提供数据集的总体长度和对应下标的数据。如果将数据集想象成一个数组，那么这两个接口就相当于数据的长度和对应下标的数值。在这个模型训练中，语料数据集的构建代码如下：

```
class PermutedSubsampledCorpus(Dataset):
    def __init__(self, datapath, ws=None):
        data = pickle.load(open(datapath, 'rb'))
        self.data = data

    def __len__(self):
        return len(self.data)

    def __getitem__(self, idx):
        iword, owords = self.data[idx]
        return iword, np.array(owords)
```

这样我们就完成了模型的构建。

11.5 tSNE

经过前面的训练，可以得到每一个词对应的向量。但是仅仅得到这些向量还不够，我们还需要分析这些向量的特征，并验证模型训练得到的特征效果。从前面的代码中可以看出，每一个词都被映射到一个 300 维的向量上，直接观察向量是不太可行的，我们要先使用降维的方法，将向量投影到二维或者三维的可视化空间，再进行观测。

我们要使用 **tSNE** 算法完成数据降维与可视化的工作。tSNE 的全称为 t-distributed Stochastic Neighbor Embedding，其来自论文 *Visualizing Data Using t-SNE*[2]。这个方法主要使用了基于 t 分布（又称学生氏分布）刻画空间内两个数据的相似性，同时使用了对称的相似性计算方式，使数据降维的工作能够获得比较好的效果。

想了解 tSNE 算法，需要先了解 SNE 算法，在此算法之前，读者也许了解过其他经典的降维算法，比如 PCA，PCA 本质上属于一种通过线性变换进行降维的方法。而 SNE 则跳出了这个框架，转而使用概率的形式进行描述。它的核心方法是先假设低维空间存在，我们在原始空间和低维空间各自构建一个条件概率分布，并且希望这两个条件概率分布的 KL 散度尽可能近似。上面的描述有些抽象，下面我们详细介绍。

SNE 算法有一个前提，那就是对原始向量关系的假设。假设向量之间的欧氏距离可以刻画它们之间的关系，如果两个向量的欧几里得空间足够近，那么二者互为对方的“邻居”。于是，我们可以使用条件概率来刻画两个样本之间的关系，这个条件概率可以用 $p(\boldsymbol{x}_j|\boldsymbol{x}_i)$ 表示，也可以认为是已知 $\boldsymbol{x}_i$ 后发现 $\boldsymbol{x}_j$ 的概率。我们可以用高斯分布来表示这个条件概率，对应的条件概率公式可以写作：

$$p(\boldsymbol{x}_j|\boldsymbol{x}_i)=\frac{\exp(-\|\boldsymbol{x}_i-\boldsymbol{x}_j\|^2/2\sigma_i^2)}{\sum\limits_{k=i}\exp(-\|\boldsymbol{x}_i-\boldsymbol{x}_k\|^2/2\sigma_i^2)}$$

公式中的 σ 表示高斯分布中的方差，它控制了分布的平滑程度。在 SNE 算法中，σ 对算法的影响程度比较大，需要认真选择。我们希望将原始特征 $\boldsymbol{x}_i,\boldsymbol{x}_j$ 投影到低维空间 $\boldsymbol{y}_i,\boldsymbol{y}_j$，那么这个空间需要使用概率分布进行刻画。实际上，我们同样可以使用欧氏距离表示低维空间的相似性，那么它也可以使用高斯分布进行刻画。由于低维空间的特征向量是由算法生成的，我们可以直接假设一个易于求解的方差，那么对应的条件概率公式可以写作：

$$q(\boldsymbol{y}_j|\boldsymbol{y}_i)=\frac{\exp(-\|\boldsymbol{y}_i-\boldsymbol{y}_j\|^2)}{\sum\limits_{k=i}\exp(-\|\boldsymbol{y}_i-\boldsymbol{y}_k\|^2)}$$

求出这两个条件概率有什么用呢？我们发现在使用概率分布进行刻画后，对应向量在两个空间的关系可以做到一致对应。也就是说，不管向量在原本的空间内有多大的欧氏距离，只要它们的条件概率数值一致，我们就认为两个空间刻画了相同的距离关系，这样就能确定这个低维空间保持了高维空间最重要的特性，同时又使可视化变得很容易。

那么该如何刻画两个分布是不是一致呢？一种常用的方法是 **KL 散度**（KL Divergence），它可以很好地描述两个支撑域相同的概率分布的距离。假设有两个概率分布 $p(x)$ 和 $q(x)$，那么两者的 KL 散度可以表示为

$$\mathrm{KL}(p\|q) = \int p(x)\log\frac{p(x)}{q(x)}\mathrm{d}x$$

这个 KL 散度的公式看上去有些复杂，我们可以从几个方面进行理解。KL 散度可以表示两个分布的一致性，也可以理解为两个分布的距离，我们发现 KL 散度是非负的。下面就来证明：

$$\begin{aligned}\mathrm{KL}(p\|q) &= \sum_x p(x)\log\frac{p(x)}{q(x)} \\ &= -\sum_x p(x)\log\frac{q(x)}{p(x)}\end{aligned}$$

由于对数函数是一个上凸函数，这个函数满足一个十分有趣的性质：两个输入数值的平均值的函数大于两个输入数值的函数的平均值。如果要形象化地描述，那么对于输入数值 x、y 和函数 f，有：

$$\frac{f(x)+f(y)}{2} \leqslant f(\frac{x+y}{2})$$

读者可以试着使用对数函数进行证明。这个不等式还可以被推广到更高维的条件中，对于任意 n 个数字 $a_1,\cdots,a_n$ 和 $x_1,\cdots,x_n$，如果满足

$$\sum_{i=1}^{n} a_i = 1$$

则可以得到：

$$\frac{1}{n}\sum_{i=1}^{n} f(x_i) \leqslant f(\frac{1}{n}\sum_{i=1}^{n} x_i)$$

这样前面的 KL 散度公式可以写作：

$$\begin{aligned}\mathrm{KL}(p\|q) &\geqslant -\log[\sum_x p(x)\frac{q(x)}{p(x)}] \\ &= -\log[\sum_x q(x)] \\ &= -\log 1 \\ &= 0\end{aligned}$$

除了非负的性质，KL 散度的公式还可以变换为

$$\begin{aligned}\mathrm{KL}(p\|q) &= \sum_x p(x)\log\frac{p(x)}{q(x)} \\ &= \sum_x p(x)\log p(x) - \sum_x p(x)\log q(x) \\ &= H_p(q) - H(p)\end{aligned}$$

变换后我们发现，KL 散度相当于交叉熵与熵的差，交叉熵的信息量不小于熵的信息量，只有当两个概率分布一致时信息量才会相同，此时 KL 散度为 0。

在了解了 KL 散度的公式后，我们就可以给出 SNE 算法的损失函数了。

$$C = \sum_i \mathrm{KL}(p_i|q_i) = \sum_i\sum_j p(x_j|x_i)\log\frac{p(x_j|x_i)}{q(y_j|y_i)}$$

这里的 p_i 表示原始特征的条件分布，q_i 表示转换后的条件分布。我们可以对这个损失函数进行求导，得到转换后特征对应的梯度。在损失函数中，我们要强制定义：$p(x_i|x_i)=0, q(y_i|y_i)=0$，以下便是对应的梯度计算过程。

$$\frac{\partial C}{\partial y_k} = \frac{\partial}{\partial y_k}[-\sum_i\sum_j p(x_j|x_i)\log q(y_j|y_i)]$$

由于损失函数包含两个求和项，为了简化公式，我们将原始的公式拆解成 3 个部分。

（1）$i=l$：$-\sum\limits_{j\neq l} p(x_j|x_l)\log q(y_j|y_l)$

（2）$j=l$：$-\sum\limits_{i\neq l} p(x_l|x_i)\log q(y_l|y_i)$

（3）$i\neq l, j\neq l$：$-\sum\limits_{i\neq l}\sum\limits_{j\neq l,i} p(x_j|x_i)\log q(y_j|y_i)$

接下来，分别计算这 3 个部分的导数。我们将这 3 个部分的公式进一步展开：

$$\frac{\partial}{\partial y_l}[-\sum_{j\neq l} p(x_j|x_l)\log q(y_j|y_l)] = -\sum_{j\neq l}\frac{p(x_j|x_l)}{q(y_j|y_l)}\frac{\partial q(y_j|y_l)}{\partial y_l}$$

$$\frac{\partial}{\partial y_l}[-\sum_{i\neq l} p(x_l|x_i)\log q(y_l|y_i)] = -\sum_{i\neq l}\frac{p(x_l|x_i)}{q(y_l|y_i)}\frac{\partial q(y_l|y_i)}{\partial y_l}$$

$$\frac{\partial}{\partial y_l}[-\sum_{i\neq l}\sum_{j\neq l,i} p(x_j|x_i)\log q(y_j|y_i)] = -\sum_{i\neq l}\sum_{j\neq l,i}\frac{p(x_j|x_i)}{q(y_j|y_i)}\frac{\partial q(y_j|y_i)}{\partial y_l}$$

我们发现进一步求导的关键在于 q 这个函数。接下来，计算这 3 个部分的偏导数。先对其中的关键部分进行计算：

$$f(k,l) = \exp(-\|y_k - y_l\|^2)$$
$$\nabla_l f(k,l) = -2(y_l - y_k)\exp(-\|y_k - y_l\|^2) = -2(y_l - y_k)f(k,l)$$

3 个部分可以分别进行计算。首先计算第 1 部分：

$$\begin{aligned}
\frac{\partial q(y_j|y_l)}{\partial y_l} &= \frac{\partial}{\partial y_l}\frac{f(j,l)}{\sum\limits_{k\neq l} f(k,l)} \\
&= \frac{\nabla_l f(j,l)\sum\limits_{k\neq l} f(k,l) - f(j,l)\sum\limits_{k\neq l}\nabla_l f(k,l)}{(\sum\limits_{k\neq l} f(k,l))^2} \\
&= \frac{\nabla_l f(j,l)}{\sum\limits_{k\neq l} f(k,l)} - \frac{f(j,l)\sum\limits_{k\neq l}\nabla_l f(k,l)}{(\sum\limits_{k\neq l} f(k,l))^2}
\end{aligned}$$

$$\begin{aligned}
&\frac{\partial}{\partial y_l}[-\sum_{j\neq l} p(x_j|x_l)\log q(y_j|y_l)] \\
&= -\sum_{j\neq l} p(x_j|x_l)\frac{\sum\limits_{k\neq l} f(k,l)}{f(j,l)}[\frac{\nabla_l f(j,l)}{\sum\limits_{k\neq l} f(k,l)} - \frac{f(j,l)\sum\limits_{k\neq l}\nabla_l f(k,l)}{(\sum\limits_{k\neq l} f(k,l))^2}] \\
&= -\sum_{j\neq l} p(x_j|x_l)[\frac{\nabla_l f(j,l)}{f(j,l)} - \frac{\sum\limits_{k\neq l}\nabla_l f(k,l)}{\sum\limits_{k\neq l} f(k,l)}] \\
&= -\sum_{j\neq l} p(x_j|x_l)[-2(y_l - y_j) + \frac{\sum\limits_{k\neq l} 2(y_l - y_k)f(k,l)}{\sum\limits_{k\neq l} f(k,l)}] \\
&= \sum_{j\neq l} p(x_j|x_l)[2(y_l - y_j) - 2\sum_{j\neq l} p(x_j|x_l)\sum_{k\neq l}\frac{f(k,l)}{\sum\limits_{k\neq l} f(k,l)}(y_l - y_k)] \\
&= 2\sum_{j\neq l} p(x_j|x_l)(y_l - y_j) - 2\sum_{j\neq l} p(x_j|x_l)\sum_{k\neq l} q(y_k|y_l)(y_l - y_k) \\
&= 2\sum_{j\neq l} p(x_j|x_l)(y_l - y_j) - 2\sum_{k\neq l} q(y_k|y_l)(y_l - y_k) \\
&= 2\sum_{i\neq l} p(x_i|x_l)(y_l - y_i) - 2\sum_{i\neq l} q(y_i|y_l)(y_l - y_i)
\end{aligned}$$

然后计算第 2 部分：

$$\begin{aligned}\frac{\partial q(y_l|y_i)}{\partial y_l} &= \frac{\partial}{\partial y_l}\frac{f(l,i)}{f(l,i)+\sum\limits_{k\neq\{i,l\}} f(k,i)} \\ &= \frac{\partial}{\partial y_l}\frac{f(l,i)}{f(l,i)+C} \\ &= \frac{\nabla_l f(l,i)(f(l,i)+C)-f(l,i)\nabla_l f(l,i)}{(\sum\limits_{k\neq l} f(k,l))^2}\end{aligned}$$

$$\begin{aligned}&\frac{\partial}{\partial y_l}[-\sum_{i\neq l} p(x_l|x_i)\log q(y_l|y_i)] \\ &= -\sum_{i\neq l}\frac{p(x_l|x_i)}{q(y_l|y_i)}\frac{\nabla_l f(l,i)(f(l,i)+C)-f(l,i)\nabla_l f(l,i)}{(\sum\limits_{k\neq l} f(k,l))^2} \\ &= -\sum_{i\neq l} p(x_l|x_i)\frac{f(l,i)+C}{f(l,i)}[\frac{\nabla_l f(l,i)(f(l,i)+C)-f(l,i)\nabla_l f(l,i)}{(\sum\limits_{k\neq l} f(k,l))^2}] \\ &= -\sum_{i\neq l} p(x_l|x_i)[\frac{\nabla_l f(l,i)}{f(l,i)}-\frac{\nabla_l f(l,i)}{\sum\limits_{k\neq l} f(k,l)}] \\ &= -\sum_{i\neq l} p(x_l|x_i)[-2(y_l-y_i)+2(y_l-y_i)\frac{f(l,i)}{\sum\limits_{k\neq l} f(k,l)}] \\ &= 2\sum_{i\neq l} p(x_l|x_i)(y_l-y_i)-2\sum_{i\neq l} p(x_l|x_i)q(x_l|x_i)(y_l-y_i)\end{aligned}$$

最后计算第 3 部分：

$$\begin{aligned}\frac{\partial q(y_j|y_i)}{\partial y_l} &= \frac{\partial}{\partial y_l}\frac{f(j,i)}{f(l,i)+\sum\limits_{k\neq\{i,l\}} f(k,i)} \\ &= \frac{\partial}{\partial y_l}\frac{f(j,i)}{f(l,i)+C} \\ &= -\frac{f(j,i)}{(f(l,i)+C)^2}\nabla_l f(l,i)\end{aligned}$$

$$\begin{aligned}&\frac{\partial}{\partial y_l}[-\sum_{i\neq l}\sum_{j\neq l,i} p(x_j|x_i)\log q(y_j|y_i)] \\ &\qquad= -\sum_{i\neq l}\sum_{j\neq l,i} p(x_j|x_i)\frac{f(l,i)+C}{f(j,i)}[-\frac{f(j,i)}{(f(l,i)+C)^2}\nabla_l f(l,i)] \\ &\qquad= -2\sum_{i\neq l}\sum_{j\neq l,i} p(x_j|x_i)(y_l-y_i)q(y_l|y_i)\end{aligned}$$

$$
\begin{aligned}
&= -2\sum_{i\neq l}(y_l - y_i)q(y_l|y_i)\sum_{j\neq l,i}p(x_j|x_i) \\
&= -2\sum_{i\neq l}(y_l - y_i)q(y_l|y_i)(1 - p(x_l|x_i))
\end{aligned}
$$

将 3 个部分的偏导数合并，可以得到：

$$
\begin{aligned}
\frac{\partial C}{\partial y_l} = & 2\sum_{i\neq l}p(x_i|x_l)(y_l - y_i) - 2\sum_{i\neq l}q(y_i|y_l)(y_l - y_i) + \\
& 2\sum_{i\neq l}p(x_l|x_i)(y_l - y_i) - 2\sum_{i\neq l}p(x_l|x_i)q(x_l|x_i)(y_l - y_i) - \\
& 2\sum_{i\neq l}(y_l - y_i)q(y_l|y_i)(1 - p(x_l|x_i)) \\
= & 2\sum_{i\neq l}p(x_i|x_l)(y_l - y_i) - 2\sum_{i\neq l}q(y_i|y_l)(y_l - y_i) + \\
& 2\sum_{i\neq l}p(x_l|x_i)(y_l - y_i) - 2\sum_{i\neq l}(y_l - y_i)q(y_l|y_i) \\
= & 2\sum_{i\neq l}[p(x_i|x_l) - q(y_i|y_l) + p(x_l|x_i) - q(y_l|y_i)](y_l - y_i)
\end{aligned}
$$

经过漫长的推导过程，最终得到损失函数对应的导数，这个结果其实并不复杂。tSNE 算法的思想基本上源于 SNE，但是它对 SNE 算法做了一些改进。首先，它采用联合概率分布的形式替换了条件概率分布；其次，它将高斯分布替换为 t 分布，使得算法的效果有了进一步的提高，对应的新的梯度计算公式为

$$
\begin{aligned}
p(x_i, x_j) &= \frac{p(x_i|x_j) + p(x_j|x_i)}{2} \\
q(y_i, y_j) &= \frac{q(y_i|y_j) + q(y_j|y_i)}{2} \\
\frac{\partial C}{\partial y_l} &= 4\sum_{i\neq l}[p(x_i, x_j) - q(y_i, y_j)](y_i - y_j)(1 + \|y_i - y_j\|^2)^{-1}
\end{aligned}
$$

下面就使用 tSNE 算法对 Word2Vec 算法生成的向量进行可视化转换。这里使用 scikit-learn 软件包中的 tSNE 的实现。对应的代码如下：

```
model = TSNE(n_components=2, perplexity=30, init='pca', method='exact',
n_itor=5000)
word2idx = pickle.load(open('data/word2idx.dat', 'rb'))
idx2vec = pickle.load(open('data/idx2vec.dat', 'rb'))
```

```
X = [idx2vec[word2idx[word]] for word in words]
X = model.fit_transform(X)
```

代码中的 TSNE 类有一些参数，其中，n_components 表示降维后的维度；perplexity 是一个用于调整方差参数的约束项；init 指定了初始化向量的方法，这里使用了 PCA 方法；method 设置了计算梯度的方法，对小规模数据来说，我们可以使用 exact；n_iter 指定了迭代的次数。

从结果可以看出，模型确实得到了一些人类可以理解的相关关系。比如在图 11.2 中，数字被聚集到相对接近的一片区域内；在图 11.3 中，表示时间的一些词——weeks、months、days 也被聚集到了一起，另外，weeks 和 week 的聚集竟然也十分接近；在图 11.4 中，几个表示方向的词语聚集到了一起。除此之外，tSNE 还得到了其他有趣的结果，当然也得到了一些令人难以理解的结果，这就需要读者对其进行深入分析。

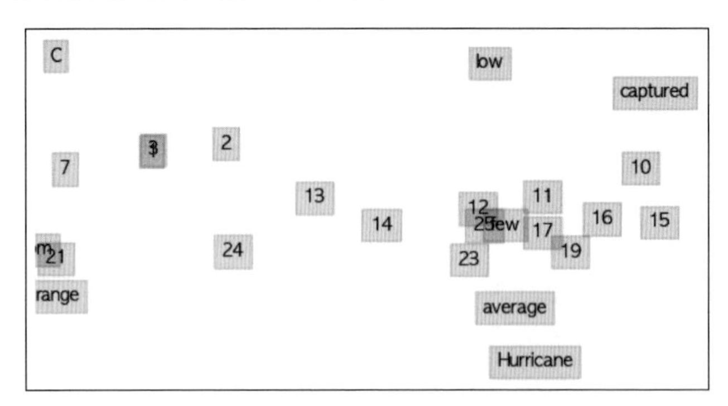

图 11.2　词向量可视化的局部 1——数字聚集

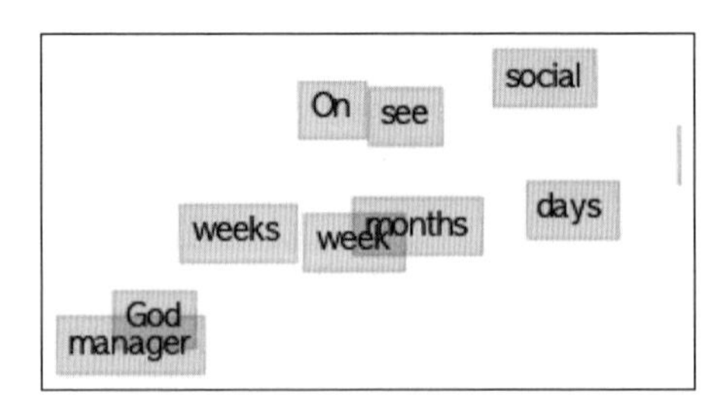

图 11.3　词向量可视化的局部 2——时间聚集

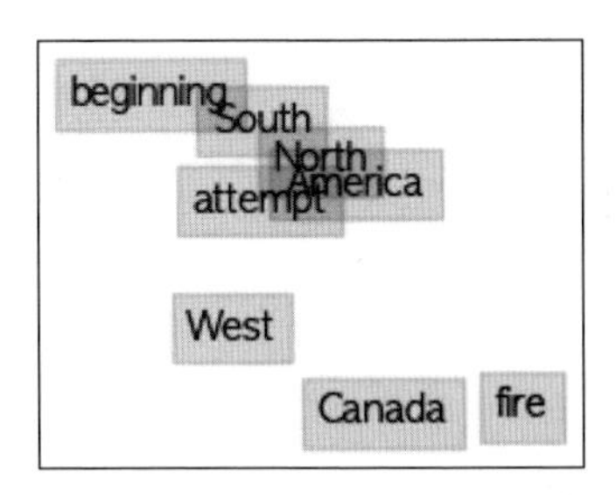

图 11.4 词向量可视化的局部 3——方向聚集

关于生成向量还可以进行更多的分析，这部分留给读者自行探索。关于词向量构建的内容还有很多，我们将在后面的章节中继续介绍。

11.6 总结与提问

本章主要介绍了词嵌入的基本算法。请读者尝试回答下面的问题：

（1）词嵌入要解决什么样的问题?

（2）Skip-Gram 模型和 Negative Sampling 方法的计算公式及背后的思想是怎样的?

（3）tSNE 的作用是什么? 它的计算方法是怎样的?

参考文献

[1] Mikolov T, Chen K, Corrado G, et al. Efficient estimation of word representations in vector space[J]. arXiv preprint arXiv: 1301.3781, 2013.

[2] Maaten L, Hinton G. Visualizing data using t-SNE[J]. Journal of Machine Learning Research, 2008, 9(Nov): 2579-2605.

第12章

循环神经网络

本章将介绍深度学习中另一个很重要的模型结构——循环神经网络（Recurrent Neural Network，RNN）。循环神经网络主要用于一些输入或输出长度不确定的场景中，当然，对于一些有明显依赖关系的序列类问题，也可以使用它进行建模。本章介绍循环神经网络的基本结构和性质，还将使用循环神经网络完成自然语言处理中的语言模型构建。

本章的组织结构是：12.1~12.5 节介绍 RNN 模型和其中的一些经典的网络结构；12.6 节和 12.7 节介绍 RNN 网络输出与不定长真实输出的映射方法。

12.1 语言模型与循环神经网络

循环神经网络是一个十分奇特的网络结构，可以使用较少的参数处理任意长度的输入数据，尤其是可以处理序列类的数据问题。这里以语言模型为例，介绍序列类问题的特点。通常，语言模型使用数学或者统计的方式对语言序列进行建模，来刻画语言中词语之间的关系。第 11 章已经介绍过词语共现和分布式表征的内容，这些内容都是自然语言处理中的核心概念。与第 11 章不同的是，本章将直接刻画词语之间的依赖关系，而不是利用环境词语得出目标词的向量。

先来观察语言中最简单的依赖关系，也就是单向依赖关系。以下面这个句子为例：

“深度学习核心算法是一本好书”

首先，将这个句子中的字聚合成一个个词。假设得到下面的分词结果：

“深度/学习/核心/算法/是/一本/好书”

接下来，刻画词之间的依赖关系。按照人类常规的思维逻辑，也就是从句子的开始到结束这个顺序进行解析，就可以发现当看到某个词前面的词时，再看到后面的词大多会觉得在情理之中，这样就可以使用条件概率刻画句子中先后顺序带来的依赖关系：

P(学习 | 深度)

P(核心 | 深度、学习)

P(算法 | 深度、学习、核心)

……

P(好书 | 深度、学习、核心、算法、是、一本)

上面的条件概率存在两个问题，第一个问题是条件概率的依赖项。从上面的内容可以看出，处于句子前面的词的依赖词较少，比如“学习”一词只依赖“深度”，而处于句子后面的词的依赖词较多，比如“好书”依赖前面所有的词，这样不对等的依赖给建模带来了不小的麻烦。有一种解决方法就是限定前置依赖的词语项。比如，假设词语训练具备一阶马尔可夫性，那么在计算某一个词的概率时，只需要了解它前面的一个词就行。如果用这种方式刻画上面句子的依赖关系，则可以写作：

P(学习 | 深度)

P(核心 | 学习)

P(算法 | 核心)

……

P(好书 | 一本)

这种限定可以解决条件概率的依赖项问题，但是无法解决第二个问题——在实际中，某一个词有时不仅依赖它前面的一个词，还可能依赖更多的内容，那么对所依赖内容的多少也变得难以刻画。为此，我们需要一种灵活的手段将这个依赖关系刻画得更好。

于是，我们又想到了深度学习，或者说表征学习。能不能将依赖关系刻画成一种特征？采用和第 11 章类似的方式，将前面词语的依赖用一个独立的特征进行表示，再结合前面提到的在马尔可夫性质中对前一个词的依赖，这样无论计算哪一个词的条件概率，都可以写成

$$P(w_t|w_{t-1},\ \text{dependence})$$

其中，w 表示词语，t 表示句子的位置，dependence 表示词语前面的依赖，这种方式的关键又落在了这个比词语更抽象的“依赖”上。虽然难以刻画这个抽象的概念，但是可以发现它的一些基本特征：

- 它由前面的词组成，每一个词对它的贡献都不一样。
- 每一个位置的依赖特征都可能不同，每一个新出现的词都会对其造成改变。

我们发现这个依赖关系也可以被解释为句子在当前位置的状态。于是，目标就变成了对句子的状态进行建模。完整建模的过程分为两步：

（1）使用前一个位置的句子状态和当前位置的词得出这一位置的句子状态。

（2）使用更新后的句子状态推测下一时刻的词。

如果用 $\boldsymbol{h}$ 表示句子状态，那么上面建模的两个步骤就可以转换成下面的两个公式：

- $\boldsymbol{h}_t \leftarrow f_t(\boldsymbol{w}_t, \boldsymbol{h}_{t-1})$
- $\boldsymbol{w}_{t+1} \leftarrow g_t(\boldsymbol{h}_t)$

可以看出，在上面的公式中定义了 f 和 g 两个函数，这两个函数都拥有一个下标 t，表示函数对应的位置。如果给每一个位置都创建一组函数，那么这种方法并不能被很好地应用到真实的场景中，因为在真实的场景中每一个句子的长度是不同的。这里就要用到本章提出的概念——循环。

熟悉计算机编程语言的读者一定对循环操作十分了解，循环相当于对一个数组或其他可迭代的对象依次执行指定的操作。除一些循环内的状态之外，其他操作通常是完全一致的。因此，这里使用类似的方式，直接将函数的位置信息去掉，对所有位置的输入使用相同的函数。于是，上面的两个公式就变成了下面的形式：

- $\boldsymbol{h}_t \leftarrow f_(\boldsymbol{w}_t, \boldsymbol{h}_{t-1})$
- $\boldsymbol{w}_{t+1} \leftarrow g(\boldsymbol{h}_t)$

这就是循环神经网络的基本形式。下面就来介绍它的基本实现公式。

12.2 RNN 实现

12.2.1 RNN 的前向计算

我们将 RNN 模型和 12.1 节的公式进行对应，可以得到如下公式：

$$
\begin{aligned}
\boldsymbol{h}_t &= \tanh(\boldsymbol{W}_h\boldsymbol{h}_{t-1} + \boldsymbol{W}_x\boldsymbol{x}_t + \boldsymbol{b}_h) \\
P(\boldsymbol{w}_{t+1}|\boldsymbol{w}_t, \boldsymbol{h}_t) &= \text{Softmax}(\boldsymbol{W}_o\boldsymbol{h}_t + \boldsymbol{b})
\end{aligned}
$$

从上面的公式可以看出，将前一个位置的句子状态表示为一个向量，记为 $\boldsymbol{h}_{t-1}$，也将词语的特征表示为一个向量，记为 $\boldsymbol{x}_t$，可以将这两个向量理解为嵌入特征。两个向量经过线性变换，再经过 tanh 函数的非线性变换，就得到了句子状态的向量 $\boldsymbol{h}_t$，在 RNN 中通常称为隐含状态，这部分是 RNN 模型的核心。所得到的隐含状态经过一层线性变换，再经过 Softmax 函数的计算，就可以得到模型的条件概率。RNN 模型结构图如图 12.1 所示，其中左图是单一时刻的模型结构图，右图则是依时间展开的模型结构图。

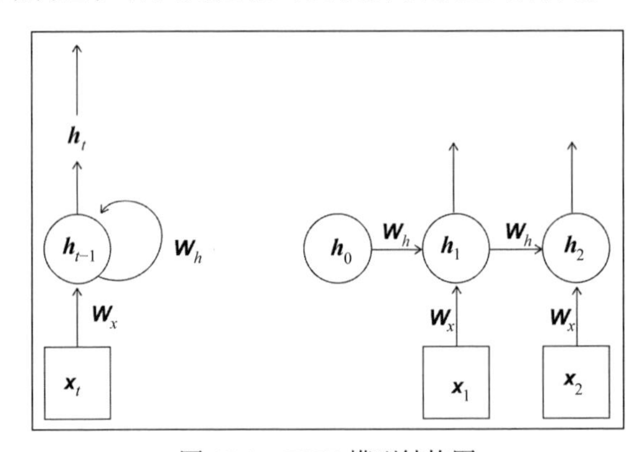

图 12.1 RNN 模型结构图

在计算完位置 t 的隐含特征后，当继续进行计算时，将使用前面位置的隐含状态 $\boldsymbol{h}_t$、新位置的特征向量 $\boldsymbol{x}_{t+1}$ 和模型参数，得到下一时刻的隐含状态：

$$
\boldsymbol{h}_{t+1} = \tanh(\boldsymbol{W}_h\boldsymbol{h}_t + \boldsymbol{W}_x\boldsymbol{x}_{t+1} + \boldsymbol{b}_h)
$$

后续的状态计算依此类推，模型将一直计算到输入数据结束为止。RNN 结构和前面章节中介绍的 CNN 结构有一些不同。首先，CNN 一般只在网络模型的开始输入数据，模型中的每一层一般只被利用一次，而且每一层的参数是不同的；而如果将 RNN 的状态转换方向和 CNN 的特征转换做对应，那么 RNN 需要不停地输入新的特征，但是模型的参数却一直保持不变。其次，大多数 CNN 网络模块只有一个输入和一个输出；而 RNN 的每一层网络都是一个 Y 字形的结构——两个输入和一个输出，其中一个输入暂存在网络中。

假设隐含状态 $\boldsymbol{h}$ 的维度为 $[n_h, 1]$，输入 $\boldsymbol{x}$ 的维度为 $[n_{\text{in}}, 1]$，参数 $\boldsymbol{W}_h$ 的维度为 $[n_h, n_h]$，参数 $\boldsymbol{W}_x$ 的维度为 $[n_h, n_{\text{in}}]$。在实际计算中，我们可以将计算过程简化，将两个向量合并起来，公式被写作：

$$\boldsymbol{h}_t = \tanh(\boldsymbol{W}_H[\boldsymbol{h}_{t-1}, \boldsymbol{x}_t] + \boldsymbol{b}_h)$$

此时合并后的参数 $\boldsymbol{W}_H$ 的维度为 $[n_{\text{in}} + n_h, n_h]$，这样问题实际上就被转换为特征合并和线性变换两部分。RNN 计算变化如图 12.2 所示。其中上半部分是输入和隐含状态分开计算的形式，下半部分是合并计算的形式。

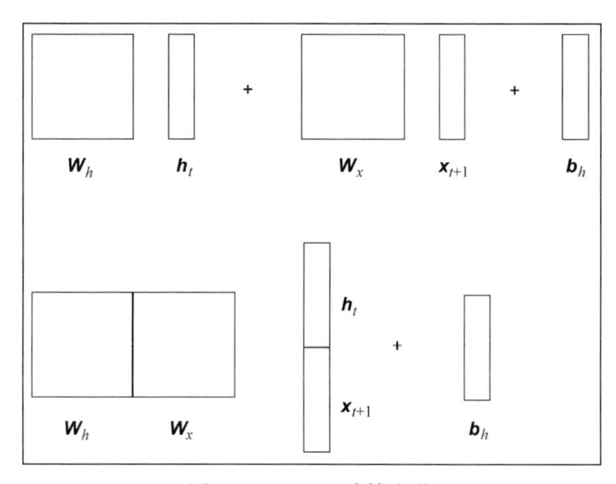

图 12.2 RNN 计算变化

12.2.2 RNN 的反向计算

前面介绍了 RNN 的前向计算，下面介绍 RNN 的反向计算。RNN 模型使用相同的参数循环计算，因此在求导时比 CNN 的参数要复杂一些。假设 RNN 的输入是一个长度为 3 的序列，那么对应的隐含状态计算公式可以表示为

$$\boldsymbol{z}_1 = \boldsymbol{W}_h\boldsymbol{h}_0 + \boldsymbol{W}_x\boldsymbol{x}_1 + \boldsymbol{b}_h$$

$$\boldsymbol{h}_1 = \tanh(\boldsymbol{z}_1)$$
$$\boldsymbol{z}_2 = \boldsymbol{W}_h\boldsymbol{h}_1 + \boldsymbol{W}_x\boldsymbol{x}_2 + \boldsymbol{b}_h$$
$$\boldsymbol{h}_2 = \tanh(\boldsymbol{z}_2)$$
$$\boldsymbol{z}_3 = \boldsymbol{W}_h\boldsymbol{h}_2 + \boldsymbol{W}_x\boldsymbol{x}_3 + \boldsymbol{b}_h$$
$$\boldsymbol{h}_3 = \tanh(\boldsymbol{z}_3)$$

接下来，就可以使用链式法则对公式中的参数进行求导。首先对参数 $\boldsymbol{W}_h$ 求导：

$$\begin{aligned}\frac{\partial \boldsymbol{h}_3}{\partial \boldsymbol{W}_h} &= \frac{\partial \boldsymbol{h}_3}{\partial \boldsymbol{z}_3}(\boldsymbol{h}_2 + \frac{\partial \boldsymbol{z}_3}{\partial \boldsymbol{h}_2}\frac{\partial \boldsymbol{h}_2}{\partial \boldsymbol{z}_2}\frac{\partial \boldsymbol{z}_2}{\partial \boldsymbol{W}_h}) \\ &= \frac{\partial \boldsymbol{h}_3}{\partial \boldsymbol{z}_3}(\boldsymbol{h}_2 + \frac{\partial \boldsymbol{z}_3}{\partial \boldsymbol{h}_2}\frac{\partial \boldsymbol{h}_2}{\partial \boldsymbol{z}_2}(\boldsymbol{h}_1 + \frac{\partial \boldsymbol{z}_2}{\partial \boldsymbol{h}_1}\frac{\partial \boldsymbol{h}_1}{\partial \boldsymbol{z}_1}\frac{\partial \boldsymbol{z}_1}{\partial \boldsymbol{W}_h})) \\ &= \frac{\partial \boldsymbol{h}_3}{\partial \boldsymbol{z}_3}\boldsymbol{h}_2 + \frac{\partial \boldsymbol{h}_3}{\partial \boldsymbol{z}_3}\frac{\partial \boldsymbol{z}_3}{\partial \boldsymbol{h}_2}\frac{\partial \boldsymbol{h}_2}{\partial \boldsymbol{z}_2}\boldsymbol{h}_1 + \frac{\partial \boldsymbol{h}_3}{\partial \boldsymbol{z}_3}\frac{\partial \boldsymbol{z}_3}{\partial \boldsymbol{h}_2}\frac{\partial \boldsymbol{h}_2}{\partial \boldsymbol{z}_2}\frac{\partial \boldsymbol{z}_2}{\partial \boldsymbol{h}_1}\frac{\partial \boldsymbol{h}_1}{\partial \boldsymbol{z}_1}\boldsymbol{h}_0\end{aligned}$$

然后对参数 $\boldsymbol{W}_x$ 求导：

$$\begin{aligned}\frac{\partial \boldsymbol{h}_3}{\partial \boldsymbol{W}_x} &= \frac{\partial \boldsymbol{h}_3}{\partial \boldsymbol{z}_3}(\boldsymbol{x}_3 + \frac{\partial \boldsymbol{z}_3}{\partial \boldsymbol{h}_2}\frac{\partial \boldsymbol{h}_2}{\partial \boldsymbol{z}_2}\frac{\partial \boldsymbol{z}_2}{\partial \boldsymbol{W}_x}) \\ &= \frac{\partial \boldsymbol{h}_3}{\partial \boldsymbol{z}_3}(\boldsymbol{x}_3 + \frac{\partial \boldsymbol{z}_3}{\partial \boldsymbol{h}_2}\frac{\partial \boldsymbol{h}_2}{\partial \boldsymbol{z}_2}(\boldsymbol{x}_2 + \frac{\partial \boldsymbol{z}_2}{\partial \boldsymbol{h}_1}\frac{\partial \boldsymbol{h}_1}{\partial \boldsymbol{z}_1}\frac{\partial \boldsymbol{z}_1}{\partial \boldsymbol{W}_x})) \\ &= \frac{\partial \boldsymbol{h}_3}{\partial \boldsymbol{z}_3}\boldsymbol{x}_3 + \frac{\partial \boldsymbol{h}_3}{\partial \boldsymbol{z}_3}\frac{\partial \boldsymbol{z}_3}{\partial \boldsymbol{h}_2}\frac{\partial \boldsymbol{h}_2}{\partial \boldsymbol{z}_2}\boldsymbol{x}_2 + \frac{\partial \boldsymbol{h}_3}{\partial \boldsymbol{z}_3}\frac{\partial \boldsymbol{z}_3}{\partial \boldsymbol{h}_2}\frac{\partial \boldsymbol{h}_2}{\partial \boldsymbol{z}_2}\frac{\partial \boldsymbol{z}_2}{\partial \boldsymbol{h}_1}\frac{\partial \boldsymbol{h}_1}{\partial \boldsymbol{z}_1}\boldsymbol{x}_1\end{aligned}$$

从计算的结果可以看出，随着序列的长度越来越长，求导的链条也越来越长，其中计算最频繁的两项就是

$$\frac{\partial \boldsymbol{h}_{t+1}}{\partial \boldsymbol{z}_{t+1}}, \frac{\partial \boldsymbol{z}_{t+1}}{\partial \boldsymbol{h}_t}$$

如果将频繁项进行聚合，那么上面的公式又可以变为新的形式：

$$\begin{aligned}&= \frac{\partial \boldsymbol{h}_3}{\partial \boldsymbol{z}_3}\boldsymbol{x}_3 + \frac{\partial \boldsymbol{h}_3}{\partial \boldsymbol{z}_3}\prod_{i=2}^{2}\frac{\partial \boldsymbol{z}_{i+1}}{\partial \boldsymbol{h}_i}\frac{\partial \boldsymbol{h}_i}{\partial \boldsymbol{z}_i}\boldsymbol{x}_2 + \frac{\partial \boldsymbol{h}_3}{\partial \boldsymbol{z}_3}\prod_{i=1}^{2}\frac{\partial \boldsymbol{z}_{i+1}}{\partial \boldsymbol{h}_i}\frac{\partial \boldsymbol{h}_i}{\partial \boldsymbol{z}_i}\boldsymbol{x}_1 \\ &= \frac{\partial \boldsymbol{h}_3}{\partial \boldsymbol{z}_3}(\boldsymbol{x}_3 + \prod_{i=2}^{2}\frac{\partial \boldsymbol{z}_{i+1}}{\partial \boldsymbol{h}_i}\frac{\partial \boldsymbol{h}_i}{\partial \boldsymbol{z}_i}\boldsymbol{x}_2 + \prod_{i=1}^{2}\frac{\partial \boldsymbol{z}_{i+1}}{\partial \boldsymbol{h}_i}\frac{\partial \boldsymbol{h}_i}{\partial \boldsymbol{z}_i}\boldsymbol{x}_1) \\ &= \frac{\partial \boldsymbol{h}_3}{\partial \boldsymbol{z}_3}\sum_{j=1}^{3}(\prod_{i=j}^{2}\frac{\partial \boldsymbol{z}_{i+1}}{\partial \boldsymbol{h}_i}\frac{\partial \boldsymbol{h}_i}{\partial \boldsymbol{z}_i})\boldsymbol{x}_j\end{aligned}$$

从公式可以看出，前面提到的两项确实反复出现在连乘项中。由于相同的参数会在不同时刻得到梯度，这些梯度分别代表不同时刻对模型参数的影响，如果某一时刻的梯度发生问题——比如梯度值过大或者过小，那么梯度计算就可能出现问题。如果这两项的值都大于 1，那么迭代后的梯度值将逐渐变大，优化无法进行，这个现象被称为**梯度爆炸**（Gradient Explosion）；如果这两项的值都小于 1，那么迭代后的梯度值将逐渐变小，优化没有作用，这个现象被称为**梯度消失**（Vanishing Gradient）。

实际上，对于前面序列较短的例子，计算梯度并不会产生太严重的问题，但对于序列较长的输入来说，上面的梯度计算就会遇到问题。一般来说，对于梯度爆炸的现象，可以采用梯度截断的方式将梯度缩减到给定的数值，这样不会对网络造成过大的冲击。但是对于梯度消失的现象，消失的梯度将较难被补齐，长距离的特征将无法被有效利用，RNN 模型在较长时序上的效果也会下降。为此，我们需要寻找更好的方法来解决这个问题。

12.3 LSTM 网络

12.2 节介绍了 RNN 模型，并介绍了 RNN 的前向和反向计算方法，同时也介绍了 RNN 在反向计算过程中存在的问题。本节介绍一个新的循环神经网络——**长短期记忆**（Long Short Term Memory，LSTM）网络 [1]，它较好地解决了 RNN 在反向计算过程中存在的问题。

LSTM 网络比起 RNN 要复杂得多，它通过设置多个门控使得 RNN 模型能够解决前面提到的梯度爆炸和梯度消失的问题。首先介绍它的网络结构。

LSTM 网络在每一个位置有两个输入：当前时刻的特征输入 $\boldsymbol{x}_t$ 和前一时刻的隐含状态 $\boldsymbol{h}_{t-1}$。LSTM 网络计算的第一步就像 RNN 一样计算出一个隐含状态，这个隐含状态其实只是一个中间状态，一般将其称为**细胞**（Cell）。对应的公式为

$$\tilde{\boldsymbol{c}}_t = \tanh(\boldsymbol{W}_{\mathrm{c}}[\boldsymbol{h}_{t-1}, \boldsymbol{x}_t] + \boldsymbol{b}_{\mathrm{c}})$$

在 RNN 中，计算后得到的隐含状态将直接替代前一时刻的隐含状态；而在 LSTM 网络中，并不直接去掉前一时刻的隐含状态，而是将其和新计算出的细胞值进行融合。实际上，进行融合的也不是真正的隐含状态，而是前一

时刻的细胞值 $\boldsymbol{c}_{t-1}$。对应的公式为（注：$*$ 表示向量按元素级别相乘。下同）

$$\boldsymbol{c}_t = \boldsymbol{G}_{\mathrm{f}} * \boldsymbol{c}_{t-1} + \boldsymbol{G}_{\mathrm{i}} * \tilde{\boldsymbol{c}}_t$$

在这个公式中出现了两个新的变量：$\boldsymbol{G}_{\mathrm{f}}$、$\boldsymbol{G}_{\mathrm{i}}$，这两个变量是与细胞向量维度相同的向量，它们将分别和细胞值进行元素级别的相乘，再将结果进行相加，就得到了最终合并的细胞值。所得到的细胞值再经过一次非线性计算，然后和前面出现的类似的变量 $\boldsymbol{G}_{\mathrm{o}}$ 进行元素级别的相乘，就可以得到这个位置的隐含变量。

$$\boldsymbol{h}_t = \boldsymbol{G}_{\mathrm{o}} * \tanh(\boldsymbol{c}_t)$$

至此，公式的主要部分就介绍完了。剩下的就是前面没有详细介绍的三个部分，其实这三个部分就是模型中的三个门（Gate），用于控制特征的通过量。三个变量的公式为

$$\boldsymbol{G}_{\mathrm{i}} = \sigma(\boldsymbol{W}_{\mathrm{i}}[\boldsymbol{h}_{t-1}, \boldsymbol{x}_t] + \boldsymbol{b}_{\mathrm{i}})$$
$$\boldsymbol{G}_{\mathrm{f}} = \sigma(\boldsymbol{W}_{\mathrm{f}}[\boldsymbol{h}_{t-1}, \boldsymbol{x}_t] + \boldsymbol{b}_{\mathrm{f}})$$
$$\boldsymbol{G}_{\mathrm{o}} = \sigma(\boldsymbol{W}_{\mathrm{o}}[\boldsymbol{h}_{t-1}, \boldsymbol{x}_t] + \boldsymbol{b}_{\mathrm{o}})$$

这三个门分别称为**输入门**（Input Gate）、**遗忘门**（Forget Gate）和**输出门**（Output Gate）。从公式可以看出，这三个门的输出值为 0 到 1，用于控制搭配项进入网络下一阶段的信息量。输入门对应的是在当前位置计算得到的细胞值，遗忘门对应的是前一位置的细胞值，而输出门对应融合后信息的通过量。LSTM 模型结构图如图 12.3 所示。

在实际的计算过程中，可以对上面的公式做进一步的合并，实现一个更大的矩阵计算，这样完整的计算公式就可以写作：

$$[\tilde{\boldsymbol{c}}'_t, \boldsymbol{G}'_{\mathrm{i}}, \boldsymbol{G}'_{\mathrm{f}}, \boldsymbol{G}'_{\mathrm{o}}] = [\boldsymbol{W}_{\mathrm{c}}, \boldsymbol{W}_{\mathrm{i}}, \boldsymbol{W}_{\mathrm{f}}, \boldsymbol{W}_{\mathrm{o}}]^{\mathrm{T}}[\boldsymbol{h}_{t-1}, \boldsymbol{x}_t] + [\boldsymbol{b}_{\mathrm{c}}, \boldsymbol{b}_{\mathrm{i}}, \boldsymbol{b}_{\mathrm{f}}, \boldsymbol{b}_{\mathrm{o}}]^{\mathrm{T}}$$
$$[\boldsymbol{G}_{\mathrm{i}}, \boldsymbol{G}_{\mathrm{f}}, \boldsymbol{G}_{\mathrm{o}}] = \sigma([\boldsymbol{G}'_{\mathrm{i}}, \boldsymbol{G}'_{\mathrm{f}}, \boldsymbol{G}'_{\mathrm{o}}])$$
$$\boldsymbol{c}_t = \boldsymbol{G}_{\mathrm{f}} * \boldsymbol{c}_{t-1} + \boldsymbol{G}_{\mathrm{i}} * \tanh(\tilde{\boldsymbol{c}}'_t)$$
$$\boldsymbol{h}_t = \boldsymbol{G}_{\mathrm{o}} * \tanh(\boldsymbol{c}_t)$$

LSTM 矩阵计算示意图如图 12.4 所示。

从上面的介绍可以看出，LSTM 模型结构还是非常复杂的，那么 LSTM 网络与 RNN 相比有什么优势呢？以下面的公式为例：

$$\boldsymbol{c}_t = \boldsymbol{G}_{\mathrm{f}} * \boldsymbol{c}_{t-1} + \boldsymbol{G}_{\mathrm{i}} * \tilde{\boldsymbol{c}}_t$$

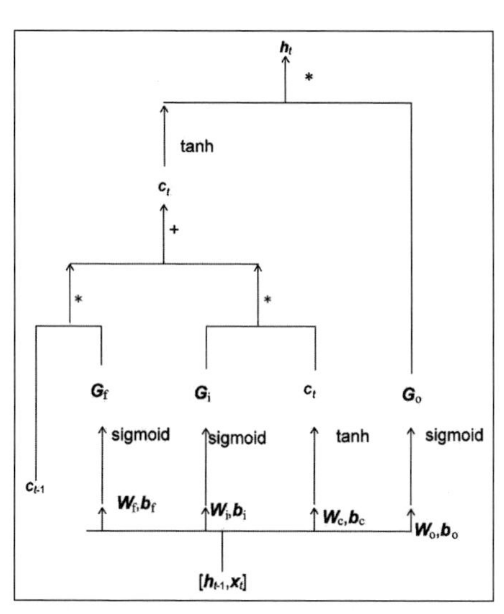

图 12.3　LSTM 模型结构图

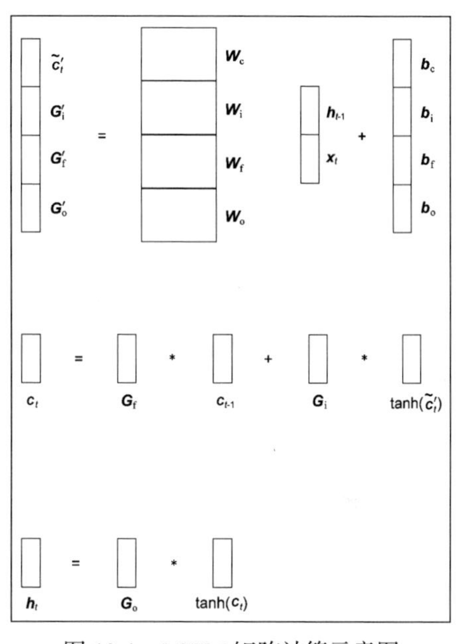

图 12.4　LSTM 矩阵计算示意图

梯度问题的关键在于那些循环出现的偏导数项，下面就来计算 $\dfrac{\partial \boldsymbol{c}_t}{\partial \boldsymbol{c}_{t-1}}$ 的值。首先求出三个部分的偏导数：

$$
\begin{aligned}
\frac{\partial \boldsymbol{G}_{\mathrm{f}}}{\partial \boldsymbol{c}_t} &= \frac{\partial \boldsymbol{G}_{\mathrm{f}}}{\partial \boldsymbol{h}_{t-1}} \frac{\partial \boldsymbol{h}_{t-1}}{\partial \boldsymbol{c}_{t-1}} \\
&= \sigma_f' \boldsymbol{W}_{\mathrm{f}} * \boldsymbol{G}_{\mathrm{o}}^{t-1} \tanh'(\boldsymbol{c}_{t-1}) \\
\frac{\partial \boldsymbol{G}_{\mathrm{i}}}{\partial \boldsymbol{c}_{t-1}} &= \frac{\partial \boldsymbol{G}_{\mathrm{i}}}{\partial \boldsymbol{h}_{t-1}} \frac{\partial \boldsymbol{h}_{t-1}}{\partial \boldsymbol{c}_{t-1}} \\
&= \sigma_i' \boldsymbol{W}_{\mathrm{i}} * \boldsymbol{G}_{\mathrm{i}}^{t-1} \tanh'(\boldsymbol{c}_{t-1}) \\
\frac{\partial \tilde{\boldsymbol{c}}_t}{\partial \boldsymbol{c}_{t-1}} &= \frac{\partial \tilde{\boldsymbol{c}}_t}{\partial \boldsymbol{h}_{t-1}} \frac{\partial \boldsymbol{h}_{t-1}}{\partial \boldsymbol{c}_{t-1}} \\
&= \tanh'(\tilde{c_t'}) \boldsymbol{W}_{\mathrm{c}} * \boldsymbol{G}_{\mathrm{o}}^{t-1} \tanh'(\boldsymbol{c}_{t-1})
\end{aligned}
$$

然后将它们拼起来，可以得到：

$$
\begin{aligned}
\frac{\partial \boldsymbol{c}_t}{\partial \boldsymbol{c}_{t-1}} &= \boldsymbol{G}_{\mathrm{f}} + \frac{\partial \boldsymbol{G}_{\mathrm{f}}}{\partial \boldsymbol{c}_t} * \boldsymbol{c}_{t-1} + \frac{\partial \boldsymbol{G}_{\mathrm{i}}}{\partial \boldsymbol{c}_{t-1}} * \tilde{\boldsymbol{c}}_t + \boldsymbol{G}_{\mathrm{i}} * \frac{\partial \tilde{\boldsymbol{c}}_t}{\partial \boldsymbol{c}_{t-1}} \\
&= \boldsymbol{G}_{\mathrm{f}} + \sigma_f' \boldsymbol{W}_{\mathrm{f}} * \boldsymbol{G}_{\mathrm{o}}^{t-1} \tanh'(\boldsymbol{c}_{t-1}) * \boldsymbol{c}_{t-1} + \\
&\quad \sigma_i' \boldsymbol{W}_{\mathrm{i}} * \boldsymbol{G}_{\mathrm{i}}^{t-1} \tanh'(\boldsymbol{c}_{t-1}) * \tilde{\boldsymbol{c}}_t + \\
&\quad \boldsymbol{G}_{\mathrm{i}} * (\tanh'(\tilde{c_t'}) \boldsymbol{W}_{\mathrm{c}} * \boldsymbol{G}_{\mathrm{o}}^{t-1} \tanh'(\boldsymbol{c}_{t-1}))
\end{aligned}
$$

从上面的公式可以看出，除了第一项，其他三项都包含了非线性层的导数。由于该导数的数值小于1，随着时序长度的增加，包含非线性导数的这三项的数值会不断减小，正如同RNN的计算过程一样。于是，问题的关键就落在了第一项，也就是遗忘门的输出值上。假设遗忘门的输出值为1，也就是完全记忆前面时刻传来的信息，那么反向计算的梯度就会被有效地保留下来；如果遗忘门的输出值为0，也就是完全忘记前面时刻传来的信息，那么反向计算的梯度就会像RNN一样不断衰减。因此，梯度是否被回传至历史时刻主要由遗忘门的输出值决定，遗忘门不仅遗忘了前向传递过来的信息，还遗忘了反向传回的梯度，这就是“遗忘门”名字的由来，也是LSTM网络与RNN相比的一大优势。

LSTM网络是一个十分经典的RNN模块，它被广泛应用到很多序列类型的网络结构上，并在其中发挥了很重要的作用。对于很多序列类型的任务，LSTM模块可以成为首选。

在本节的最后介绍与LSTM网络十分相近的一个RNN模块——**GRU**（Gated Recurrent Unit）[2]，它的计算思想与LSTM网络类似，但是计算过程比LSTM网络简单一些。GRU的输入同样包含两个部分：当前时刻的输入$\boldsymbol{x}_t$和前一时刻的隐含状态$\boldsymbol{h}_{t-1}$，输出为当前时刻的隐含状态$\boldsymbol{h}_t$。首先计算网络门限值：

$$\boldsymbol{G}_{\mathrm{r}} = \sigma(\boldsymbol{W}_{\mathrm{r}x}\boldsymbol{x}_t + \boldsymbol{W}_{\mathrm{rh}}\boldsymbol{h}_{t-1} + \boldsymbol{b})$$
$$\boldsymbol{G}_{\mathrm{o}} = \sigma(\boldsymbol{W}_{\mathrm{o}x}\boldsymbol{x}_t + \boldsymbol{W}_{\mathrm{oh}}\boldsymbol{h}_{t-1} + \boldsymbol{b})$$

第一个门$\boldsymbol{G}_{\mathrm{r}}$可以被看作“遗忘门”，它将与前一时刻的隐含状态做点积，并连同输入计算得到类似于LSTM网络的细胞值：

$$\tilde{\boldsymbol{h}}_t = \tanh(\boldsymbol{W}_{\mathrm{h}x}\boldsymbol{x}_t + \boldsymbol{W}_{\mathrm{hh}}(\boldsymbol{G}_{\mathrm{r}} * \boldsymbol{h}_{t-1}) + \boldsymbol{b})$$

第二个门同样可以被看作“遗忘门”，它将上一步得到的数值和前一时刻的隐含状态进行融合，得到最终的输出：

$$\boldsymbol{h}_t = (1 - \boldsymbol{G}_{\mathrm{o}}) * \boldsymbol{h}_{t-1} + \boldsymbol{G}_{\mathrm{o}} * \tilde{\boldsymbol{h}}_t$$

GRU的计算过程如图12.5所示，同样可以将其实现为矩阵计算的形式。在一些研究评测中[3]，LSTM模型和GRU模型的实际表现效果相近，而GRU模型与LSTM模型相比拥有参数量少、计算量少的特点。当然，两种方法的效果还需要在实际的应用中尝试才能做出判断。

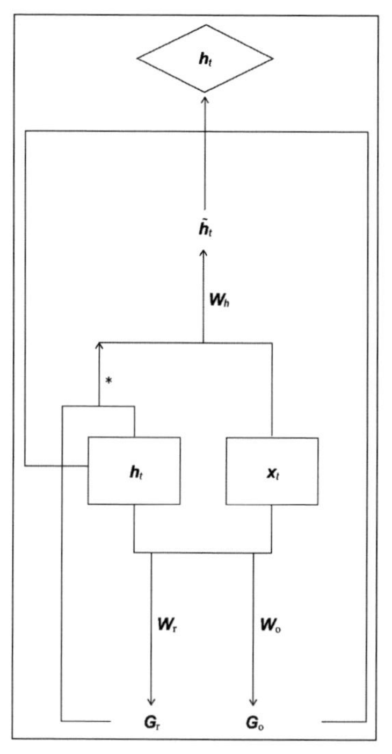

图 12.5 GRU 的计算过程

12.4 语言模型实践

本节使用 RNN 和 LSTM 网络构建语言模型。通过前面的介绍，我们已经对 RNN 模型有所了解。构建一个最简单的语言模型需要下面几个步骤。

（1）将每一个词都表示成特征向量。

（2）将词向量输入 RNN 模型，通过前一时刻的隐含变量得到下一个位置 RNN 的隐含变量。

（3）将隐含变量与所有输出词的向量点乘，求出在当前状态下每一个待输出词与当前位置的"匹配度"。

（4）将"匹配度"转换为条件概率 $P(\boldsymbol{w}_t|\boldsymbol{w}_{t-1},\boldsymbol{h}_{t-1})$。

（5）使用最大似然法求解上面条件概率的参数。

接下来，介绍该如何构建模型。这里将以 PyTorch 官方提供的语言模型案例代码为例。假设有一个句子：

$$w_0, w_1, w_2, w_3, w_4$$

我们可以将这个句子按照输入和输出拆解成两部分。对于第 i 位置的词，当将其输入模型中后，应该得到第 $i+1$ 位置的词，这样上面的句子就可以被拆解为两个序列：

输入：w_0, w_1, w_2, w_3

输出：w_1, w_2, w_3, w_4

输入词经过语言模型后得到输出词，RNN 语言模型的计算流程图如图 12.6 所示。

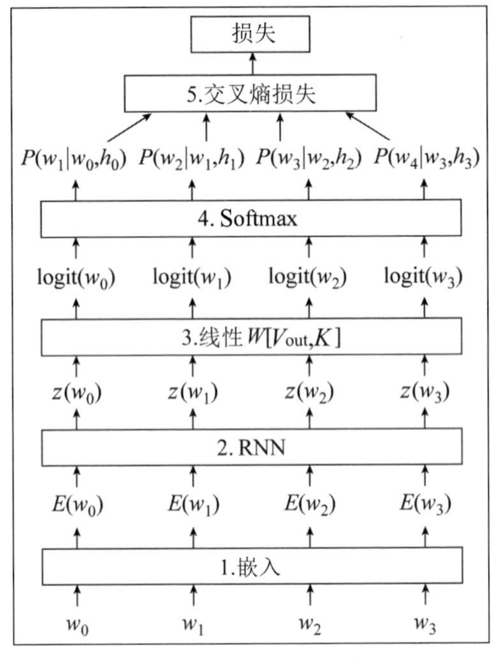

图 12.6　RNN 语言模型的计算流程图

在图 12.6 中标注了上面提到的 5 个步骤，下面介绍这 5 个步骤在流程图中的具体实现。

- 与第 11 章中介绍的 Word2Vec 算法类似，每一个词会对应一个固定长度为 K 的向量，这些向量会被初始化，并在后续的优化中改进这些向量。
- 将映射为向量的词输入 RNN 或者 LSTM 模型中，在模型的每一个位置都会输出一个隐含状态。

- 假设输出词的数量为 V_{out}，构建另外一个维度为 $[V_{\text{out}}, K]$ 的参数向量，同样会在优化的过程中对这个向量进行改进，将向量与 RNN 模型的隐含状态向量相乘，就可以得到 N 个输出词和当前隐含状态的“匹配度”。
- 在得到上一步的向量后，可以将其映射为一个概率分布，这里使用 Softmax 函数，将任意数值映射到概率分布的数值范围内，这样每一个位置的数值就可以表示为词出现的概率：$P(\boldsymbol{w}_t|\boldsymbol{w}_{t-1},\boldsymbol{h}_{t-1})$。
- 我们已经从训练数据中得到了对应的目标输出词，因此可以使用交叉熵损失来定义模型给出的概率分布与真实结果的偏差。将每一个位置的偏差聚合起来，就得到了完整的损失函数，对这个损失函数进行优化并改进参数，就可以逐步得到模型的最优参数值。

在了解了上面的每一个步骤后，下面介绍代码实现。

12.4.1 语料库构建

要想实现上面提到的模型，需要准备好模型对应的数据，因此要完成从常规语料数据到模型数据的转换。这部分工作由以下两个步骤组成。

（1）将语料文本转换成数字序列的形式。

（2）将数字序列转换成 Batch 训练数据的形式。

第 1 步的转换过程与第 11 章中的 Word2Vec 的预处理过程类似，首先遍历一次文本信息，得到词典以及词对应的数字；再遍历一次文本信息，将每一个词都转换成数字，这样就得到了对应的数字列表。在实际应用中，可以设定第一个词作为句子的开始，但不是所有的词都可以作为某个特定句子的结尾。因此，当句子的结尾词出现时，不能将它映射到一个新的词，而需要将它映射到句子的某个结束状态。为了实现这个目标，可以在词典中加入一个新词——“**< eos >**”（eos 是英文“end of speech”的缩写），这个词表示句子的结束，也可以把这个词想象成语言中的标点符号。这样在每一个结尾词的后面都会跟一个 < eos >，表示句子的结束。这部分对应的代码如下：

```
class Corpus(object):
    def __init__(self, path):
        self.dictionary = Dictionary()
        self.train = self.tokenize(os.path.join(path, 'train.txt'))
        self.valid = self.tokenize(os.path.join(path, 'valid.txt'))
        self.test = self.tokenize(os.path.join(path, 'test.txt'))
```

```
    def tokenize(self, path):
        with open(path, 'r', encoding="utf8") as f:
            tokens = 0
            for line in f:
                words = line.split() + ['<eos>']
                tokens += len(words)
                for word in words:
                    # 将新词加入词典中
                    self.dictionary.add_word(word)
        with open(path, 'r', encoding="utf8") as f:
            ids = torch.LongTensor(tokens)
            token = 0
            for line in f:
                words = line.split() + ['<eos>']
                for word in words:
                    # 将词转换成对应的数字
                    ids[token] = self.dictionary.word2idx[word]
                    token += 1
        return ids
```

代码中的Dictionary类用于存储词典，它包括两个基本功能：add_word，将新词加入词典中；word2idx，将词转换为数字。

在第1步中，将完整的语料文本转换成数字序列，并合并成一个完整的列表。在第2步中，将数字序列转换成Batch训练数据的形式，这样原本长度为 N 的数字序列就被划分成维度为 $[B, L]$ 的数据序列。在每一轮训练时，可以提取出长度为 L 的序列，组成维度为 $[B, L]$ 的训练数据进行训练。对应的代码如下：

```
def batchify(data, bsz):
    # 得到Batch的数量
    nbatch = data.size(0) // bsz
    # 将不能整除的部分去掉
    data = data.narrow(0, 0, nbatch * bsz)
    # 将一维序列转换成二维矩阵，此时文本信息经过转置后在列的方向连续
    data = data.view(bsz, -1).t().contiguous()
    return data.to(device)

def get_batch(source, i):
    seq_len = min(args.bptt, len(source) - 1 - i)
    data = source[i:i+seq_len]
    target = source[i+1:i+1+seq_len].view(-1)
    return data, target
```

其中的batchify方法将数据转换成批量数据，代码中包含了转置操作，因此在由数据生成的二维矩阵中，数据是按列的方向连续的。比如有文本数据[a, b, c, d, e, f, g, h]，假设Batch的大小为2，可以得到一个2×4的矩阵：

```
[[a, b, c, d],
[e, f, g, h]]
```

此时文本信息是按行的方向连续的。接下来将数据转置，就可以得到一个4×2的矩阵：

```
[[a, e],
[b, f],
[c, g],
[d, h]]
```

这样的训练数据更利于提取，数据也将被存储为这样的结构。

接下来的get_batch方法则会提取对应的Batch数据。比如要提取下标为0的一批数据，这批数据的序列长度为3，那么第0~2行就是训练数据的输入，而第1~3行就是训练数据的输出，这样就可以通过提取两组不同的行得到想要的数据。对应的训练数据为：

```
a,b,c->b,c,d
e,f,g->f,g,h
```

12.4.2 模型构建

在得到训练所需要的数据集之后，就要构建RNN模型了。为了构建RNN模型，一共需要三个部分的参数：将词映射为特征的Embedding层、完成序列建模的RNN/LSTM层和完成条件概率计算的线性层。其中，RNN和LSTM模型的功能十分相似，可以相互替换。

在进行模型计算时，首先从Embedding层得到词对应的向量，然后使用Dropout层随机去除一部分特征，使模型效果变得更加稳健。接下来，所得到的特征将会进入RNN/LSTM层进行计算，得到隐含状态特征，随后特征将再次经过Dropout层的计算，随机去除一部分特征。最后，特征经过线性变换和Softmax层，得到词的条件概率。

在实现的过程中，需要注意两个问题。将整个数据集切分成了B个片段，每一个片段对应一个Batch，在每一个片段内部仍然有很强的相关性，因此在计算时，在上一个 Batch 结尾得到的隐含状态将被保存起来，并在下一个 Batch 的开始作为起始状态传入，这样在每一个新的 Batch 计算中，都需要确保这个隐含状态作为新计算图中的常量，不再将梯度传递到前一个 Batch 的计算中。在代码中，使用 detach 方法隔离计算图，避免将前后 Batch 的计算混在一起。比如有 5 个数据：a,b,c,d,e，将它们分成两个部分，就可以得到两组训练数据：

```
a,b->c
c,d->e
```

为了更好地构建模型，在完成第一个 Batch 的数据训练后，会保存好 a,b 数据的隐含状态，并将其应用到下一个 Batch 的数据训练中，这样对模型的训练就会更加自然，但是需要确保这个隐含状态不会将梯度继续向后传递。

另一个问题则与模型的结构有关。在当前的结构中，在 RNN 模型的前后都加入了有参数的模型层，其中，在 RNN 模型的前面是 Embedding 层，在 RNN 模型的后面是线性层。假设词的总量为 V，前面参数的维度为 $[V, K]$，后面线性变换参数的维度已经介绍过，为 $[V_{\text{out}}, K]$，一般来说，$V = V_{\text{out}}$，两个参数的维度是相同的，这样很自然地就会想到：这两个部分的参数能不能共享，只使用一份参数呢?

基于这个疑问，下面来分析两个部分的参数的作用。Embedding 层的参数表示每一个词的特征向量，而经过 RNN 的计算后，得到了融合序列相关信息后每一个词的特征。这个特征和最终的线性层计算，相当于将每一个长度为 K 的向量和 RNN 的输出向量做点积，哪个位置的向量经过点积计算后得到的数字大，最终输出的词就是那个位置所代表的词。由此可见，可以将线性变换参数的每一个向量都看作对应词的向量。这样我们就发现了其中的奥妙——其实线性变换参数也可以被理解为所有词的特征向量，于是提出一个设想——既然 Embedding 层的参数和线性变换参数具有相同的含义，那么它们能不能共享呢? 答案是可以的，这种方法被称为 **Weight Tying**，它来自论文 *Tying Word Vectors and Word Classifiers: A Loss Framework for Language Modeling*[4]。在实际训练中，这种方法统一了两个部分的参数，因此会带来一定的准确率的提升。

剩下的训练过程与前面的基于计算图的训练过程类似，这里不再赘述。通过上面的分析，我们已经了解了语言模型从数据生成到模型训练的全过程。

12.5 LSTM 网络的可视化与分析

LSTM 网络的结构比较复杂，单纯地从结构上看，我们并不能了解每一步计算对模型最终结果的影响，也就无法深入了解模型的训练效果。为了更好地了解模型的特性，可以使用可视化的方法将模型的一些内部输出展示出来。该方法来自论文 *Visualizing and Understanding Recurrent Networks*[5]。

下面介绍 LSTM 网络的细胞值的可视化并进行分析。

LSTM 网络的细胞值计算公式为

$$\boldsymbol{c}_t = \boldsymbol{G}_{\mathrm{f}} * \boldsymbol{c}_{t-1} + \boldsymbol{G}_{\mathrm{i}} * \tilde{\boldsymbol{c}}_t$$

假设细胞的初始值为 0，在当前位置新生成的细胞的数值范围为 $-1 \sim 1$，而两个门的范围为 $0 \sim 1$，那么新生成的细胞值的主要范围也为 $-1 \sim 1$。我们将细胞值的每一个维度的数值都输出出来，来看看随着输入数据的变化，对应细胞的响应值。

可视化的主要过程可以分为如下两个步骤。

（1）使用训练好的模型对测试数据进行预测，记录每一个输入位置对应的细胞值。

（2）将所有的细胞值用可视化的方法展示出来，然后观测每一个细胞位置的数值变化。

接下来，介绍这两个步骤的具体实现方式。首先，使用 Batch 的方式将数据输入模型中，并记录每一个位置的细胞值。对应的缩略代码如下：

```
# test_input_set是测试数据
# char_rnn是LSTM模型
for test_batch_idx in range(1, test_input_set.shape[0] + 1):
    test_batch = test_input_set[test_batch_idx - 1]
    for test_seq_idx in range(1, batch_size + 1):
        test_seq = test_batch[test_seq_idx - 1]
        # 将文本保存到seq中
        seq.extend([int_to_char[x] for x in test_seq.numpy()])
        test_seq = test_seq.view(1, -1)
        # 迭代输出每一个位置的隐含特征
        for i in range(config.seq_length):
            _, hidden, _ = char_rnn(test_seq[:, i], hidden)
            (_, c_n) = hidden
```

```
        # 将细胞值保存到cell中
        cell.append(c_n.data.cpu().squeeze().numpy())
```

从代码中可以看出，经过 LSTM 模型的计算，文本方面的信息将被保存到 seq 变量中，细胞值的信息将被保存到 cell 中。将这两部分信息存储起来，我们可以使用另外一个工具将细胞值的信息展示出来。在最终的展示中，将每一个细胞值拆分开，显示在网页中。其中一个细胞值的可视化效果如图 12.7 所示。

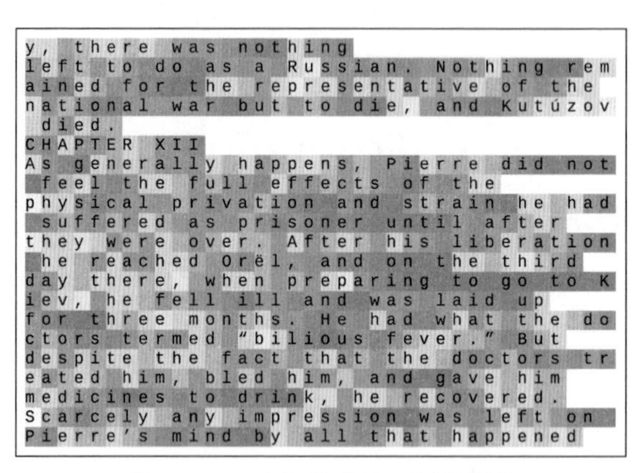

图 12.7　一个细胞值的可视化效果

在图 12.7 中，细胞值的数值越大，颜色越深；数值越小，颜色越浅。可以看出，当输入的字符为“h”“e”时，细胞会产生较为强烈的反向输出。另一个细胞值的可视化效果如图 12.8 所示。

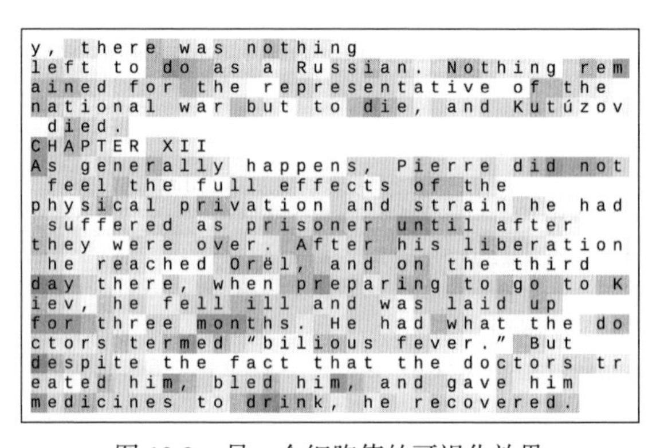

图 12.8　另一个细胞值的可视化效果

关于这个细胞值的可视化效果，希望读者能够从自己的角度进行分析。

12.6 RNN 的应用类型

在前面的章节中介绍了 RNN 的模型结构，并给出了 RNN 在语言模型方面的应用方法。本节介绍 RNN 在其他场景中的应用方法。RNN 模型本身具有极强的灵活性，因此它适合解决多种类型问题。

12.6.1　*N* to 1 问题

有些问题是 *N* to 1 类的，即问题的输入是一个长度为 *N* 的序列（这个 *N* 可以是确定的，也可以是不确定的），问题的输出维度为 1。比如序列分类问题，对一个短文本进行分类，那么输入就是一个文本序列，输出就是文本的类别。这类问题的模型结构图如图 12.9 所示。可以看出，在 RNN 模型中，只需要最后一个位置的输出信息，不用考虑其他位置的输出信息。

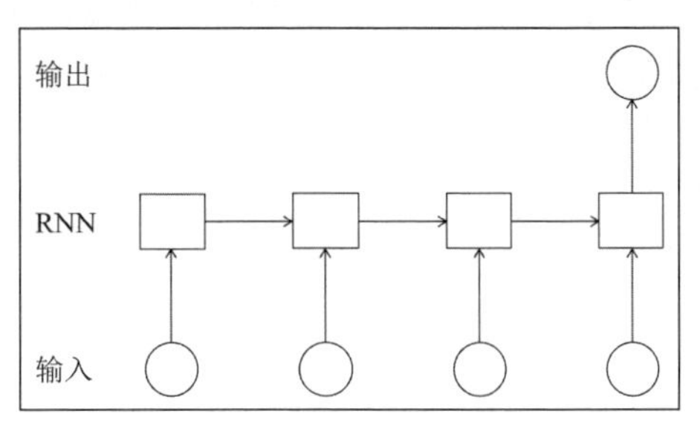

图 12.9　*N* to 1 问题的模型结构图

12.6.2　*N* to *N* 问题

N to *N* 问题就如同前面提到的语言模型一样，输入是一个长度为 *N* 的序列，输出同样是一个长度为 *N* 的序列。如图 12.10 所示，模型可以依次输出每一个输入对应的输出值，然后经过额外的线性变换得到对应的输出。比如词性标注（Part-Of-Speech tagging, POS tagging）问题，输入是词序列组成的文本，输出是每一个词对应的词性。由于一个词的词性与其所处的上下文相关，使用 RNN 这样的模型可以将前后的信息融合进来。

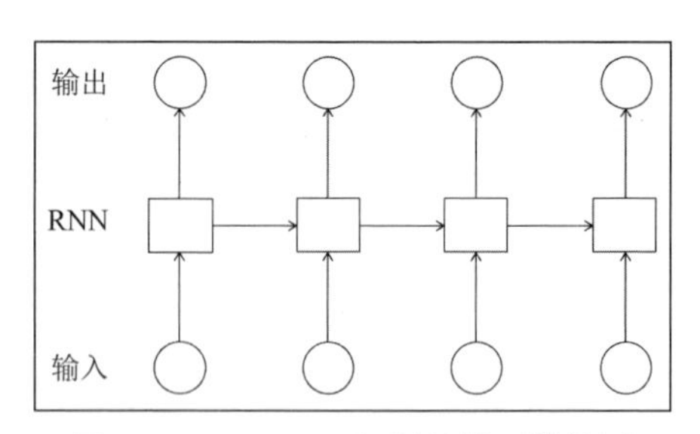

图 12.10　N to N 问题的模型结构图

12.6.3　*N* to *M* 问题

N to M 问题同样是一个十分经典的问题，以光学字符识别为例，输入是一个高度为 H、宽度为 W 的字符图像，一般这样的图像的宽度比较大，字符在水平方向依次呈现，在预测时无法估计字符的数量。因此，在识别时需要先对特征进行处理，然后将这些特征映射到任意数量的字符序列上。这种模型除需要 RNN 之外，还需要一个特征对齐模块，我们可以选择很多模型来实现这个模块（12.7 节将介绍一个用于序列对齐的模块）。这类问题的模型结构图如图 12.11 所示。

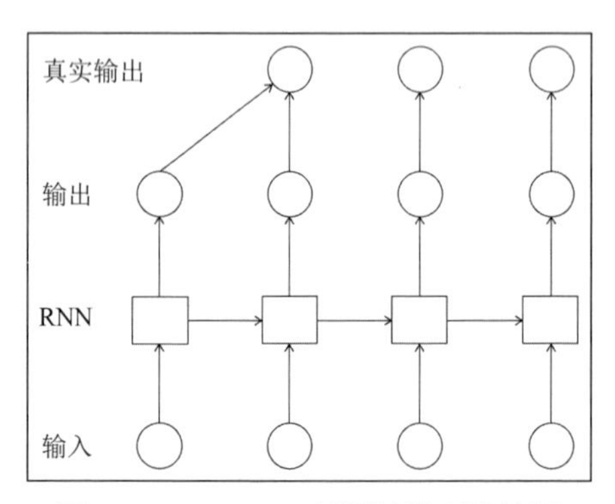

图 12.11　N to M 问题的模型结构图

12.6.4　1 to *N* 问题

1 to N 问题的模型更多对应着生成类问题，其输入序列或者新时刻的输出序列是未知的。比如文本翻译问题，首先输入一段源语言文本信息，然后使用 RNN 输出目标语言文本。在输出文本时，每一时刻的输出都将作为下一时刻的输入传入网络，这样依次生成一系列输出，当输出满足某些特定的条件时模型预测结束。这类问题的模型结构图如图 12.12 所示。

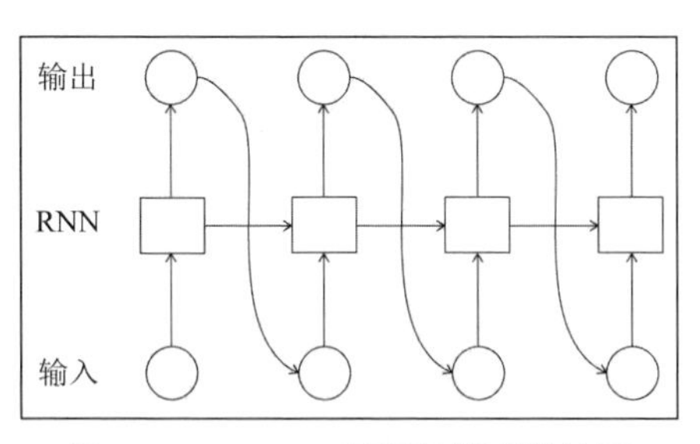

图 12.12　1 to N 问题的模型结构图

由于 RNN 模型本身的灵活性，它可以被应用于不同的场景中，前面已经介绍了这些应用场景。此外，RNN 还有很多其他应用方法，请读者自行探索。

12.7　CTC

12.6.3 节介绍了 N to M 问题，并提到了其中的对齐模块。本节将介绍这个对齐模块的一种实现方式，它也是与 RNN 配合更默契的模块，它就是 **CTC**（Connectionist Temporal Classification）[6] 模块。我们先来介绍对齐模块要解决的问题。经过 RNN 模型处理后，会得到一个维度为 $[T, C]$ 的矩阵，其中 T 表示 RNN 模型处理的时间长度，C 表示每一时段的预测类别。我们需要将其对齐为一个维度为 $[N, 1]$ 的向量。

一般来说，RNN 的输出维度 T 要大于最终的输出维度 N。原因非常好理解，在实际中，我们本着“宁可多召回，也不要有遗漏”的思想，会以比真实输出更细的粒度进行识别。这样每一个真实输出可能会对应着多个 RNN 的输出，只要将对应方式找到，就可以解决对齐的问题了。

接下来的问题是，对齐标注是由人工完成的，还是由模型自动计算完成的？实际上，两种方法都可以完成对齐。但是如果由人工完成对齐，那么工作量将很大，这并不是一个性价比很高的工作。因此对齐要自动完成，这就是 CTC 模块要做的工作。但这也带来了另一个问题，如果采用人工对齐，每一个 RNN 的输出位置的输出标签是确定的，其对应的最终字符也是确定的，对于分类问题来说，只要直接使用分类的目标函数进行计算就可以了；但是采用自动对齐后，我们没办法得到这个目标值，那么该如何计算最终的目标值呢？

CTC 算法使用了两个技巧，使得最终的目标值计算变得可能。首先，算法在每一对真实输出之间加入一个 blank 字符，以确保它们之间存在一个空隙。这些空隙存在的意义是分离真实输出，因为在真实的时间维度中，两个输出之间可能存在着一定的空隙。以 OCR 为例，我们在说话时，所说的两个字之间通常会有一个空隙，即使这个空隙的时间非常短；而对于手写字符或者印刷字符来说，字与字之间通常会留下一个较小的空隙。当然，如果两个相邻的输出内容是不同的，比如在语音识别中前后两个不同的音素之间可能没有空隙；而在前后两个字完全相同的情况下，通常需要一个空隙来分割这两个字，如果没有 blank 字符，将无法区分两个内容的边界。在真实输出中加入了 blank 字符，在预测时也需要加入对 blank 的预测，因此就要将预测结果的维度改为 $T \times (C+1)$，多预测的那一维就是 blank 的维度。

其次，由于保存了 $T \times (C+1)$ 的矩阵，我们发现实际上每一个真实输出可以有多条不同的 RNN 预测路径。比如某个真实输出的路径长度为 3，而 RNN 预测的路径长度为 4，那么就可以找到三种对应方式：

- （1, 2）, 3, 4 → 1, 2, 3
- 1,（2, 3）, 4 → 1, 2, 3
- 1, 2,（3, 4）→ 1, 2, 3

其中括号内的 RNN 输出将对应同一个真实输出。每一个 RNN 的输出都包含了每一个真实输出内容的概率，因此可以得到上面三种对应方式的联合概率。这样就可以认为从 RNN 输出到真实输出的映射概率为所有可以对应的序列的概率总和。于是就完成了自动对齐的工作。CTC 模块的前向计算过程如图 12.13 所示。

下面介绍 CTC 模块的具体计算过程。这里给出一个具体的例子。首先给出 RNN 结果：$[R_1, R_2, R_3, R_4]$，其中的每一个变量都对应一个列向量。而对应的标准输出结果为 $[g_1, g_2, g_3]$，其中的每一个值都代表一个具体的输出字符。接下来定义词典中的完整字符集合：$[\text{space}, g_1, g_2, g_3]$，这样 RNN 的结果就是一个维度为 4×4 的矩阵。

我们先对真实输出的状态进行扩展，把长度从 3 扩展到 7，现在的状态变成了

$$[\text{blank}, g_1, \text{blank}, g_2, \text{blank}, g_3, \text{blank}]$$

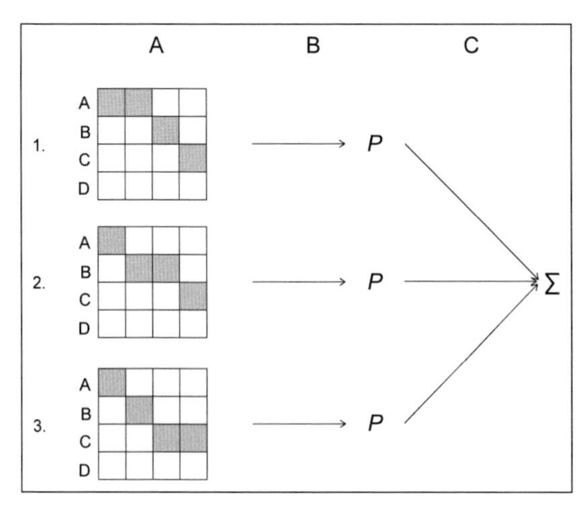

图 12.13 CTC 模块的前向计算过程

前面提到，当前后的真实输出不同时，二者之间的空隙可以忽略，所以，实际上可以选择跳过其中的一些 blank，不然 RNN 的结果长度为 4，还要在上面的 7 个 ground_truth 状态中进行转移，这是无法做到的。为了方便计算，使用 P_i^t 表示 RNN 的 t 时刻的输出为 ground_truth 第 i 个位置值的概率。同时，还将使用一个向量表示 RNN 输出的 0~t 的子部分对应于真实输出的子部分的概率。比如当 $t=3$ 时，向量的第 2 个位置表示此时 RNN 输出的 1~3 的部分序列对应于真实输出的前两个位置序列的概率。接下来我们就进行计算。

当 $t=1$ 时，只能让 R_1 选择 g_1 和 blank，所以这一轮终结状态的下标只可能落在 0 和 1 上，而不会落在后面的状态上。所以在第一轮计算后，真实输出概率变成了如下形式：

$$[P_0^1, P_1^1, 0, 0, 0, 0, 0]$$

当 $t=2$ 时，可以让 R_2 继续和上一时刻的真实输出 g_1 对应，但由于序列总长度的限制，不能将其继续与第一个 blank 对齐，否则将无法完成完整序列的对应；同时，也可以选择向前移动对应。如果 $t=1$ 时 RNN 输出对应 blank，那么接下来只能让下一个 RNN 输出对应 g_1；如果 $t=1$ 时 RNN 输出对应 g_1，那么下一个 RNN 输出有三种对应选择：g_1、g_2 及 g_1 和 g_2 之间的 blank，所以在这一时刻会得到这三个位置的概率。于是，真实状态概率就可以变为下面的形式：

$$[0, (P_0^1+P_1^1)P_1^2, P_1^1P_2^2, P_1^1P_3^2, 0, 0, 0]$$

当 $t=3$ 时，还有两个真实输出没有被对应，为了使序列能够完成对应，只能选择 g_2、g_3 及它们之间的 blank。由于前面已经将状态转移介绍得十分详细，这一步就不再详细介绍了，留给读者去探索。真实状态概率又发生了变化：

$$[0,0,0,((P_1^1+P_0^1)P_1^2+P_1^1P_2^2+P_1^1P_3^2)P_3^3,P_1^1P_3^2P_4^3,P_1^1P_3^2P_5^3,0]$$

在最后一步，因为要确保所有的真实输出与 RNN 输出对应，因此最后一个 RNN 输出只能选择与 g_3 及其后面的 blank 对应，所以真实状态概率最终也就变成了

$$[0,0,0,0,0,(((P_1^1+P_0^1)P_1^2+P_1^1P_2^2+P_1^1P_3^2)P_3^3+P_1^1P_2^2P_4^3+P_1^1P_2^2P_3^3)P_5^4,$$
$$P_1^1P_3^2P_5^3P_6^4]$$

通过时间的推移不断迭代求解，就得到了最终的向量。上面的推演计算过程实际上就是 CTC 模块的前向计算过程，如图 12.14 所示。

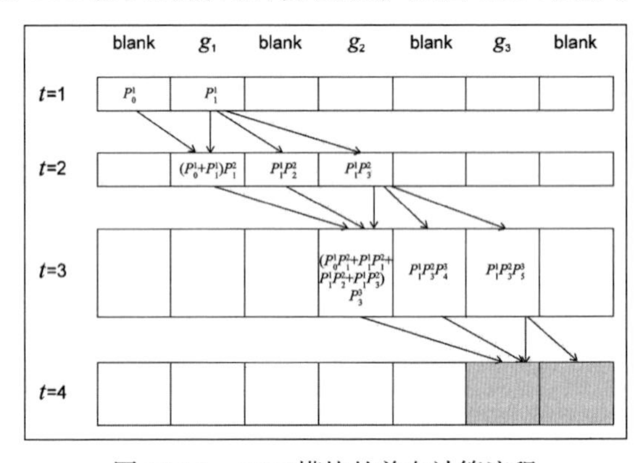

图 12.14　CTC 模块的前向计算流程

理解了 CTC 模块的计算过程，就可以进一步研究该如何实现上面的算法了。这里还要解决两个问题，首先是数值上的问题。在计算过程中我们发现了大量的概率连乘，由于每一个数值都是小于 1 的浮点数，而整个序列的长度也比较长，这样连乘下去，最终数值有可能非常小而导致向下溢出。一种解决方法是将这个计算过程转到对数域上，这样就将其中的乘法转变成了加法。但是在公式中除了乘法操作，还有加法操作，那么该如何实现对数的加法计算呢？比如现在计算出了 $\log a$ 和 $\log b$，该如何计算 $\log(a+b)$ 呢？这里需要对公式进行转换，假设 $a>b$，那么有：

$$\log(a+b)=\log(a(1+\frac{b}{a}))=\log a+\log(1+\frac{b}{a})$$

$$
\begin{aligned}
&= \log a + \log(1 + \exp(\log(\frac{b}{a}))) \\
&= \log a + \log(1 + \exp(\log b - \log a))
\end{aligned}
$$

这样就利用 $\log a$ 和 $\log b$ 计算出了 $\log(a + b)$。

另一个问题与优化性能有关。我们发现在前面的计算过程中，对于每一个时间段，实际上并不需要计算 RNN 输出对应于每一个真实输出位置的概率，只需要计算满足对齐条件的某一部分就可以了。如果可以在计算前就将每一时刻需要计算的位置提前规划好，那么在计算过程中就不需要遍历每一个位置，只需要计算对应的一个小区域就可以了，这样就可以节省大量的计算时间。

下面介绍这部分的实现。我们希望最终可以推导出一个计算公式，以便将其应用到更多不同长度的任务中。为了简化思考，假设在真实输出中没有重复出现的内容，这样所有插入的 blank 就变成了可以跳过的状态。令 T 表示 RNN 结果的长度，L 表示原本真实输出的长度，$S = 2 \times L + 1$ 表示扩展 blank 之后的长度，t 表示 RNN 输出的某个具体位置。

我们可以举几个例子。由于在 CTC 模块中无法让一个 RNN 的输出对应多个真实输出，于是就可以知道 $T \geqslant S/2$。假设 $T = 3$，$S/2 = 3$，两者之间的关系就是一一对应的，那么所有的 blank 位置将被忽略。当 $T = 1$ 时，要确保 RNN 输出与第一个真实输出对应；当 $T = 2$ 时，要确保 RNN 输出与第二个真实输出对应。

下面假设 $T = 4, S/2 = 3$，T 比 $S/2$ 多 1，也就是说，允许多个 RNN 输出对应同一个真实输出，或者对应 blank，那么可能的对应形式就变多了。即使这样，也并不意味着可以选择任意一种状态转移方式，至少：

- 当 $t = 2$ 时，RNN 输出至少已经和第一个真实输出对应。
- 当 $t = 3$ 时，RNN 输出至少已经和第二个真实输出对应。
- 当 $t = 4$ 时，RNN 输出序列要完成与所有真实输出的对应。

这其实是对计算范围左边界的限制，对于右边界，可以在每一次 RNN 输出序列向右移动一步时，向右扩展一步，直到到达真实输出的边界为止。

以 wrap-ctc 库为例，介绍计算范围这部分的实现方式。wrap-ctc 是一个实现 CTC 计算底层逻辑的软件包，由 C++ 实现。在正式进行前向计算时，需要准备两个数组：s_inc 和 e_inc，分别代表计算首尾范围的移动量。这两个数组

的长度为 $|S|$，但是在所有相邻输出不相同的情况下，实际使用的长度为 $|L|$。这两个数组除 s_inc 的第一个元素和 e_inc 的最后一个元素为 1 之外，其他的元素都是 2，于是，对于上面的例子，可以得到：

```
s_inc=[1, 2, 2, 0, 0, 0, 0]
e_inc=[2, 2, 1, 0, 0, 0, 0]
```

接下来，在每一时刻 t 计算概率时，首先计算一个 remain 值：

```
remain = (S / 2) - (T - t)
```

这个 remain 变量其实是在计算左边界是否需要更新。当 remain 值大于或等于 0 时，就要对计算范围中的左边界进行更新。以前面的例子为例：

- 初始的左边界 start $=0$，当 $t=0$ 时，remain $=-1$，不需要对左边界进行更新。
- 当 $t=1$ 时，remain $=0$，此时可以给左边界加 1，start $=1$。
- 当 $t=2$ 时，remain $=1$，此时可以给左边界加 2，start $=3$。
- 当 $t=3$ 时，remain $=2$，此时可以给左边界加 2，start $=5$。

再来看看右边界的计算。它的计算方式是当 t 小于或等于 L 时，就要更新右边界。同样以前面的例子为例：

- 初始的右边界 end $=2$，也就是 $t=0$ 时的右边界。
- 当 $t=1$ 时，$t \leqslant L$，此时可以给右边界加 2，end $=4$。
- 当 $t=2$ 时，$t \leqslant L$，此时可以给右边界加 2，end $=6$。
- 当 $t=3$ 时，$t \leqslant L$，此时可以给右边界加 1，end $=7$。

我们可以将上面计算出的数值和前面介绍 CTC 前向计算时所举例子的计算过程进行对比，可以发现计算过程是正确的。前面介绍的例子没有连续重复的真实输出，这种情况会增加一些复杂度，这部分内容请读者自行学习。

前面主要介绍了 CTC 前向计算损失的过程，此外，CTC 的计算过程还包括反向计算和预测，我们略去反向计算的过程，直接介绍 CTC 预测的过程。这里给出一个最简单的预测方法，那就是在每一时刻找出预测概率最大的输出，然后将这些输出进行合并，如果前后两个输出相同，就将其进行同类合并，相当于将重复的输出去掉，最后将所有的空白部分去掉，这样就可以得到一个对应的输出序列。CTC 算法的简单预测过程如图 12.15 所示。

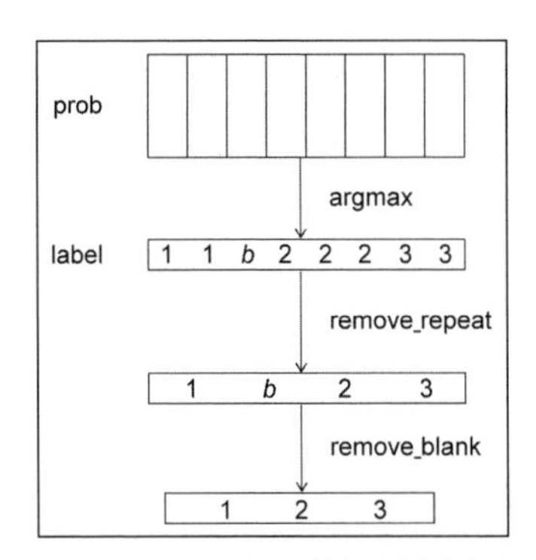

图 12.15　CTC 算法的简单预测过程

CTC 算法或者说序列预测的算法还有很多，本章不详细介绍，在后面的章节中还会提及相关的算法及其计算过程。

12.8　总结与提问

本章主要介绍了循环神经网络结构及其相关的应用结构。请读者回答下面的问题：

（1）RNN 的前向和反向计算方式是怎样的？

（2）RNN 模型存在什么问题？

（3）LSTM 网络的结构是怎样的？它拥有什么优点？

（4）GRU 的结构是怎样的？它拥有什么特点？

（5）如何利用 RNN 构建语言模型？

（6）如何使用 CTC 模块计算 N to M 问题的目标函数？

参考文献

[1] Hochreiter S, Schmidhuber J. Long Short-Term Memory[J]. Neural Computation, 1997, 9(8):1735-1780.

[2] Cho K , Van Merrienboer B , Gulcehre C , et al. Learning Phrase Representations using RNN Encoder-Decoder for Statistical Machine Translation[J]. arXiv preprint arXiv: 1406.1078, 2014.

[3] Chung J , Gulcehre C , Cho K H , et al. Empirical Evaluation of Gated Recurrent Neural Networks on Sequence Modeling[J]. arXiv preprint arXiv: 1412.3555, 2014.

[4] Inan H, Khosravi K, Socher R. Tying Word Vectors and Word Classifiers: A Loss Framework for Language Modeling[J]. arXiv preprint arXiv: 1611.01462, 2016.

[5] Karpathy A, Johnson J, Fei-Fei L. Visualizing and understanding recurrent networks[J]. arXiv preprint arXiv: 1506.02078, 2015.

[6] Graves A , Santiago Fernández, Gomez F . Connectionist temporal classification: Labelling unsegmented sequence data with recurrent neural networks[C]// International Conference on Machine Learning. ACM, 2006.

第13章

Transformer

Transformer是近年来十分火热的一个模型结构，越来越多的模型开始使用Transformer结构解决问题。前面介绍了RNN，这个网络可以通过循环计算和记忆解决序列问题。但是RNN依然存在一些问题，我们以自然语言处理中的翻译问题为例，做进一步阐述。比如用中文和日文表示同一句话，有如下的效果：

中文：我喜欢深度学习

日文：私はディープラーニングが好きです

中文和日文的语序是不同的，中文的语序为“主-谓-宾”，而日文的语序为“主-宾-谓”。由于两种语言的语序不同，实际上无法完成逐词的翻译，对更复杂的句子来说，句子中成分之间的顺序也更为复杂，无法采用顺序解析的方法完成翻译。这样RNN模型就遇到了困难：基础的RNN只能按照某个顺序对特征进行处理，而不能随意地改变序列的处理顺序，因此在进行特征处理时，RNN就需要判断——这个特征在当前位置是不需要的，但是在未来的某个位置也许需要，那么到底应不应该将其保存下来呢？如果将其保存，而眼下是不需要的，这样模型就会保存很多暂时无用的内容，并且妨碍当前的预测；如果不保存，那么未来的预测将会因为信息缺失出现问题。这样的困境，使得我们必须采取其他方法改变特征处理顺序。

为了攻克这个难题，研究人员开始关注Attention这个概念。Attention意为“注意力”，从视觉的角度讲，注意力就是一幅画面中最引人关注的部分。我们可以从两个角度来理解注意力，一是直观的关注，比如在灰暗的背景中有一个色彩鲜艳的物体，那么这个物体就特别容易被人关注；二是有目的的关注，比如基于特定的上下文，需要从图像中寻找出与之对应的部分，那么经过模型的处理后，某个特定区域的信息可能会被提取出来，这就是在注意力机制下产生的结果。Transformer模型的核心就是Attention，当给定上下文环境后，可以从前面完整的句子中找出与之相关的部分，这样就可以按需得到想要的特征处理顺序。

本章会以一个机器翻译的数据集——WMT 2016 为例，介绍在自然语言处理领域中注意力机制的模型结构和应用方法。它使用 Flickr30K 数据集中对图像的英文描述句子加上人工翻译的德文，组成了两种语言之间的翻译数据集。其中，训练集有 29 000 组句子，验证集和测试集分别有 1014 组和 1000 组句子。我们以其中的一组句子为例进行展示。

Four guys three wearing hats one not are jumping at the top of a staircase.

Vier Typen, von denen drei Hüte tragen und einer nicht, springen oben in einem Treppenhaus.

默认读者能够理解英文句子的含义，但是对德文可能并不了解，这里用一张图将两种语言具有相同含义的词对应起来，如图 13.1 所示。

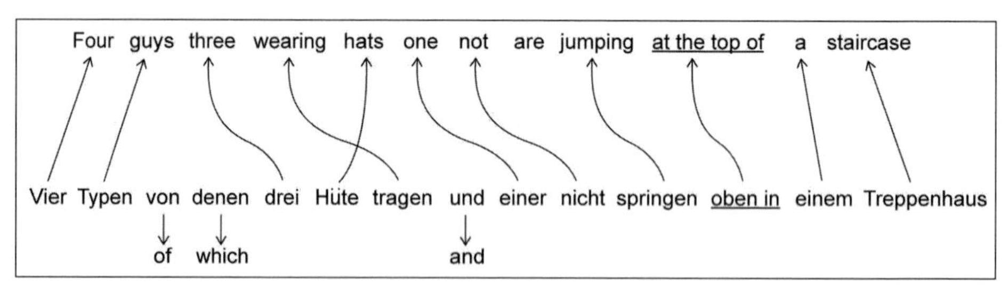

图 13.1　英文和德文对应关系图

从图 13.1 中可以看出，英文和德文在这句话上的语句结构比较相近，德文是人工翻译的，为了语言流畅，又在其中加入了一些介词和连接词。当然，其中还有语序颠倒的情况发生，这就为顺序处理模型造成了一些麻烦。但是这样的问题不会出现在 Transformer 模型中，Transformer 模型可以根据上下文的情况找出模型最关心的区域。即使顺序发生颠倒，也能通过直接寻找最相关的区域完成词语间的转换。这就是 Attention 结构带来的好处。

本章的组织结构是：13.1 节介绍 Transformer 模型的基本结构，其中包括编码和解码部分；13.2 节介绍模型训练与预测；13.3 节介绍 Transformer 模型的一个具体应用——自然语言处理中的 BERT 模型。

13.1 Transformer 模型的基本结构

本节介绍论文 *Attention Is All You Need*[1] 中提到的 Transformer 模型，这个模型是为了解决机器翻译而设计的。在介绍模型结构之前，先介绍基于 Transformer 模型的数据输入/输出格式。WMT 2016 的数据预处理方式与前面介绍的一些自然语言处理问题类似，先建立词典，将词转换成数字，然后在 Transformer 模型中，为了防止句子太长影响模型整体的效果，将句子的长度设定在 50 个词以内。为了方便模型训练，在每一个句子的前后各加入一个特殊的词，作为句子的开始词和结束词。这里假设一个 Batch 内的句子数量为 N，其中最长的句子长度为 L，那么句子数据就是一个维度为 $[N, L]$ 的矩阵，每一个元素对应句子中的一个词。对于长度不足 L 的句子，用一个特殊的词将句子补齐。

由于要使用 Transformer 模型替换 CNN 和 RNN 的解决方案，而 Transformer 模型本身对位置的信息包含较少，在将特征传入模型之前，应将 Transformer 模型需要的信息准备好。除了将词语特征作为输入，还将词语的位置信息传入模型中，假设句子的真实长度为 5，而 Batch 内最长的句子长度为 7，那么这个句子对应的位置向量为

$$[1, 2, 3, 4, 5, 0, 0]$$

其中前面那些有实际意义的词按照顺序将位置记录下来，人工填充的词则用 0 表示位置，这样就完成了原始的文本信息和位置信息两种特征表示。

在前面的章节中，已经介绍了词嵌入技术在自然语言处理中的作用，因此在 Transformer 模型中，词典库中的每一个词都使用一个向量进行表示。而另外一部分则是每一个词的位置特征，前面提到的词语位置表示方法并不能被直接使用在模型中，需要将其处理成模型易于接受的形式。具体的计算方法如下面的公式所示。

$$\mathrm{PE}(\mathrm{pos}, i) = \begin{cases} \sin(\dfrac{\mathrm{pos}}{10000^{i/\mathrm{dim}_h}}), & i\%2 == 0 \\ \cos(\dfrac{\mathrm{pos}}{10000^{(i-1)/\mathrm{dim}_h}}), & i\%2 == 1 \end{cases}$$

最终生成的位置特征的维度和词嵌入特征的维度相同，其中，pos 表示词在句子中所在的位置，对于一个长度为 L 的句子，它的取值范围为 $0 \sim L-1$；

i 表示特征维度的序号，特征维度的总长度为 $\dim_h$，也是嵌入的特征维度，因此 i 的范围为 0~ $\dim_h - 1$。这样最终得到的位置特征的维度为 $[L, \dim_h]$。这里举一个简单的例子，假设几个词的位置组成的向量为 $[1,2,0]$，长度为 3，嵌入特征的维度为 4，那么对应的位置特征如下，其中每一行表示一个词的特征。

$$\begin{bmatrix} \mathrm{PE}(1,0) & \mathrm{PE}(1,1) & \mathrm{PE}(1,2) & \mathrm{PE}(1,3) \\ \mathrm{PE}(2,0) & \mathrm{PE}(2,1) & \mathrm{PE}(2,2) & \mathrm{PE}(2,3) \\ \mathrm{PE}(0,0) & \mathrm{PE}(0,1) & \mathrm{PE}(0,2) & \mathrm{PE}(0,3) \end{bmatrix}$$

$$= \begin{bmatrix} \sin(\frac{1}{10000^{0/4}}) & \cos(\frac{1}{10000^{0/4}}) & \sin(\frac{1}{10000^{2/4}}) & \cos(\frac{1}{10000^{2/4}}) \\ \sin(\frac{2}{10000^{0/4}}) & \cos(\frac{2}{10000^{0/4}}) & \sin(\frac{2}{10000^{2/4}}) & \cos(\frac{2}{10000^{2/4}}) \\ \sin(\frac{0}{10000^{0/4}}) & \cos(\frac{0}{10000^{0/4}}) & \sin(\frac{0}{10000^{2/4}}) & \cos(\frac{0}{10000^{2/4}}) \end{bmatrix}$$

在实际计算过程中，每一个位置对应的特征值可以事先计算得出，后续的特征计算就可以使用查表的方式得到了。最后将词嵌入特征和词的位置特征直接相加，就可以得到完整的模型输入特征。下面就从这个特征出发，介绍模型的结构及其计算流程。

13.1.1 编码模型

机器翻译的模型一般采用**编码器-解码器**（Encoder-Decoder）的结构。模型的前一部分为**编码器**（Encoder），从直观上讲，就是将模型从原始特征转变为中间特征，也可以将其理解为某一种不知名的中间语言的特征表示；后一部分为**解码器**（Decoder），则是将这种中间表示转换为目标语言的概率分布，然后得到最大概率值对应的词。第一步要做的就是构建编码部分的模型。编码模型主要由三个核心子结构组成：**Scaled Dot-Product Attention**、**Multi-Head Attention** 和 **Position-wise Feed Forward**。下面就来介绍这三个子结构。

1. Scaled Dot-Product Attention

Scaled Dot-Product Attention 模块的输入有三个矩阵，抛开 Batch 的维度，它们都是维度为 $[L, D]$ 的矩阵，名字分别为 Query（$\boldsymbol{Q}$）、Key（$\boldsymbol{K}$）、Value（$\boldsymbol{V}$）。我们希望使用 $\boldsymbol{Q}$ 和 $\boldsymbol{K}$ 得出每个位置对应的权重，然后将权重与 $\boldsymbol{V}$ 融合，得出最终的结果。计算过程如下：

（1）计算权重 $\mathbf{Att} = \frac{\boldsymbol{Q}\boldsymbol{K}^{\mathrm{T}}}{\sqrt{D}}$，这样得到维度为 $[L, L]$ 的权重矩阵，其中每一个位置的值由 $\boldsymbol{Q}$ 中长度为 D 的行向量与 $\boldsymbol{K}$ 中长度为 D 的列向量的内积，除

一个向量长度常量得到。编码部分的 $\boldsymbol{Q}$、$\boldsymbol{K}$、$\boldsymbol{V}$ 三个参数是相同的，因此可以认为它是内积后的 Self-Attention。分母的数值主要是为了使模型的数值更加稳定，避免数值过大。

（2）$\boldsymbol{O} = \text{Softmax}(\textbf{Att})\boldsymbol{V}$，这里的 Softmax 操作是指对矩阵的每一个行向量进行 Softmax 运算。经过 Softmax 层的压缩后，Attention 值将被压缩成概率值，每一行特征的总和为 1，这相当于表示不同位置之间的特征转换概率。这个 Attention 矩阵再与输出向量 $\boldsymbol{V}$ 相乘，又一次得到维度为 $[L, D]$ 的向量，$\boldsymbol{O}$ 的每一个向量等于 Attention 矩阵的每一行与 $\boldsymbol{V}$ 矩阵的乘积，相当于 $\boldsymbol{V}$ 矩阵的每一个行向量的加权求和，这样 Self-Attention 的计算过程就完成了。

Scaled Dot-Product Attention 的计算过程如图 13.2 所示。

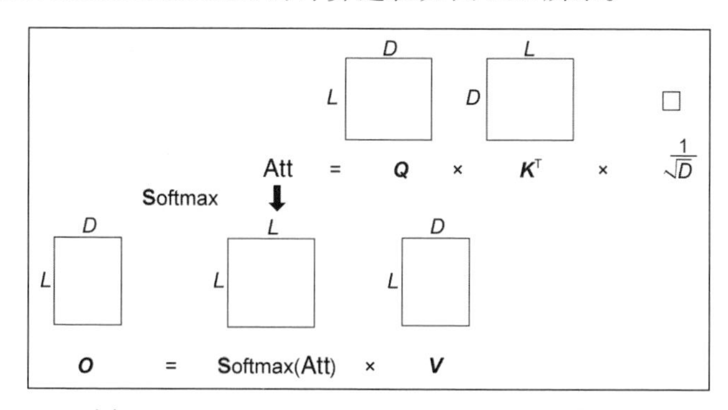

图 13.2　Scaled Dot-Product Attention 的计算过程

2. Multi-Head Attention

如果直接使用 Scaled Dot-Product Attention 进行计算，且三个输入完全一样，那么这个计算过程并没有太大的意义，因此就需要额外的线性变换使得 Attention 模块的三个输入互不相同，同时使所提取的特征具有一定的意义。所以，在三个相同的输入前可以加入不同的线性变换模块，使得三个数值根据模型的需要进行一定的变换。这样完整的 Attention 计算过程就变成了下面的公式：

$$\boldsymbol{Q}', \boldsymbol{K}', \boldsymbol{V}' \leftarrow \boldsymbol{W_Q Q}, \boldsymbol{W_K K}, \boldsymbol{W_V V O}$$

$$\text{Attention}(\boldsymbol{Q}', \boldsymbol{K}', \boldsymbol{V}') = \text{Softmax}(\frac{\boldsymbol{Q}'\boldsymbol{K}'^{\text{T}}}{\sqrt{D'}})\boldsymbol{V}'$$

在编码模型的计算过程中，$\boldsymbol{W_Q}, \boldsymbol{W_K}, \boldsymbol{W_V}$ 的参数为 $[D, D']$，其中 D' 为模块输入时每一个对应位置的特征长度，D 为输出时每一个位置的特征长度。

当然，也可以为上面的线性变换公式加入偏置项。

上面的计算过程可以被看作输入从某一个角度变换后进行 Self-Attention 得到的结果，通常需要输入能够从多个角度进行映射，以获得一个更为全面的 Attention 分析结果，这就是 **Multi-Head Attention**（多路 Attention）模块的作用。Multi-Head Attention 集成了前面介绍的多个 Attention 模块，并将这些模块得到的结果聚合起来，再经过一次线性变换得到最终的结果。对应的计算公式如下：

$$\mathbf{head}_i = \text{Attention}(\boldsymbol{W}_{\boldsymbol{Q}}^i \boldsymbol{Q}, \boldsymbol{W}_{\boldsymbol{K}}^i \boldsymbol{K}, \boldsymbol{W}_{\boldsymbol{V}}^i \boldsymbol{V})$$
$$\boldsymbol{O} = \boldsymbol{W}_{\boldsymbol{O}} \times \text{concat}[\mathbf{head}_1, \cdots, \mathbf{head}_n]$$

在实际的计算过程中，并不会分开计算每一个 Attention 模块，再将所有的结果聚合起来。与之前介绍的 Batch 计算类似，所有路径的计算都将被合并。接下来介绍计算过程。

（1）同时完成多路径的特征映射：$\boldsymbol{Q}', \boldsymbol{K}', \boldsymbol{V}' \leftarrow \boldsymbol{W}_{\boldsymbol{Q}}\boldsymbol{Q}, \boldsymbol{W}_{\boldsymbol{K}}\boldsymbol{K}, \boldsymbol{W}_{\boldsymbol{V}}\boldsymbol{V}$。与前面的计算过程不同的是，这里每一个输入的向量维度都为 $[L, D]$，而特征维度为 $[D, n \times D']$，这样映射后的特征维度为 $[L, n \times D']$，对特征进行转换，可以转换为 $[n, L, D']$。

（2）使用 Scaled Dot-Product Attention 进行计算，此时多出来的一个维度 n 相当于并行执行，这样就可以得到输出的特征 $[n, L, D']$。

（3）将特征维度转换为 $[L, n \times D']$，再进行线性变换，对应的模型参数为 $[n \times D', D]$，因此转换后的结果为 $[L, D]$。

Multi-Head Attention 的计算过程如图 13.3 所示。

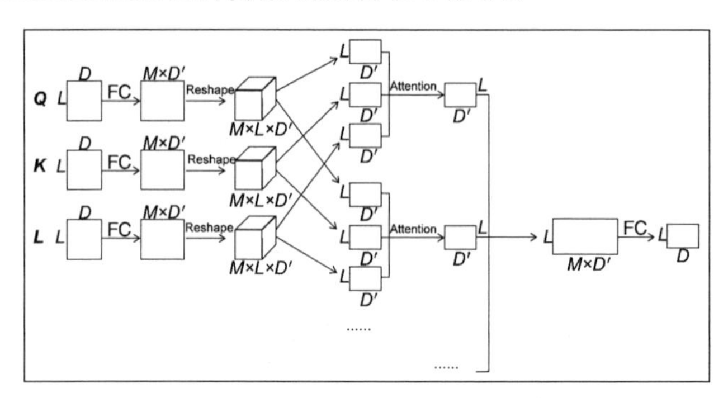

图 13.3　Multi-Head Attention 的计算过程

由于前面已经介绍了 Scaled Dot-Product Attention 的细节，这里直接以一个 Attention 模块来表示它的计算过程。

模块还会使用在神经网络中常见的 Skip Connection 结构，将网络的输入特征和计算后的特征相加。为了确保模型的数值不至于太大，模型还会加入 Layer Norm 层，对输出数据进行归一化。这样就完成了这一部分的计算。

3. Position-wise Feed Forward

前面介绍的模块主要是为了处理不同位置的词之间的关联关系。然而，对于每一个位置本身的信息，则没有进行单独的处理。因此，要增加一个额外的网络模块，用于转换每一个位置本身的信息，这个网络模块就称为 Position-wise Feed Forward。

通过前面的介绍，我们知道对于一个序列，可以用维度为 $[L, D]$ 的矩阵进行表示。接下来，我们希望通过一个操作对每一个位置的特征进行转换。这里使用线性变换操作进行处理，对应的步骤如下：

（1）对两个维度进行转换，转换为 $[D, L]$。

（2）使用一维卷积操作进行计算，这样特征就被转换为 $[D_{\text{hid}}, L]$ 维度。

（3）使用 ReLU 层作为非线性层，再进行一个一维卷积操作，特征又被转换为 $[D, L]$ 维度，然后将特征维度重新转换为 $[L, D]$ 的形式。

（4）加入 Skip Connection 结构，将输入和输出相加，再使用 Layer Norm 层控制数值范围。

Position-wise Feed Forward 的计算过程如图 13.4 所示。

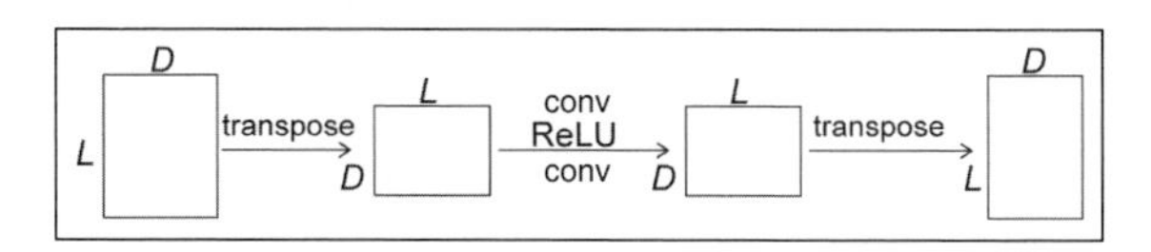

图 13.4 Position-wise Feed Forward 的计算过程

使用前面介绍的三个模块，组合成编码模型的核心模块。这个模块可以称为编码层，它的计算过程分为两步。

（1）Multi-Head & Scaled Dot-Product Attention：从多个角度计算 Self-Attention 的特征变换。

（2）Position-wise Feed Forward：将每个位置独立的信息嵌入特征中。

编码模型中共有 6 个编码层，经过 6 层的计算后，就得到了作为中间状态的特征。在实际的实现过程中，需要使用 Batch 的训练方式，而同一个 Batch 内的句子长度各不相同，因此需要使用补齐的方式将同一个 Batch 内的句子填充到相同的长度。这就需要使用一个特殊的符号表示填充的字符，一般用 0 表示。在编码模型的计算过程中，还需要将两个 Mask 传入网络中。这两个 Mask 分别为 Pad Mask 和 Non-Pad Mask。

- Pad Mask：维度为 $[L, L]$，如果对应位置的词是填充词，那么对应位置的一列全部置为 1，否则置为 0。
- Non-Pad Mask：维度为 $[L, 1]$，其中第二维为填充维度，当对应位置的词为非填充词时，数值为 1，否则置为 0。

这两个 Mask 分别应用于不同的计算过程中。在计算 Scaled Dot-Product Attention 时，要将 Pad Mask 中为 1 的位置置为最小值，这样在计算 Softmax 时，这些位置的转移概率值就接近于 0 了。Pad Mask 的维度正好与 $\boldsymbol{QK}^{\mathrm{T}}$ 的维度相同，这样将对应位置的数值置为最小值就可以得到我们想要的结果了。每当编码层计算完一个位置的词语特征后，都需要将填充的特征置为 0，于是使用 Non-Pad Mask 直接与输出值按元素相乘，这样就完成了计算。在介绍完编码模型的所有内容后，将所有的内容集合起来，就得到了如图 13.5 所示的编码模型结构图。

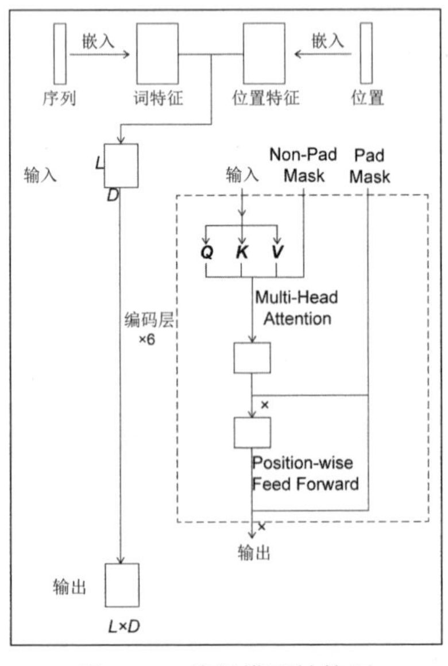

图 13.5　编码模型结构图

13.1.2 解码模型

现在介绍解码模型的结构。相比较来说，解码模型的训练更为复杂，需要使用训练数据中的目标值和编码模型中的输出值一起得到最终的输出值和目标函数值。解码模型中的很多模块都与编码模型相近，而这些内容在前面的章节中已经介绍过了，因此本节只介绍两者不同的部分。

编码模型的输入是原始句子的词语特征序列，输出是中间状态；而解码模型的输入有两部分：当前已经翻译得到的输入和编码模型的输出结果，每一次计算完成后都会得到下一个位置输出的词语概率。虽然解码模型同样使用 Multi-Head Attention 的结构作为其模型的核心组件，但是由于解码模型的输入有两部分，解码模型中的解码层使用了两个 Attention 模块和一个 Position-wise Feed Forward 模块，这两个 Attention 模块分别作用于不同的输入中。

在了解它们的具体计算过程之前，先准备好解码模型对应的 Mask。解码模型需要的 Mask 也比编码模型多一个，一共有三个。

- Self-Attention Mask：维度为 $[L, L]$，用于输出目标语言的编码的 Mask。
- Non-Pad Mask：维度为 $[L, 1]$，这个 Mask 和 Encoder 中同名的 Mask 功能相同。
- Decoder-Encoder Mask：维度为 $[L, L]$，用在第二个 Attention 模块中的 Mask。

这里的 Self-Attention Mask 的计算方法稍微有点复杂。不同于编码模型原始句子的所有内容都已经知晓，解码模型的信息是一步一步得到的，也就是说，后一个位置的词是无法给前面的词提供信息的。因此，在计算 Attention 时，要将这种相关关系表现出来。用 $\boldsymbol{QK}^{\mathrm{T}}$ 表示不同位置之间的相关关系，于是可以使用一个上三角矩阵作为 Mask 来表示输出位置之间的关系。此外，还要考虑将填充位置的权重清零。

下面介绍解码模型中一个解码层的计算过程。第一个 Attention 模块和 Encoder 的类似，传入的 $\boldsymbol{Q}$、$\boldsymbol{K}$、$\boldsymbol{V}$ 三个参数都是解码模型中已经被解析的输入特征。为了计算方便，使用 Self-Attention Mask 将实际并不知晓的词屏蔽，计算结束后，再使用 Non-Pad Mask 将填充位置的特征置为 0。计算过程如图 13.6 所示。

第二个 Attention 模块中的三个输入开始变得不一样了。其中，$\boldsymbol{Q}$ 为第一个 Attention 模块中的输出，称为 decode_out；$\boldsymbol{K}$ 和 $\boldsymbol{V}$ 则分别是 Encoder 的输出。

这里使用 Decoder-Encoder Mask 作为 Mask，计算完成后，同样使用 Non-Pad Mask 对结果进行屏蔽。最后使用前面介绍的 Position-wise Feed Forward 对位置特征进行处理，就完成了这个解码层的计算过程。解码层的计算全过程如图 13.7 所示。

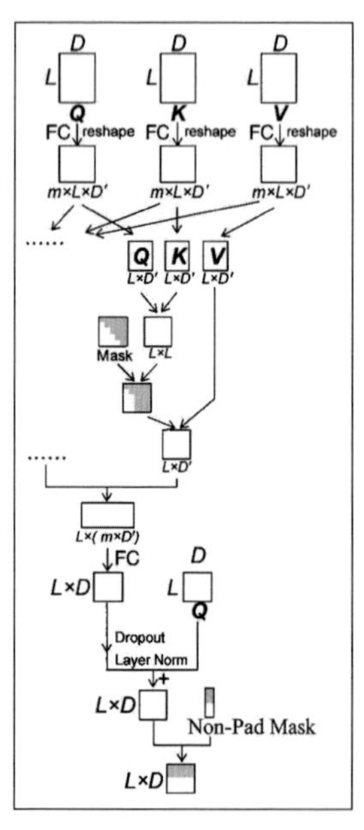

图 13.6　解码层的第一个 Attention 模块的计算过程

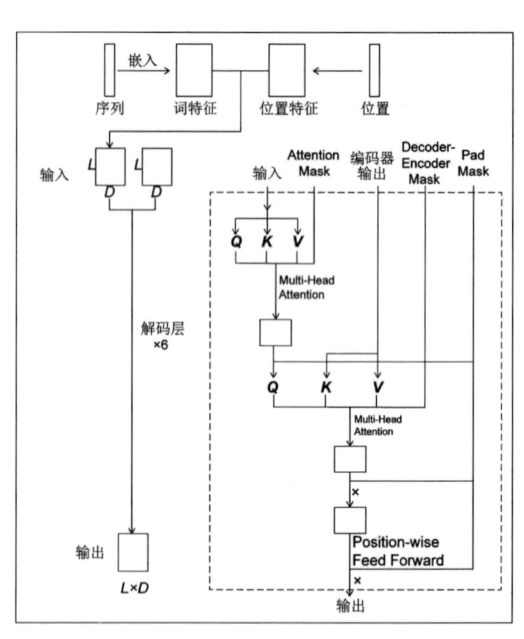

图 13.7　解码层的计算全过程

在得到解码模型的结果后，再使用全连接层将特征维度转换为输出词典的维度，这样每一个维度的输出值就代表了对应输出词的 logit 值。至此，模型的计算过程就基本完成了。

13.2　模型训练与预测

前面介绍了模型的结构和计算过程，下面介绍模型训练和预测的方法。训练时已经知道了全部位置的输出值，因此可以直接基于前面的输出值预测后面的输出值，这样所有位置的输出词都可以同时进行训练。但是预测时并不知道输出的结果，因此只能一步一步地对输出词进行预测，每一步对词的选择都与当前状态下输出词的概率分布有关。

我们可以简单地将每一步的输出中概率最大的词选取出来，并将这些词组合起来作为输出的结果。这种方案如图 13.8 所示。这实际上是一种相对简单的方案，一般来说，也会获得不错的结果，但是在实际中，这样选取词的方法有时却不是最优的。原因在于：模型下一步的输出词依赖上一步的词，如果上一步的词计算错误，那么下一步的词也可能产生错误，这样的连锁反应就会造成“一步错，步步错”，如果对一个词判断错误，那么后面词的正确性将无法保证。

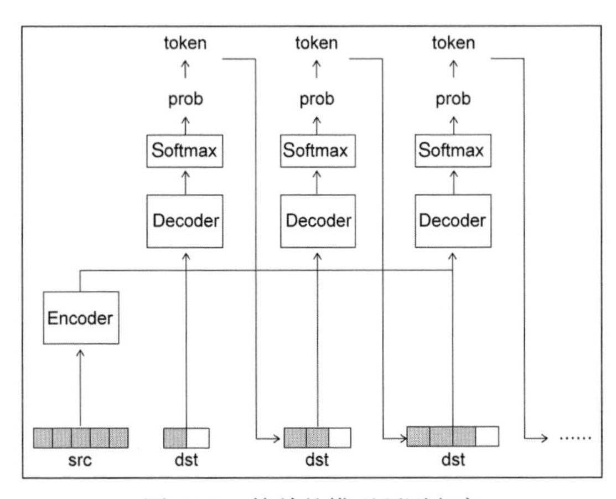

图 13.8 简单的模型预测方案

想完美地解决这个问题，从第一步开始，就要将模型可能输出的所有结果罗列出来，并将它们未来所有可能的演变情况也计算出来，这样就会得到很多序列，以及关于序列级别的总体概率。接下来，只要站在序列的角度，将其中概率最大的那个序列找到，将它作为模型的最终输出即可。这种方案得到的结果，很好地避免了前面简单方案中因为一步预测错误造成的连锁反应，即使某一步的正确输出概率比较小，只要后续的预测正确，整体的正确概率也将高于前面每一步采取贪心策略的方法。这种方案如图 13.9 所示。但是这种方案的问题在于计算量过大，模型的计算量会以指数级别增长，因此在现实中它是不能被接受的。

那么就需要一种更为折中的方案，只保留前 N 个序列，并只在有限数量的序列中进行扩展，这样既能避免一些因为贪心策略造成的损失，又能平衡好计算量。在一些持续时间较长的竞技比赛中，解说员往往喜欢把运动员分成几个“梯队”，由于运动员后程爆发的案例很少见，一旦一名运动员掉出了第一梯队，他就很难“赶上”。因此，可以选择性忽略这部分“奇才”，只将注意力放在有限的几个“种子选手”中。运用这种思想的方法被称为**集束搜索**（Beam Search）。

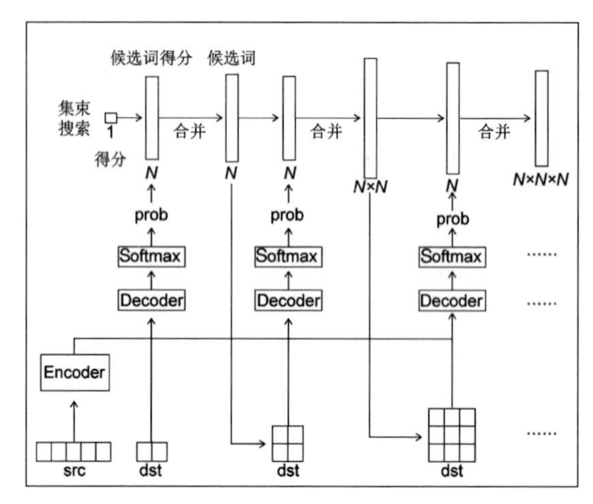

图 13.9　完美的模型预测方案

假设有一个模型可以对输入的字母序列输出字母序列。令“第一梯队”的数量为 2，词典为 5 个字母 a、b、c、d、e，从开始的状态出发，其中包括每一个字母的对数似然，先从中选出似然最高的两个字母。接下来从这两个字母出发，得到各自对应的 5 个输出，此时要将这 5 个字母的对数似然和前面的对数似然相加，得到序列的完整对数似然，再选出两个最大的序列，然后进行扩展，过程如图 13.10 所示。就这样不断地进行扩展，直到得分最高的序列输出句子结尾为止。

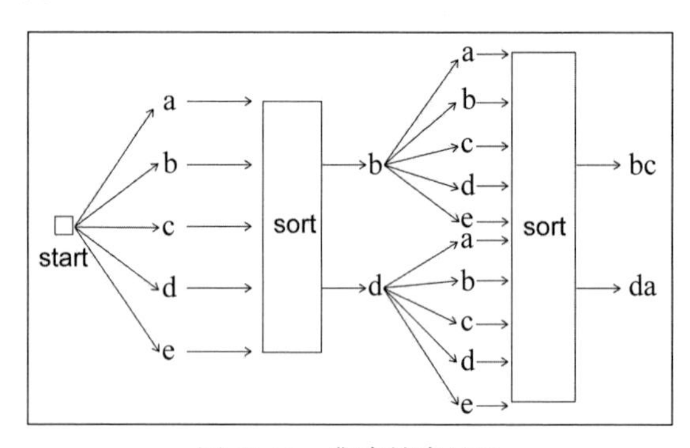

图 13.10　集束搜索过程

至此，就完成了模型的预测过程，具体的实现过程此处不再赘述。

13.3 BERT 模型

在介绍了 Transformer 模型之后，本节将介绍一个基于 Transformer 的模型——BERT。BERT 的英文全称为 Bidirectional Encoder Representations from Transformers，来自论文 *BERT: Pre-training of Deep Bidirectional Transformers for Language Understanding*[2]。从论文的名称中可以看出，该模型使用了 Transformer 结构。本书第 11 章介绍的 Word2Vec 使用了 Skip-Gram 模型和 Negative Sampling 训练方法，很好地刻画了词语的特性及词语之间的关系，也体现了词向量学习到的一些成果。那么 Word2Vec 的训练方法有什么缺点呢?

首先，Word2Vec 采用了分布式表征的方法，但是它对词语语义的刻画并不充分。我们只知道与这个词搭配的一些词，对词与不同词组合时所发挥的语义功能却刻画得不好。因此，我们希望在对词向量进行训练时，可以使用更好的方法训练每一个词，将词的基本语法和一些高级语义都刻画出来。

其次，Word2Vec 得到的词向量更像是一个预训练的结果。本书第 12 章介绍了基于 RNN 的语言模型，在这些语言模型中，往往需要对词向量做进一步的训练。对于自然语言处理的其他任务来说，Word2Vec 的词向量并不能被直接应用到其中，而是需要经过进一步的计算，使用额外的模型对特征进行转换，才能真正将其应用于特定任务中。它与图像算法不同，图像算法在使用 ImageNet 数据集进行预训练之后，只需要替换最前面的几层，就可以进行新任务的训练，这样很大一部分的预训练模型得以保存，并用于后续的任务中。因此，我们希望自然语言处理的模型也能像视觉领域那样充分利用预训练模型进行进一步的调优。

BERT 模型借鉴了前人的一些经验，并结合自己的创新，成功地解决了上面提到的两个问题。接下来，介绍解决这两个问题的方法。

13.3.1 模型结构与 Mask Language Model

BERT 模型采用了多层 Transformer 结构构建语言模型进行学习，在构建时每一个词的特征都会使用前面章节中介绍的 Multi-Head Attention 结构，通过与相关词的交互进行特征转换。Transformer 结构不会像 RNN 那样顺序地处理模型，因此每一个词都会得到前后两个方向的特征信息，这样词的上下文将会学习得更为充分。

BERT 模型的输入模式有两种，一种是只输入一个句子；另一种是输入两个句子，句子之间有一个分隔符。在每个输入的开始都会填充一个含义为 CLS 的字符，它将作为整个句子的代表，并在后面的任务中发挥作用。在构建好词序列后，每一个词都会获得三个嵌入向量，它们分别是：词嵌入向量、句子嵌入向量和位置嵌入向量。BERT 模型的输入特征表示方式如图 13.11 所示。

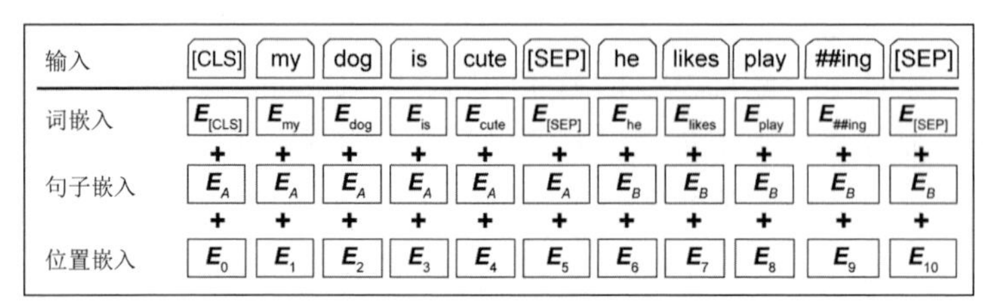

图 13.11　BERT 模型的输入特征表示方式

在确定了输入特征的表示方式后，就可以使用多层 Transformer 对输入进行计算，对输入进行编码得到转换后的特征。BERT 模型有 Base 和 Large 两个版本，其中，Base 版本拥有 12 层 Attention 模块，每层的特征维度为 768，Head 数量为 12；Large 版本拥有 24 层 Attention 模块，每层的特征维度为 1024，Head 数量为 24。

BERT 模型的训练方式有两种，其中一种是“Mask Language Model”，这是 BERT 模型独有的训练语言模型的方式。在训练语言模型时，为了使模型有更好的效果，可以使用双向的语言模型，但是使用双向模型时很难保证模型不会看到不该看到的词，这个问题也被称为“See itself”。如果选择使用单向的语言模型，虽然可以解决“See itself”问题，但是单向模型的能力要比双向模型弱，毕竟每一个词除了和前向的词相关，也会和反向的词相关。

我们将以两个同样有一定影响力的模型为例，介绍上面提到的两个问题。第一个问题对应着模型 ELMo（Embeddings from Language Models），它来自论文 *Deep contextualized word representations*[3]。ELMo 模型的结构图如图 13.12 所示。

ELMo 模型采用多层双向 LSTM 模型构建语言模型。前面的章节已经介绍过，RNN 模型可以使用语料库构建语言模型，模型的主要功能是计算给定前序词时后序词的条件概率。对应的公式如下：

$$L_1(u)=\sum_i \log P\left(u_i|u_{i-k},\cdots,u_{i-1};\Theta\right)$$

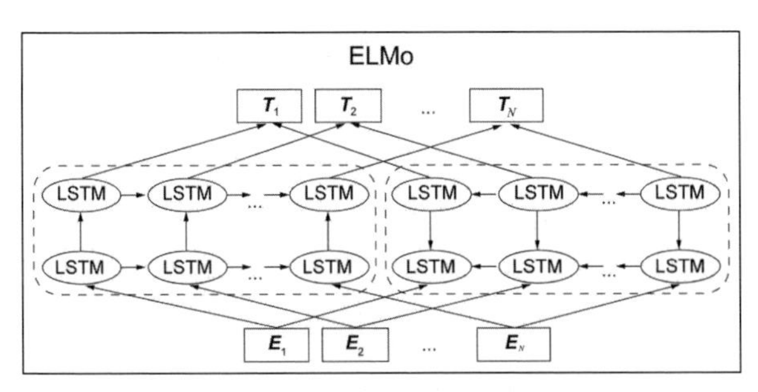

图 13.12　ELMo 模型的结构图

也可以使用语言模型计算某个词在整个句子中的条件概率。假设待求的词为 u_t，可以结合使用前向的 RNN 和反向的 RNN 计算条件概率，对应的计算公式如下：

$$P(u_t|u_{1,\cdots,t-1}) = \sum_{i}^{t} \log P(u_i|u_1,\cdots,u_{i-1})$$

$$P(u_t|u_{t,\cdots,L}) = \sum_{i=t}^{L} \log P(u_i|u_{i+1},\cdots,u_L)$$

最后将两部分计算得到的中间特征合并，就可以得到在给定上下文词的情况下当前某个词的概率。使用这种模型结构，可以同时计算所有词的条件概率，而且不同词的计算过程是可以共用的。这个过程可以用图 13.13 来表示。对于一个词 u_i，它可以利用前一个词前向计算的部分结果和后一个词反向计算的部分结果进行进一步的计算，这样计算过程就被极大地利用起来。

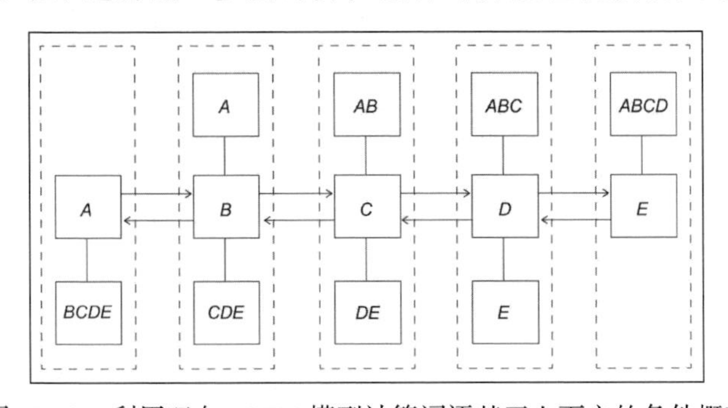

图 13.13　利用双向 LSTM 模型计算词语基于上下文的条件概率

采用这种方法虽然可以很快地完成计算，但是它也存在一个问题：模型很难向更深的维度扩展。现在只展示了一层网络，这样的网络可以计算出一些浅层语法或者语义的特征，但是如果想要进一步地构建更深的网络，模型将会出现答案泄漏的问题，也就是前面提到的“See itself”问题。在第一层网络计算时，目标位置的词是未知的，但是如果模型增加一个层次，那么在前向和反向传播过程中，目标位置的词实际上会被包含在其中。如图 13.14 所示，以图中的词 B 为例，当词语经过第一层网络的前向计算后，下一个词 C 的上下文就包含了这个词的信息，而在第二层的反向计算后，词 B 的信息又被传回了词 B，这相当于暴露了词 B 的信息，模型的效果也就可能受到影响。

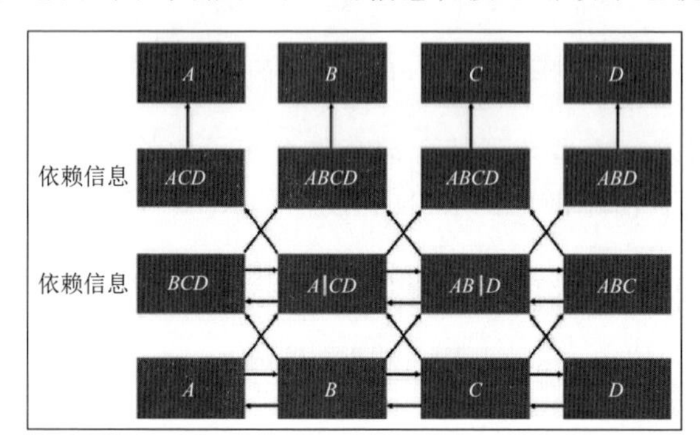

图 13.14　多层双向 LSTM 模型会产生“See itself”问题

第二个问题对应着模型 GPT（Generative Pre-Training），它来自论文 *Improving Language Understanding by Generative Pre-Training*[3]。GPT 模型的结构图如图 13.15 所示。

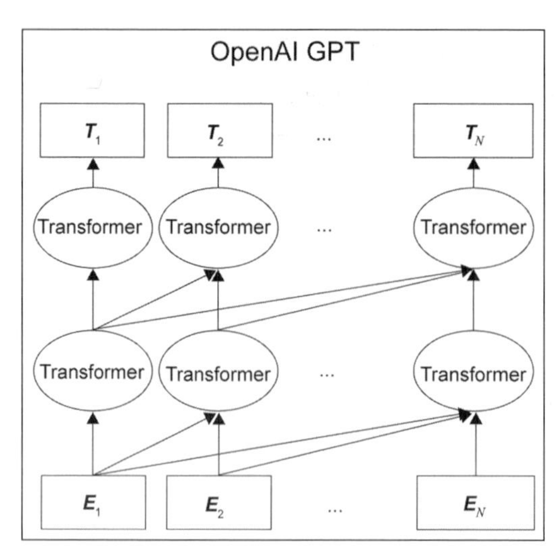

图 13.15　GPT 模型的结构图

GPT 采用单向的 Transformer 结构。也就是说，前面的词无法看到后面的词的情况，即使模型采用了多层 Transformer 结构，也不会泄漏词语的信息。但是由于采用了单向模型，模型的表现能力相对于双向模型会弱一些。

为了解决上面两个模型遇到的问题，BERT 模型采用了 Mask Language Model 的训练方式，这种方式将遮挡句子中的一部分词，我们的目标就是用已知的词预测被遮挡的词的内容。采用这样的方法解决了前面提到的两个问题：首先，待预测的词被遮挡，因此它们的信息就不会泄漏，那么“See itself”问题就不会发生；其次，由于模型采用了双向的 Transformer 结构，词语的前向和反向信息都会被使用到模型中，模型的效果会有保证。

这种方法虽然解决了上面提到的两个问题，但是它又产生了一个新的问题——模型的训练效率不高。BERT 模型在实现中只会遮挡 15% 的词，导致模型的训练效率不高，训练时间也会比较长。15% 相对于整体语料来说占比较小，因此不会对整体的语言规则造成太大的影响。如果比例再提高，模型可能会学习到错误的语言规则。但是当训练资源充足时，这种方法就会展现出它的实力。BERT 模型在 Mask Language Model 上的具体训练策略为：

- 对于每一个词，有 15% 的概率会被选出来用于预测内容。在这个概率中，有 80% 的词会被替换为一个特殊的 Mask 词；有 10% 的词会被随机替换为任意一个词；而最后的 10% 会保持原样。
- 有 85% 的概率将保持这个词不变，但是在预测的过程中，不去预测这个词的内容。

下面以该论文中的一个句子“my dog is hairy”为例，展示随机改变句子的几种结果。当 hairy 被选择为需要替换的词时：

- 有 80% 的概率句子变为“my dog is [MASK]”。
- 有 10% 的概率句子被随机替换为其他词，例如变为“my dog is apple”。
- 有 10% 的概率句子维持原状，即“my dog is hairy”。

13.3.2 Next Sentence Prediction

除了前面介绍的 Mask Language Model 训练方式，BERT 模型的另一种训练方式就是设定句子间的关系。前面已经介绍过，BERT 模型的输入可以包含两个句子，这个设定将在这一部分的训练中发挥作用。我们要判断输入中的第二个句子是不是第一个句子的下一句。这个训练任务可以帮助模型训练语句级别的特征表示，而这个能力会在很多语句级别的任务中发挥作用。

在实际训练中，50%的句子对会配备正确序列的句子，两个句子具有前后语序，而另外50%的句子对则是随机顺序构成的。这个任务就是一个二分类任务，模型最终要学习两个句子语序的概率值。由于模型要学习语句级别的整体特征表示，它需要一个特殊的位置将这些信息收集起来，而在这个模型中，最前方的[CLS]位置就承担了收集语句级别信息的任务。于是，只需要将多层Transformer结构计算得到的特征的最前面一位提取出来，进行特征转换，就可以得到语句级别的特征信息。

13.3.3 预训练模型微调任务

经过前面两个任务的训练，我们已经得到了一个很好的预训练模型，下一步就是要将模型应用到真实的任务中。前面提到Word2Vec会将它学习到的特征应用到新的任务中，但是对于新的任务需要设计全新的模型结构进行训练。而BERT模型则免去了这部分工作，我们可以直接使用BERT模型结构进行后续任务的训练。图13.16展示了BERT模型在4类任务中的使用情况。

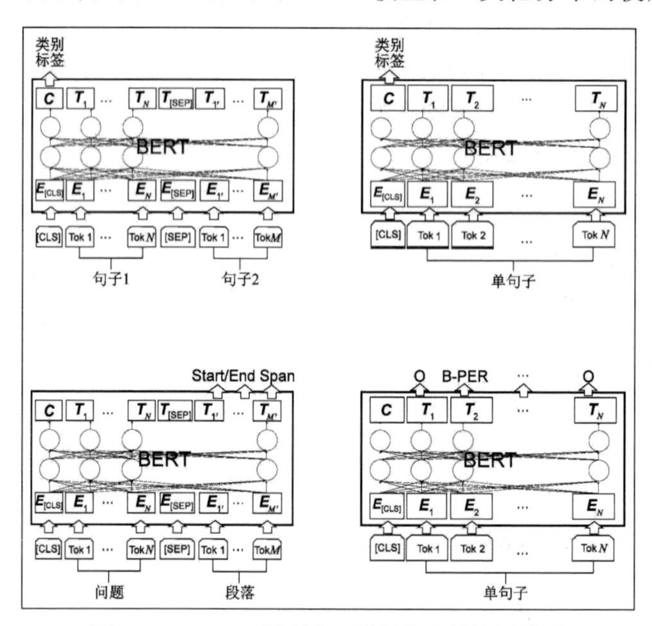

图13.16　BERT模型在4类任务中的使用情况

第一类任务是语句对级别的分类问题，其中包括下面这些有代表性的任务。

- **MNLI**（Multi-Genre Natural Language Inference，多类型自然语言推断），它的目标是判断输入中的第二个句子与第一个句子的关系：蕴含（Entailment）、矛盾（Contradiction）和中性（Neutral）。
- **QQP**（Quora Question Pairs，Quora 问题对），它的目标是判断两个句子的问题在语义上是不是等价的。
- **QNLI**（Question Natural Language Inference，问题自然语言推断），它的目标是判断一个问题—答案语句对是不是正确对应的。当类别为正类时，答案为问题的正确答案。
- **STS-B**（Semantic Textual Similarity Benchmark，文本语义基准测试），它的目标是衡量两个句子的语义含义是否相近，每一对句子都被赋予 5 个级别的分数，用于表示相似性。

对于这类任务，要在 [CLS] 位置输出一个类别信息。

第二类任务是单语句级别的分类问题，其中包括如下有代表性的任务。

- **SST-2**（The Stanford Sentiment Treebank，斯坦福情感语树库），它的目标是判断一个句子的情感，这是一个二分类任务。
- **CoLA**（The Corpus of Linguistic Acceptability，语言可接受性语料库），它的目标是判断一个英语句子在语言学上是不是可接受的。

对于这类任务，要在 [CLS] 位置输出一个类别信息。

第三类任务是问答类任务，其代表为 **SQuAD**（Stanford Question Answering Dataset），这类任务可以被看作阅读理解类任务，开始时会得到一段文本，后面需要使用文本中的词回答一些问题，其中的一个例子如图 13.17 所示。

第四类任务是单语句级别的打标签任务，比如命名实体识别（Named Entity Recognition，NER），要标记出句子中每一个词的实体类别。对于这类任务，要输出每一个词的类别。

可以看出，BERT 模型适用于上面的每一个任务，这些任务都可以使用 BERT 结构直接完成，这使得自然语言处理的模型得到了统一，同时具有很好的表现。由于语言模型可以通过无监督的方式进行学习，随着高质量的语料不断增加，通过预训练模型的效果也会不断提高。

In meteorology, precipitation is any product of the condensation of atmospheric water vapor that falls under **gravity**. The main forms of precipitation include drizzle, rain, sleet, snow, **graupel** and hail... Precipitation forms as smaller droplets coalesce via collision with other rain drops or ice crystals **within a cloud**. Short, intense periods of rain in scattered locations are called "showers".

What causes precipitation to fall?
gravity

What is another main form of precipitation besides drizzle, rain, snow, sleet and hail?
graupel

Where do water droplets collide with ice crystals to form precipitation?
within a cloud

图 13.17 SQuAD 例子

13.4 总结与提问

本章主要介绍了 Transformer 模型结构。请读者回答以下问题：

（1）Transformer 的主要结构是怎样的？它可以解决什么样的问题？

（2）Transformer 的编码和解码部分是怎样的？

（3）BERT 模型的主要特点是什么？可以分别解决哪些问题？

参考文献

[1] Vaswani A , Shazeer N , Parmar N , et al. Attention Is All You Need[C]// Advances in neural information processing systems. 2017: 5998-6008.

[2] Devlin J , Chang M W , Lee K , et al. BERT: Pre-training of Deep Bidirectional Transformers for Language Understanding[J]. arXiv preprint arXiv: 1810.04805, 2018.

[3] Peters M E , Neumann M , Iyyer M , et al. Deep contextualized word representations[J]. arXiv preprint arXiv: 1802.05365, 2018.

[4] Radford A, Narasimhan K, Salimans T, et al. Improving language understanding by generative pre-training[R]. Technical Report, OpenAI, 2018.

第14章

深度分解模型

随着深度学习在语音、图像、自然语言处理领域取得重大进展，研究人员也将深度学习技术应用到了很多新领域，比如**推荐系统**（Recommendation System）、**点击率预测**（Click Through Rate Prediction）。深度学习凭借其强大的拟合能力，在这些领域有了一定的突破。

首先介绍推荐系统。推荐系统旨在构建两个主体之间的某种联系，从而判断两个主体之间关系的强弱。推荐系统可以被应用在很多场景中，比如为人（也就是用户）推荐一些商品、为人推荐人（朋友）等。论文 *Factorization Machines*[1] 中讨论了其中的一种场景——电影评分。

在电影评分系统中记录了一个四元的评分信息，这 4 个元素分别是用户、电影、时间、评分。串联起来，就是一个用户在某一天观看完某部电影之后为电影打出分数。分数共分为 5 个等级：1~5 分，其中 1 分表示最差，5 分表示最好。电影评分系统的目标是使用已知信息去预测一些用户对未观看的电影的评分，最终的目标是将高评分的电影推荐给对应的用户。除了推荐电影，还可以将其他物品推荐给用户，这就是推荐系统的一种基本形式。

我们发现，除最终的评分之外，另外三个元素之间存在着很多联系。比如一个用户可能在短时间内观看多部电影，这些电影之间存在着一定的联系；随着时间的流逝，大环境的改变也会使得用户对电影的评分标准发生变化；每个用户对同一部电影所表现出的态度也会反映出他们对电影类型的喜好。总之，这三个元素任意组合，都能产生单一元素无法表达的特征。因此，在对某些问题进行建模时，除对单一特征进行建模之外，还应该对这些特征组合进行建模，这样才能更好地刻画事物的本质。

图 14.1 展示了该论文中构建电影评分模型时使用到的特征。为了更好地表现用户行为在时间维度上的特性，一些相关的电影评分特征也被融入其中。

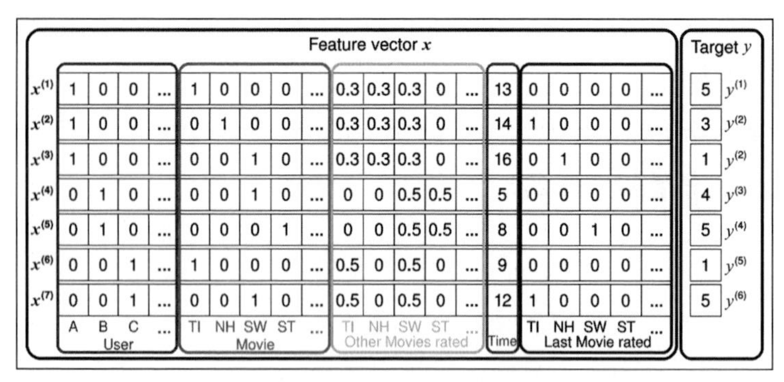

图 14.1　电影评分特征示意图

特征共分为 5 个部分：

- 用户。为每一个用户安排一个编号以表示其唯一性，那么第一个用户的编号为 0，第二个为 1，依此类推。最后将特征转换为 One-Hot 编码形式。这样构建出的特征具有很高的稀疏性，因为对于任意一个数据样本来说，这部分特征只会有一个维度为 1，其余的维度都为 0。
- 电影。同样为每一部电影安排一个编号来表示其唯一性，那么第一部电影的编号为 0，第二部为 1，依此类推。与用户特征类似，这部分特征同样是非常稀疏的。
- 用户评分的其他电影。为了了解用户的个人喜好，将用户评分过的所有电影都记录在这里，这部分特征的数量和电影特征的数量相同。如果用户评分的电影数量多，那么这部分特征的非零值也会相应地多一些。但是电影的总数相对庞大，从总体上看，这部分特征仍然是十分稀疏的。为了确保这部分特征的数值不至于特别大，将其数量总和限定为 1，这样如果某个用户对三部电影进行了评分，那么每一部电影对应位置的特征就会被赋值为 $\frac{1}{3}$。
- 时间。这里采用了一种相对简单的方式将时间维度信息表示出来。原始记录只记录了用户评分电影的年份和月份，因此就以月份为单位进行统计。这里的一维特征记录了从 2009 年 1 月到现在持续的月份总数，如果电影是在 2010 年 1 月评分的，那么时间特征的数值为 13，如图 14.1 中的第一行所示。
- 评分的上一部电影。为了表现出用户在时间维度上的延续性，这里记录了用户在评价本部电影之前评分的电影。这部分特征和电影特征类似，只有一个特征的维度为 1。

从上面的特征分析来看，在计算得分时，既可以使用上面提到的所有特征，也可以使用更多特征的组合。

接下来介绍点击率预测。与前面提到的电影评分系统输出为 1~5 分不同，点击率预测通常会以概率的形式输出。以 Criteo 数据集为例，介绍点击率预测的问题。Criteo 数据集包含了一个星期内的广告点击数据，每条数据包含了 13 个数值特征和 26 个类别特征，还包含了一个最终的点击结果：Positive 和 Negative，其中 Positive 表示展示的广告被用户点击，Negative 表示没有被点击。这 39 个特征的真实含义并不被我们所知，当然也可以忽略它们。我们的目标是建立一个从特征到结果的函数，这样对于任意一个给定的特征，都能得到对应的点击率预测估计。我们并不知道特征的真正含义，也就无法知道这些单独使用的变量对解决问题是否充足，因此对这些特征进行组合，构建更为丰富的特征变得很有必要。

可以看出，推荐和点击率预测问题与前面提到的图像和自然语言处理问题在形式上存在一些区别。在深度学习模型进入这些领域之前，很多浅层模型已经获得了很好的效果，比如 **Logistic 回归**（Logistic Regression）、**分解机**（Factorization Machine，FM）等。但是深层模型的出现使模型效果有了进一步的提高。接下来介绍深度学习模型在推荐、广告点击率预测等问题中的应用，并介绍其中的几个经典算法。

本章的组织结构是：14.1 节介绍分解机的基本概念；14.2 节介绍预测问题的评价指标；14.3 节和 14.4 节介绍深度学习的分解模型。

14.1　分解机

本节将以分解机为例，介绍深层模型的运算方式和背后的原理。分解机模型基本上可以被拆解为“线性模型”和“二阶特征组合模型”两部分。其中线性模型和特征组合的思想在此之前已经存在，分解机的主要贡献在于使用一个完整的模型将这两部分内容融合在一起。

对于线性模型，相信各位读者已经十分清楚了，那么特征组合指的是什么呢？在线性模型中，每一个特征都是独立记录的，每一个特征的权重也是独立计算的，这种方法虽然在计算过程中比较清晰、简洁，但是它也存在一些问题——模型假设每一个特征和输出都是线性关系，要么是正相关，要么是负相关。以最简单的线性模型公式为例：

$$y = \sigma(w_0 + \boldsymbol{w}^{\mathrm{T}}\boldsymbol{x})$$

可以看出，每一个特征对应的偏导数都是一个具体的数值，这个数值为正或者为负就表示特征与输出的相关性。但是在实际中，有些问题并不是简单的线性关系，特征之间也会存在一定的相关关系。特征之间的关系在前面已经分析过，如果独立特征的总数为 n，那么将特征两两组合，就能得到 n^2 个特征，特征数量将变得非常多。由于独立特征已经具有很高的稀疏性，特征组合将具有更高的稀疏性。这样看来，虽然需要这些特征组合，但是其稀疏性也为模型算法带来了挑战。我们需要模型能够在高稀疏性的环境下保持良好的效果。

前面通过一个例子介绍了特征组合的概念，也介绍了分解机包含二阶特征组合，下面介绍它的基本计算公式。

$$y = \sigma(w_0 + \boldsymbol{w}^{\mathrm{T}}\boldsymbol{x} + \sum_{i=1}^{n}\sum_{j=1}^{n} w_{ij} \cdot x_i \cdot x_j)$$

其中，σ 表示分解机输出值的转换函数，它是一个从输入直接转换到输出的 Sigmoid 函数。σ 函数内部的第一项 w_0 表示全局特征，可以将其理解为所有用户评分的基础分；第二项为一阶特征的计算，也就是线性部分的计算；第三项为二阶特征的计算，对于任意一对特征 x_i 和 x_j，都有一个权重参数与之匹配，用来表示特征组合对模型输出的重要性。也可以使用矩阵的形式进行表示：

$$y = \sigma(w_0\boldsymbol{I} + \boldsymbol{w}^{\mathrm{T}}\boldsymbol{x} + \boldsymbol{x}^{\mathrm{T}}\boldsymbol{W}^{(2)}\boldsymbol{x})$$

其中，$\boldsymbol{W}^{(2)}$ 表示特征组合的权重矩阵。与它相乘的那一项表示两个特征的组合，因此可以对二阶矩阵进行因子分解，分解为两个相同矩阵的乘积：

$$\boldsymbol{W}^{(2)} = \boldsymbol{W}^{\mathrm{T}}\boldsymbol{W}$$

这样分解机就可以写成下面的形式：

$$\begin{aligned} y &= \sigma(w_0 + \boldsymbol{w}^{\mathrm{T}}\boldsymbol{x} + \boldsymbol{x}^{\mathrm{T}}\boldsymbol{W}^{\mathrm{T}}\boldsymbol{W}\boldsymbol{x}) \\ &= \sigma(w_0 + \boldsymbol{w}^{\mathrm{T}}\boldsymbol{x} + (\boldsymbol{W}\boldsymbol{x})^{\mathrm{T}}(\boldsymbol{W}\boldsymbol{x})) \end{aligned}$$

令矩阵 $\boldsymbol{W}$ 由 n 个列向量 $\boldsymbol{v}_i$ 组成，那么可以继续将公式拆解为下面的形式：

$$
\begin{aligned}
y &= \sigma(w_0 + \boldsymbol{w}^{\mathrm{T}}\boldsymbol{x} + (\sum_{i=1}^{n}\boldsymbol{v}_i x_i)^{\mathrm{T}}(\sum_{j=1}^{n}\boldsymbol{v}_j x_j) \\
&= \sigma(w_0 + \boldsymbol{w}^{\mathrm{T}}\boldsymbol{x} + \sum_{i=1}^{n}\sum_{j=1}^{n}(\boldsymbol{v}_i x_i)^{\mathrm{T}}(\boldsymbol{v}_j x_j))
\end{aligned}
$$

二阶特征组合的目标是组合不同特征之间的关系，因此可以去掉对称项和自身的平方项，于是可以将公式改写为

$$
y = \sigma(w_0 + \boldsymbol{w}^{\mathrm{T}}\boldsymbol{x} + \sum_{i=1}^{n}\sum_{j=i+1}^{n}(\boldsymbol{v}_i x_i)^{\mathrm{T}}(\boldsymbol{v}_j x_j))
$$

因为此时 x_i 和 x_j 都只是特征向量中的一个标量，所以可以修改公式的计算顺序，将公式改写为下面的形式：

$$
\begin{aligned}
y &= \sigma(w_0 + \boldsymbol{w}^{\mathrm{T}}\boldsymbol{x} + \sum_{i=1}^{n}\sum_{j=i+1}^{n}((\boldsymbol{v}_i^{\mathrm{T}}\boldsymbol{v}_j)x_i x_j)) \\
&= \sigma(w_0 + \boldsymbol{w}^{\mathrm{T}}\boldsymbol{x} + \sum_{i=1}^{n}\sum_{j=i+1}^{n}(\boldsymbol{v}_i^{\mathrm{T}}\boldsymbol{v}_j)(x_i x_j))
\end{aligned}
$$

由于分解机与线性模型的差别主要在于公式的最后一项，而公式的最后一项的计算量实际上是比较大的。当具有 n 个独立特征，向量 $\boldsymbol{v}$ 的维度为 k 时，这部分的计算量为 $O(kn^2)$，对于一些特征数量比较大的问题，这个计算量会显著拖慢模型训练的过程。为此，需要对公式做进一步的转换，使计算变得简单。下面就来关注模型的二阶特征组合部分，对其进行简化。由于特征间的对称性，首先可以转换为

$$
\begin{aligned}
&\sum_{i=1}^{n}\sum_{j=i+1}^{n}(\boldsymbol{v}_i^{\mathrm{T}}\boldsymbol{v}_j)(x_i x_j) \\
&= \frac{1}{2}\sum_{i=1}^{n}\sum_{j=1}^{n}(\boldsymbol{v}_i^{\mathrm{T}}\boldsymbol{v}_j)(x_i x_j) - \frac{1}{2}\sum_{i=1}^{n}(\boldsymbol{v}_i^{\mathrm{T}}\boldsymbol{v}_i)(x_i x_i)
\end{aligned}
$$

将参数向量展开，用 $\boldsymbol{v}_{i,k}$ 表示向量 $\boldsymbol{v}_i$ 的第 k 个分量，于是又可以将公式变为下面的形式：

$$
\begin{aligned}
&\sum_{i=1}^{n}\sum_{j=i+1}^{n}(\boldsymbol{v}_i^{\mathrm{T}}\boldsymbol{v}_j)(x_ix_j)\\
&=\frac{1}{2}\sum_{i=1}^{n}\sum_{j=1}^{n}(\sum_{f=1}^{k}(\boldsymbol{v}_{i,f}\boldsymbol{v}_{j,f}))(x_ix_j)-\frac{1}{2}\sum_{i=1}^{n}(\sum_{f=1}^{k}(\boldsymbol{v}_{i,f}\boldsymbol{v}_{i,f}))(x_ix_i)\\
&=\frac{1}{2}\sum_{f=1}^{k}\sum_{i=1}^{n}\sum_{j=1}^{n}(\boldsymbol{v}_{i,f}\boldsymbol{v}_{j,f})(x_ix_j)-\frac{1}{2}\sum_{f=1}^{k}\sum_{i=1}^{n}(\boldsymbol{v}_{i,f}\boldsymbol{v}_{i,f})(x_ix_i)\\
&=\frac{1}{2}\sum_{f=1}^{k}((\sum_{i=1}^{n}\boldsymbol{v}_{i,f}x_i)(\sum_{j=1}^{n}\boldsymbol{v}_{j,f}x_j))-\frac{1}{2}\sum_{f=1}^{k}\sum_{i=1}^{n}(\boldsymbol{v}_{i,f}^2x_i^2)\\
&=\frac{1}{2}\sum_{f=1}^{k}((\sum_{i=1}^{n}\boldsymbol{v}_{i,f}x_i)(\sum_{j=1}^{n}\boldsymbol{v}_{j,f}x_j)-\sum_{i=1}^{n}(\boldsymbol{v}_{i,f}^2x_i^2))\\
&=\frac{1}{2}\sum_{f=1}^{k}((\sum_{i=1}^{n}\boldsymbol{v}_{i,f}x_i)^2-\sum_{i=1}^{n}(\boldsymbol{v}_{i,f}^2x_i^2))
\end{aligned}
$$

这样对于矩阵 $\boldsymbol{v}$ 的维度为 $[k,n]$，$\boldsymbol{x}$ 的维度为 $[n,1]$，可以将上面的公式写作

$$0.5\times[\text{sum}(\text{square}(\boldsymbol{Vx})-(\text{square}(\boldsymbol{V})\text{square}(\boldsymbol{x}))]$$

其中，square 表示元素级别的平方操作，sum 表示将向量加和为一个数值。公式的计算时间将被变换为 $O(kn)$ 级别，对应的计算过程如图 14.2 所示。

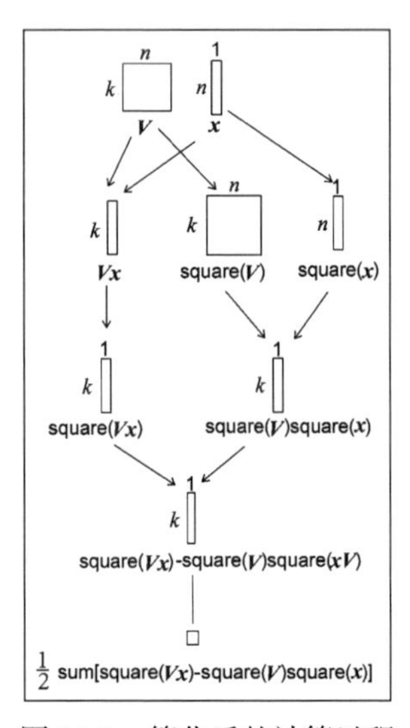

图 14.2　简化后的计算过程

最后将二阶项和其他部分的计算公式组合起来，就形成了分解机的最终计算公式。可以使用梯度下降法对模型进行迭代优化，在使用分解机时，只要实现它的前向计算即可。这里不再单独介绍这种方法的实现过程，在后面的介绍中将一并提及。

14.2　评价指标 AUC

本节将介绍推荐和预测问题的评价指标。前面提到可以将广告点击率预测理解为二分类问题，对于这类问题常见的评价指标是 **AUC（Area Under Curve）**，它指的是曲线下方的面积。该曲线被称为 **ROC（Receiver Operating Characteristic）曲线**。在前面的章节中，主要使用了准确率，这个指标在很多场景中都十分有效，但它不适用于本章介绍的二分类问题。

二分类问题是一个看似简单实则复杂的问题。看似简单，是因为在类别平衡的情况下，仅靠随机猜测就可以达到很高的准确率——50%，对于一些类别不平衡的问题，依靠先验的猜测则可以得到更高的准确率。假设两类的数据占比为 9:1，那么只要将全部输入猜测为占比为 9 的那一类，就可以轻松获得 90% 的准确率，但在实际中这种方法并没有价值。在现实生活中，我们可以看到很多这样的案例，比如广告点击问题，当将广告展示到用户面前时，用户很少产生真正的点击操作。也就是说，如题果把是否点击广告看成一个二分类问，那么这就是一个类别极度不平衡的问题，直接预测所有广告都不被用户点击可以获得很高的准确率，但这在实际中是毫无价值的。类似的问题还有很多，比如在医疗场景中，对重症病人的疾病监测也拥有类似的特性，这里就不再赘述了。

为了解决模型“贪图小便宜吃大亏”的问题，我们需要一个更加公平的评价指标，于是 ROC 曲线就诞生了。在介绍 ROC 曲线之前，先介绍一个叫作混淆矩阵的工具，它可以很好地展示一个二分类问题的预测结果。混淆矩阵如表 14.1 所示。

表 14.1 中的 4 个值代表模型预测结果和真实结果在不同类别下的匹配程度。简单来说，Positive 代表正例，Negative 代表负例，而前面的 True 和 False 则代表预测结果是否正确。例如“False Negative”就表示这个样本应该是负例，但是预测错了，即模型预测结果为正例。

表 14.1　混淆矩阵

	真实为 True	**真实为 False**
预测为 True	True Positive（TP）	False Positive（FP）
预测为 False	False Negative（FN）	True Negative（TN）

由此又诞生了两个衍生的评价指标：**True Positive Rate（TPR）**和 **False Positive Rate（FPR）**，它们的计算方式为

$$\mathrm{TPR}=\mathrm{TP}/P$$

$$\mathrm{FPR}=\mathrm{FP}/N$$

其中，P 表示所有正样本的数量，N 表示所有负样本的数量。将表 14.1 中的内容除对应的值，如表 14.2 所示。

表 14.2　混淆矩阵比例概念

	真实为 True	**真实为 False**
预测为 True	$\mathrm{TPR}=\mathrm{TP}/P$	$\mathrm{FPR}=\mathrm{FP}/N$
预测为 False	FN/P	TN/N
加和	1	1

每一列相加都为 1，这样就可以看到当得到不同的值时对应的模型状态。假设模型全部预测正确，TPR=1，FPR=0，对应的混淆矩阵如表 14.3 所示。

表 14.3　模型全部预测正确的混淆矩阵

	真实为 True	**真实为 False**
预测为 True	1	0
预测为 False	0	1

假设模型全部预测错误，TPR=0，FPR=1，对应的混淆矩阵如表 14.4 所示。

表 14.4　模型全部预测错误的混淆矩阵

	真实为 True	**真实为 False**
预测为 True	0	1
预测为 False	1	0

如果模型想偷懒，全部预测为负例，那么对于正例比例为 p 的数据集来说，对应的混淆矩阵如表 14.5 所示。

表 14.5　模型全部预测为负例的混淆矩阵

	真实为 True	真实为 False
预测为 True	0	0
预测为 False	p	$1-p$

使用混淆矩阵可以较为清晰地看出模型存在的一些问题，美中不足的是，需要让模型给出确定的正例和负例结果。例如，当最终的输出结果在 0 和 1 之间时，既可以选择 0.5 作为正负样本的分界线，也可以选择 0 和 1 之间的任意一个数字。每尝试一个数字，都要看一遍混淆矩阵，观察模型的表现，这就显得不那么方便了。

为了解决这个问题，专家发明了 ROC 曲线这个工具用于观察模型在不同分界线上的表现，并使用 AUC 这个概念来统一表示模型的效果。ROC 曲线是一条绘制在二维坐标轴上的曲线，其中曲线的 x 轴表示 FPR；y 轴表示 TPR。下面以随机生成的一组数据为例展示 ROC 曲线的绘制方法。

```
import numpy as np
p = 1 / (1 + np.exp(-np.random.rand(10)))
c = np.random.randint(0,2,10)
# p = array([0.6707325 , 0.69672729, 0.71010551, 0.62213846, 0.64805184,
#           0.56759713, 0.72370177, 0.58015961, 0.5142132 , 0.55106877])
# c = array([0, 1, 1, 0, 0, 0, 1, 1, 0, 0])
```

计算的第一步是将数据按照从大到小的顺序进行排列。

```
idx = np.argsort(-p)
pp = p[idx]
cc = c[idx]
# pp=array([0.72370177, 0.71010551, 0.69672729, 0.6707325 , 0.64805184,
#          0.62213846, 0.58015961, 0.56759713, 0.55106877, 0.5142132 ])
# cc=array([1, 1, 1, 0, 0, 0, 1, 0, 0, 0])
```

由于只有 10 个数据，可以依次展示计算结果。首先将第一个数据判定为正例，将其他数据判定为负例，混淆矩阵如表 14.6 所示。

表 14.6　第一种判定的混淆矩阵

	真实为 True	真实为 False
预测为 True	1	0
预测为 False	3	6

根据表 14.6 中的数据计算，可得 TPR=0.25，FPR=0，(0, 0.25) 就是 ROC 曲线上的第一个点。同样地，当将前三个数据都判定为正例时，混淆矩阵如表 14.7 所示。

表 14.7　第二种判定的混淆矩阵

	真实为 True	真实为 False
预测为 True	3	0
预测为 False	1	6

继续计算 TPR 和 FPR 的值，可以得到，(0, 0.75) 也是 ROC 曲线上的一个点。如果将前 6 个数据都判定为正例，那么混淆矩阵就如表 14.8 所示。

表 14.8　第三种判定的混淆矩阵

	真实为 True	真实为 False
预测为 True	3	3
预测为 False	1	3

此时，TPR=0.75，但 FPR 变为了 0.5。最后，当将所有的数据都判定为正例时，混淆矩阵如表 14.9 所示。

表 14.9　第四种判定的混淆矩阵

	真实为 True	真实为 False
预测为 True	4	6
预测为 False	0	0

此时，TPR 和 FPR 都为 1。下面通过一段简单的代码将上面的点找到，并将这条曲线画出来，结果如图 14.3 所示。

```
pn = cc.sum()
fn = (1-cc).sum()
tpn = 0
fpn = 0
x = []
y = []
for cls in cc:
    if cls == 0:
        fpn += 1
    else:
```

```
        tpn += 1
    x.append(float(fpn) / fn)
    y.append(float(tpn) / pn)
print(x,y)
import matplotlib.pyplot as plt
plt.plot(x,y)
plt.show()
```

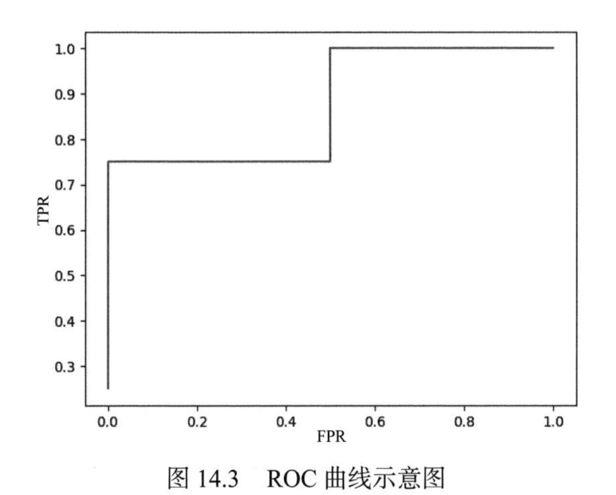

图 14.3　ROC 曲线示意图

从图 14.3 中可以看出，在模型预测结果中，如果所有正例的概率值全部大于负例的概率值，就可以找到一个使模型 100% 预测正确的阈值将二者分开，对应的这条线应该从左下角出发，直接到左上角，再直接到右上角。基于这个观察，AUC 这个评价指标就被提出来了。AUC 指的是 ROC 曲线下方围成的面积，当模型可以 100% 预测正确时，AUC 的值为 1，反之为 0。因此，AUC 作为一个单一的数值，可以很好地衡量模型的表现，数值越大，表示模型对数据的划分能力越强。AUC 的计算方法也比较简单，这里不再赘述。

14.3　DeepFM

DeepFM 来自论文 *DeepFM: A Factorization-Machine based Neural Network for CTR Prediction*[2]，它是一个将分解机和深层网络结合起来的模型，实际上应该称它为“**Deep+FM**”。前面已经介绍了 FM 部分，也就是分解机，它可以构建一阶和二阶特征，并使用这些特征训练出输入和输出的关系。然而，在实际中，二阶特征组合也不足以表达所有的特征组合，还需要更高维的特征组合。此时分解机模型就不能以很高效的方式对这些特征组合进行构建了，因为分解机采用了显式构建特征组合的方式，每提高一个阶层，计算量也会提高一个阶层，随着阶层的提高，计算量会变得令人难以承受，而且并不是每一个高阶特征都对数据区分有帮助，生成大量特征也会给模型架构带来挑战。

为此，我们需要寻找一种更好的方法来构建高阶特征，这时就可以使用深层模型，采用隐式构建的方式建立特征的高阶交互关系。深层模型在构建非线性映射上具有更强的能力，它能够拟合更加复杂的函数，也就能弥补分解机在高阶特征组合上的不足。

DeepFM 模型的结构图如图 14.4 所示。从整体上看，模型分为 5 个部分。

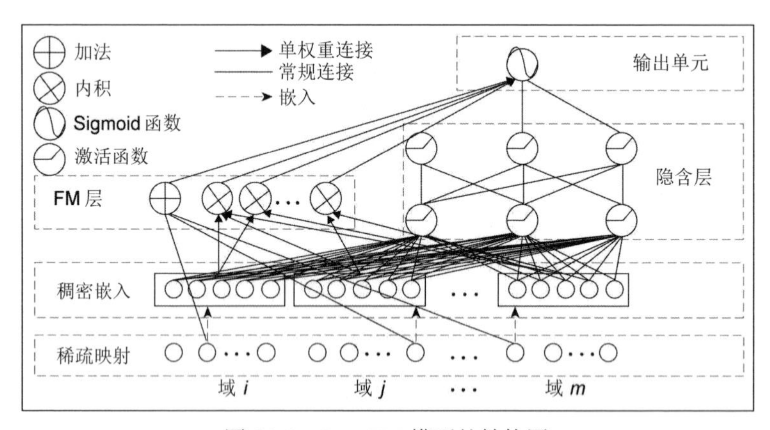

图 14.4　DeepFM 模型的结构图

第一部分是**稀疏映射**（**Sparse Feature**）。这部分就是问题本身给出的特征。前面提到特征分为两类，其中一类是数值特征，另一类是类别特征。对于数值特征，可以将其看作一个独立的特征；而对于类别特征，每一个特征只能在其所属的所有类别中选择一个类别，因此可以将其看作 One-Hot 编码形式的特征。假设特征由 F 个部分组成，每一个部分称为一个域（Field），根据域的类别，它可能由一个值或一个向量表示。由于有类别信息的存在，真实的特征维度远比这个值要大，令真实的特征维度为 L。

第二部分是**稠密嵌入**（**Dense Embedding**）。这部分则是将前面的特征统一映射为稠密的特征，数值特征和类别特征都会完成映射，它们的映射方法也比较相近。前面提到特征由 F 个域组成，将每个域的值映射为一个长度为 K 的向量，那么映射后的特征长度为 $F \times K$。为了实现映射，我们要准备一

个维度为 $L \times K$ 的嵌入表，每一个域的特征就可以从嵌入表中查找到对应的嵌入特征。稠密嵌入的映射过程如图 14.5 所示。

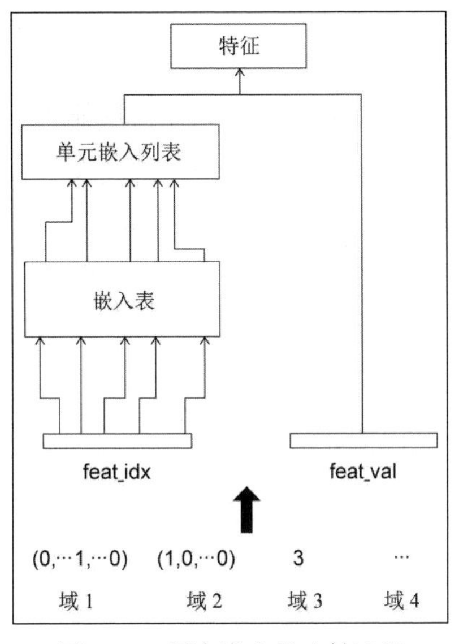

图 14.5　稠密嵌入的映射过程

我们得到了 feat_idx 和 feat_val 两个部分的特征，其中，feat_idx 表示特征在真实特征中的下标位置；feat_val 表示特征的具体数值。对于数值特征来说，feat_val 存储了具体的数值；而对于类别特征来说，feat_val 的值为 1。在映射过程中，我们先通过查表的方式将对应下标的特征查找到，再将对应的 feat_val 和查找到的特征相乘。

第三部分是 **FM 层**（**FM Layer**）。前面已经得到了原始特征对应的一阶和二阶特征，下面对其进行具体的计算。与前面介绍的分解机计算过程不同，这里要分别计算一阶和二阶特征的中间结果，这些中间结果将与深层模型的特征融合，得到最终的结果。一阶特征的计算比较简单，直接将前一步的特征保存下来即可，最终的维度为 F。而二阶特征的计算则相对复杂，令通过嵌入表查找得到的每一个域的特征组成的矩阵为 $\boldsymbol{X}$，其维度为 $[F, K]$，直接对其进行下面的计算：

$$\boldsymbol{x}_{\text{2nd}} = \frac{1}{2}[\text{square}(\text{reduce\_sum}(\boldsymbol{X})) - \text{reduce\_sum}(\text{square}(\boldsymbol{X}))]$$

其中的 reduce_sum 表示将矩阵压缩成向量，这样得到的结果维度同样是 F。

第四部分是**隐含层**（**Hidden Layer**）。这部分采用深层网络结构的模型进行计算。首先对前面的特征进行转换，将其转换为 $F \times K$ 的一维向量，然后进行多层全连接层的计算，同样可以得到一个维度为 F 的向量。下面给出第 l 层的计算公式：

$$\boldsymbol{x}_l = \boldsymbol{W}_l \boldsymbol{x}_{l-1} + \boldsymbol{b}_l$$

第五部分是**输出单元**（**Output Unit**）。将前面提到的三部分计算结果合并到一起，然后对其进行一次线性变换，将其转换为一个标量，经过 Sigmoid 层的转换，就得到了最终的预测结果。计算公式如下：

$$\boldsymbol{y} = \sigma(\boldsymbol{W}_{\text{Sigmoid}}[\boldsymbol{x}_{\text{1st}}, \boldsymbol{x}_{\text{2nd}}, \boldsymbol{x}_L] + \boldsymbol{b})$$

至此，DeepFM 模型的全部计算过程就介绍完了。DeepFM 很好地将两种计算思路融合在一起，同时改进了前人设计的一些模型，为我们提供了一个十分简洁的框架，后来很多工作都基于这种“FM+Deep”的思路展开，并取得了不错的成果。

14.4 DeepFM 的改进方法

实际上，针对推荐和点击率预测的模型一直都在发展，在 DeepFM 之前有 FNN、PNN、Wide&Deep 等模型，而在 DeepFM 之后，也有一些模型在针对 DeepFM 模型进行改进，从而进一步提高模型的效果。

从模型结构中我们发现，DeepFM 模型由两部分组成，即 FM 和 DNN。这两部分分别代表两种特征组合方式：显式特征组合（Explicit High-order Interaction）和隐式特征组合（Implicit High-order Interaction）。其中，显式特征组合是直接构建一个特征组合的多项式，并用参数表示多项式的系数。分解机就是一个二阶的显式特征组合方法；而隐式特征组合是使用深层神经网络模型对特征进行组合计算，因为神经网络拥有很强的非线性拟合能力，所以它同样可以构建高阶的特征组合。神经网络的计算原理相对晦涩，因此只能称为隐式构建。

后面的一些模型主要保留了隐式特征组合部分的结构，并对显式特征组合部分进行改进，创造了全新的模型结构。下面就来介绍这些模型。

14.4.1 Deep & Cross Network

Deep & Cross Network 模型来自论文 *Deep & Cross Network for Ad Click Predictions*[3]，它的网络结构特点主要体现在显式特征组合部分，这部分网络称为 Cross Network，网络深度为 L，其中第 l 层网络的计算公式为

$$\boldsymbol{x}_{l+1}=\boldsymbol{x}_0\boldsymbol{x}_l^{\mathrm{T}}\boldsymbol{w}_l+\boldsymbol{b}_l+\boldsymbol{x}_l=f\left(\boldsymbol{x}_l,\boldsymbol{w}_l,\boldsymbol{b}_l\right)+\boldsymbol{x}_l$$

其中，$\boldsymbol{x}_0$ 表示第 0 层的输入，也就是原始输入，它需要和第 l 层的网络输入特征融合，从而得到更高阶的特征。同时，将第 l 层的特征用 Skip Connection 结构和融合后的结果相加，得到最终的结果。Cross Network 的计算过程如图 14.6 所示。

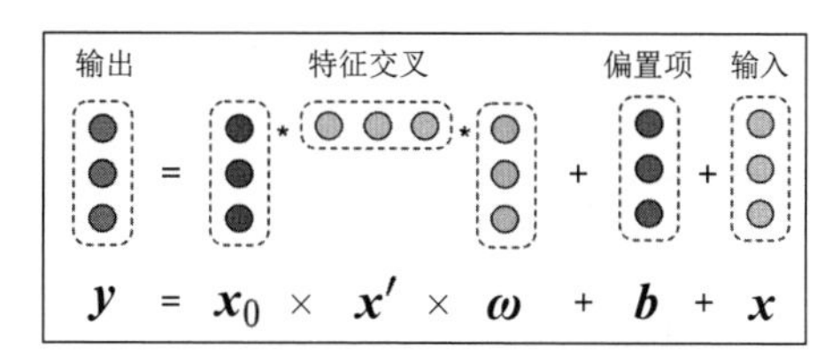

图 14.6 Cross Network 的计算过程

将计算公式进一步展开，它的计算方式为

$$\begin{aligned}\boldsymbol{x}_2&=\boldsymbol{x}_0\boldsymbol{x}_1^{\mathrm{T}}\boldsymbol{w}_1+\boldsymbol{b}_1+\boldsymbol{x}_1\\&=\boldsymbol{x}_0(\boldsymbol{x}_0\boldsymbol{x}_0^{\mathrm{T}}\boldsymbol{w}_0+\boldsymbol{b}_0+\boldsymbol{x}_0)^{\mathrm{T}}\boldsymbol{w}_1+\boldsymbol{b}_1+\boldsymbol{x}_1\\&=\boldsymbol{x}_0(\boldsymbol{x}_0\boldsymbol{x}_0^{\mathrm{T}}\boldsymbol{w}_0)^{\mathrm{T}}\boldsymbol{w}_1+\boldsymbol{x}_0\boldsymbol{b}_0^{\mathrm{T}}\boldsymbol{w}_1+\boldsymbol{x}_0\boldsymbol{x}_0^{\mathrm{T}}\boldsymbol{w}_1+\boldsymbol{b}_1+\boldsymbol{x}_1\end{aligned}$$

可以看出，随着模型层数的增加，模型的阶数在不断提高，模型可以刻画的高阶特征组合也就越复杂。但是模型的复杂程度不会随着阶数的扩张而产生指数级的增加，因此它的计算效率还是相对较高的。

14.4.2 xDeepFM

xDeepFM 模型来自论文 *xDeepFM: Combining Explicit and Implicit Feature Interactions for Recommender Systems*[4]，它的网络结构特点同样主要体现在显式特征组合部分，这部分网络称为 Compressed Interaction Network。模型最大的一个特点是采用矩阵级别的组合方式，而不是采用向量级别的组合方式。

前面介绍的一些模型都是将嵌入得到的特征转换成一个统一的向量，然后进行高阶特征组合的。这种方法虽然取得了不错的效果，但是在逻辑上却存在一个问题。实际上，原始特征是由嵌入特征组成的，每一个原始特征域对应一组嵌入特征。也就是说，可以将每一组嵌入特征都看作一个整体，与其他所有的嵌入特征进行组合，而不是取出一个域的子部分和其他域的特征进行组合。如果可以随意拆解域特征，则相当于破坏了特征的完整性，这就是前面介绍的向量级别的组合方式。

向量级别的组合方式是将每一组嵌入特征看作一个整体，于是，将嵌入后的特征转换为矩阵的形式，特征输入时矩阵 $\boldsymbol{X}^0$ 的维度为 $[m, D]$，其中 m 为特征域的数量，D 为每个特征的嵌入维度。令 $\boldsymbol{X}_i^h$ 为第 h 层网络输入特征的第 i 行向量，第 0 层网络输入的矩阵行数为 m，第 k 层网络输入的矩阵行数为 H_k，那么网络的计算公式如下（注：$*$ 表示向量按元素级别相乘）：

$$\boldsymbol{X}_h^k = \sum_{i=1}^{H_{k-1}} \sum_{j=1}^{m} \boldsymbol{W}_{ij}^{k,h} \left(\boldsymbol{X}_i^{k-1} * \boldsymbol{X}_j^0 \right)$$

这个公式记录了输出矩阵中一行的计算方式。Compressed Interaction Network 单层的计算过程如图 14.7 所示。

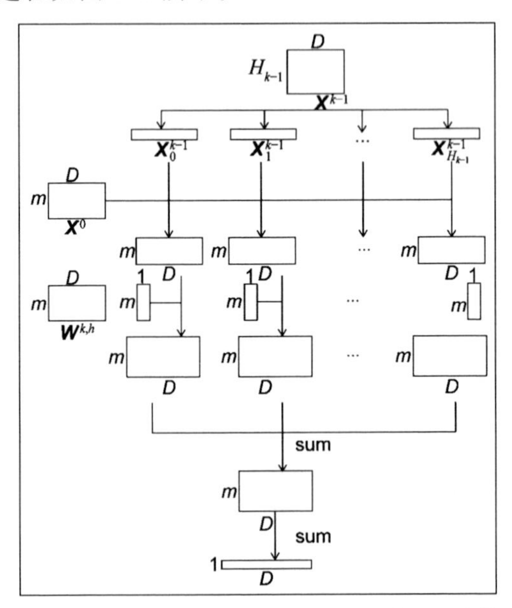

图 14.7　Compressed Interaction Network 单层的计算过程

当得到了所有层的特征组合后，将每一层得到的结果进行求和池化，将

维度为 $[H_k, D]$ 的矩阵转换为维度为 H_k 的一维向量，然后将所有的向量合并成一个完整的向量，就完成了这部分的计算。Compressed Interaction Network 完整的计算过程如图 14.8 所示。

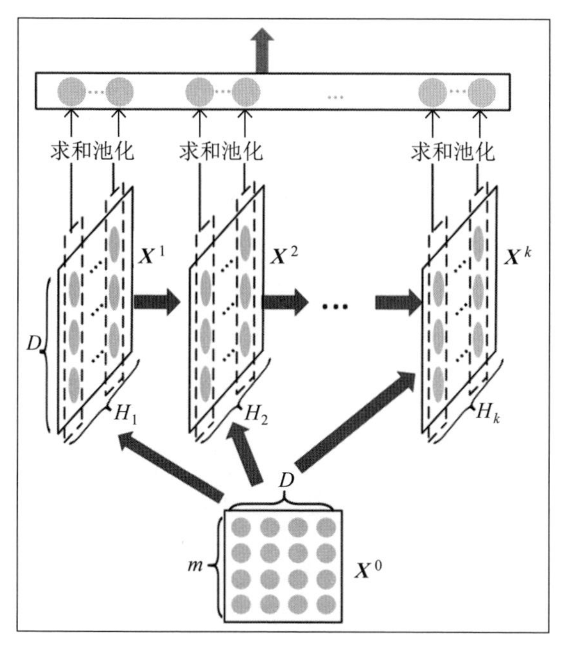

图 14.8　Compressed Interaction Network 完整的计算过程

14.4.3　AutoInt

AutoInt 模型来自论文 *AutoInt: Automatic Feature Interaction Learning via Self-Attentive Neural Network*[5]，它使用 Multi-Head Attention 的结构进行建模，用来表示高阶特征组合。在前面的章节中已经介绍了 Attention 结构，下面就来介绍它的具体计算方式。

如同其他模型一样，原始特征将被转换为嵌入特征，最终的特征将表示为 $[m, D]$ 的矩阵形式，矩阵中共有 m 个特征领域，每个领域包含 D 个维度。实际上，这个结构和自然语言处理中的 Attention 模型的输入结构类似，所不同的是，这个模型的输出是一个标量值。因此，这里只要实现编码模型即可。

首先，计算每一个特征对所有特征的 Attention，对于其中的一个被称为 h 的 Head 来说，Attention 的权重可以表示为

$$\alpha_{m,k}^{(h)} = \frac{\exp\left(\psi^{(h)}\left(\boldsymbol{e}_m, \boldsymbol{e}_k\right)\right)}{\sum\limits_{l=1}^{M} \exp\left(\psi^{(h)}\left(\boldsymbol{e}_m, \boldsymbol{e}_l\right)\right)}$$

$$\psi^{(h)}\left(\boldsymbol{e}_m, \boldsymbol{e}_k\right) = \left\langle \boldsymbol{W}_{\text{Query}}^{(h)} \boldsymbol{e}_m, \boldsymbol{W}_{\text{Key}}^{(h)} \boldsymbol{e}_k \right\rangle$$

在得到 Attention 的权重之后，就可以使用这些权重，得到加权后的新特征向量。Attention 特征的计算过程如图 14.9 所示。

$$\widetilde{\boldsymbol{e}}_m^{(h)} = \sum_{k=1}^{M} \alpha_{m,k}^{(h)} \left(\boldsymbol{W}_{\text{Value}}^{(h)} \boldsymbol{e}_k\right)$$

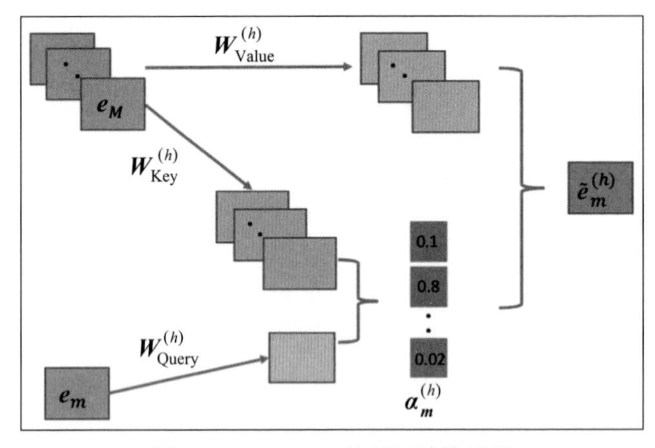

图 14.9　Attention 特征的计算过程

接下来，将每一个 Head 计算得到的向量合并，形成一个更大的向量。公式中的 $\oplus$ 表示向量的拼接。

$$\widetilde{\boldsymbol{e}}_m = \widetilde{\boldsymbol{e}}_m^{(1)} \oplus \widetilde{\boldsymbol{e}}_m^{(2)} \oplus \cdots \oplus \widetilde{\boldsymbol{e}}_m^{(H)}$$

最后，同样加入 Skip Connection，将原始特征与 Attention 组合后的特征融合，得到完整的特征。

$$\boldsymbol{e}_m^{\text{Res}} = \text{ReLU}\left(\widetilde{\boldsymbol{e}}_m + \boldsymbol{W}_{\text{Res}} \boldsymbol{e}_m\right)$$

前面我们看到的只是一个特征的计算，待计算完所有的特征之后，就可以将这些特征合并，经过一次线性变换，就得到了最终的结果。

$$\hat{y} = \sigma\left(\boldsymbol{w}^{\text{T}}\left(\boldsymbol{e}_1^{\text{Res}} \oplus \boldsymbol{e}_2^{\text{Res}} \oplus \cdots \oplus \boldsymbol{e}_M^{\text{Res}}\right) + \boldsymbol{b}\right)$$

可以看出，AutoInt 模型借鉴了 Multi-Head Attention 的结构，同样得到了不错的结果。Attention 的结构本意为刻画任意距离的特征关系，使用在这个问题上也是贴切的。

14.5 总结与提问

本章主要介绍了推荐和点击率预测方面的深度学习模型。请读者回答以下问题：

（1）FM 模型的计算方式是怎样的?

（2）AUC 的计算方式是怎样的?

（3）DeepFM 模型结构有什么特点?

参考文献

[1] Rendle S. Factorization Machines[C]// IEEE International Conference on Data Mining. IEEE, 2010：995-1000.

[2] Guo H, Tang R, Ye Y, et al. DeepFM: A Factorization-Machine based Neural Network for CTR Prediction[J]. arXiv preprint arXiv: 1703.04247, 2017.

[3] Wang R, Fu B, Fu G, et al. Deep & Cross Network for Ad Click Predictions[J]. Proceedings of the ADKDD'17. 2017: 1-7.

[4] Lian J, Zhou X, Zhang F, et al. xDeepFM: Combining Explicit and Implicit Feature Interactions for Recommender Systems[C]// Proceedings of the 24th ACM SIGKDD International Conference on Knowledge Discovery & Data Mining. 2018: 1754-1763.

[5] Song W, Shi C, Xiao Z, et al. Autoint: Automatic feature interaction learning via self-attentive neural networks[C]// Proceedings of the 28th ACM International Conference on Information and Knowledge Management. ACM, 2019: 1161-1170.

反侵权盗版声明